校企合作系列教材编委会

高职高专"十二五"规划教材

橡胶制品设计与工艺项目化教程(轮胎篇)

王国志　主编

化学工业出版社

·北京·

橡胶制品设计与工艺项目化教程（轮胎篇）共含四个模块：模块一轮胎认知、模块二轮胎结构设计、模块三 RCAD 计算机辅助轮胎结构设计、模块四轮胎制造技术。本教材结合学生的就业方向，针对典型的橡胶制品轮胎制品，以橡胶制品使用条件、结构与性能分析、原材料品种、结构设计、生产工艺的制定及优化、轮胎检验、评价为训练主线，使学生学会橡胶制品结构设计与制造基本工艺的操作技能。

　　本书是高职高专高分子材料加工及应用技术专业、橡胶制品加工与检测专业教材，也可供中职高分子类专业使用或供橡胶工程技术和管理人员参考。

图书在版编目（CIP）数据

橡胶制品设计与工艺项目化教程（轮胎篇）/王国志主编 . —北京：
化学工业出版社，2013.8
高职高专"十二五"规划教材
ISBN 978-7-122-17816-9

Ⅰ.①橡… Ⅱ.①王… Ⅲ.①轮胎-设计-高等职业教育-教材②轮
胎-生产工艺-高等职业教育-教材 Ⅳ.①TQ336

中国版本图书馆 CIP 数据核字（2013）第 148417 号

责任编辑：于　卉	文字编辑：林　丹
责任校对：宋　玮	装帧设计：刘丽华

出版发行：化学工业出版社（北京市东城区青年湖南街 13 号　邮政编码 100011）
印　　装：大厂聚鑫印刷有限责任公司
787mm×1092mm　1/16　印张 16¾　字数 442 千字　2013 年 11 月北京第 1 版第 1 次印刷

购书咨询：010-64518888（传真：010-64519686）　售后服务：010-64518899
网　　址：http://www.cip.com.cn
凡购买本书，如有缺损质量问题，本社销售中心负责调换。

定　价：35.00 元

橡胶制品是以橡胶为主要材料制成的具有弹性或韧性的产品，按照用途可分为轮胎、胶带、胶管、胶鞋和工业橡胶制品。其中工业橡胶制品包括的范围最广、品种最多，主要包括胶黏剂、工业制品、胶乳制品等。

本书的内容深入浅出，以基础知识和实际操作为主，使读者阅读后能了解并掌握橡胶制品的工艺要点和相关要求，可作为中专和高职高专相关专业的教学参考用书，同时有助于提高企业工程技术人员和技术工人的知识水平、生产操作能力和解决问题能力，也可作橡胶制品生产企业的培训用书及技术工人、中、高级技术人员学习用书。

本书共含四个模块：轮胎认知、轮胎结构设计、RCAD计算机辅助轮胎结构设计、轮胎制造技术。主要介绍轮胎基本知识、轮胎结构设计、轮胎的生产工艺、轮胎检验等。其中轮胎认知模块和结构设计模块相关资料由徐轮有限公司陈忠生工程师，赛轮有限公司赵锐工程师，汉邦轮胎有限公司徐放高工提供；模块三的RCAD计算机辅助轮胎结构设计系统由青岛科技大学高分子科学与工程学院提供；轮胎的生产制造模块由山东金宇轮胎有限公司、山东永盛橡胶集团有限公司提供资料。

书中模块一、模块二由王国志编写，模块三由徐云慧、侯亚合编写，模块四由刘晓蕾编写完成；书稿中的图表由刘晓蕾制作完成。杨慧也参加了编写工作，全书由王国志统稿，朱信明教授主审。

本书在编写过程中得到徐州工业职业技术学院、徐州徐轮有限公司、赛轮有限公司、徐州汉邦轮胎有限公司、山东永盛橡胶集团有限公司、山东金宇轮胎有限公司等有关橡胶专家和工程技术人员的帮助，提出了许多宝贵的意见，谨此一并致谢。

由于编者水平有限，编写时间仓促和编写经验不足，书中的不妥之处在所难免，恳请广大读者批评指正。

编者

2013.5

目录 ◂◂◂◂◂◂◂

模块一　轮胎认知

模块二　轮胎结构设计

项目一　轮胎结构设计基础

项目二　斜交轮胎外胎结构设计

项目五　　力车轮胎设计

模块三　　RCAD 计算机辅助轮胎结构设计

项目六　　RCAD轮胎结构设计基础

项目七　　RCAD轮胎结构设计

模块四　轮胎制造技术

项目八　传统制造技术

项目九　新工艺新技术

模块一
轮胎认知

　　轮胎是供车辆、农业机械、工程机械行驶和飞机起落等用的圆环形弹性制品。它是车辆、农业机械、工程机械和飞机等的主要配件，固定在轮辋上形成整体，起支承重量，传递车辆牵引力、转向力和制动力的作用，并能吸收因路面不平产生的震动和外来冲击力，使得乘坐舒适。轮胎是橡胶工业中的主要制品，其消耗的橡胶量占橡胶总用量的 50％～60％，是一种不可缺少的战略物资。

◀ 一、轮胎的品种

　　轮胎种类繁多，其分类方法也较多，一般习惯根据轮胎的用途、结构、规格、气压等因素进行综合分类。常用的几类轮胎分类法分述如下。

1. 按用途不同分类

　　轮胎主要是按用途来分类的，例如在我国的轮胎国家标准、美国轮胎轮辋手册、欧洲轮胎轮辋标准、日本轮胎标准以及国际轮胎标准中都是以用途进行分类的。轮胎按用途不同可分为以下几种类型。

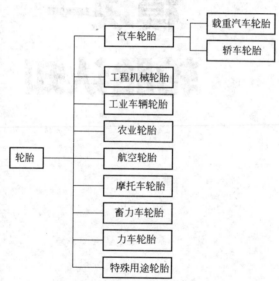

　　(1) 载重汽车轮胎　主要用于载货汽车、客车及其挂车上的充气轮胎（又称为卡车轮胎、载重轮胎），又可分为重型载重汽车轮胎、中型载重汽车轮胎、轻型载重汽车轮胎（LT）和微型载重汽车轮胎（ULT）。重型载重汽车轮胎断面宽 13in 以上、轮辋直径 20in 以上，中型载重汽车轮胎断面宽 7.5～12in、轮辋直径 18～24in。重型和中型载重汽车轮胎主要配套在载重汽车（公共汽车）、越野汽车、自卸货车、各种专用和拖车等，其行驶路面较为复杂，有良好的柏油和水泥路，也有较差的碎石路、泥土路、泥泞路、冰雪路，甚至无路面条件等，行驶速度不高，但负荷较大。轻型载重汽车轮胎通常指轮辋直径 13～16in、断面宽 5.5～9.0in 的载重汽车的轮胎。微型载重汽车轮胎轮辋直径 10～12in、断面宽 5.0in 以下。这两类轮胎主要行驶于好的公路，行驶速度较快。按断面高与断面宽比值分，载重轮胎也可分为普通断面和公制（低断面）两大类。

　　(2) 轿车轮胎　主要用于轿车上的充气轮胎，又称为乘用车轮胎或小客车轮胎。它主要用于良好路面上的高速行驶，行驶速度有时可高达 200km/h 以上，要求乘坐舒适、噪声小、具有良好的操纵性和稳定性。轮胎结构多数采用子午线结构，斜交结构作为保留产品。按断面高与断面宽的比值，在标准与手册中斜交轿车轮胎常见的有 95（普通断面）（断面高与断面宽的比值在 0.95）、88（低断面）两个系列，子午线轿车轮胎分为 80、75、70、65、60、55、50、45 八个系列。

（3）工程机械轮胎 主要用于轮式工程车辆与工程机械上的充气轮胎（工程轮胎）。主要为重型自卸汽车轮胎、装载机轮胎、挖掘机轮胎、铲运机轮胎、推土机轮胎和压路机轮胎等。行驶速度不高，但使用的路面条件和载荷性能要求苛刻。轮胎结构主要采用斜交结构，但如法国米其林公司也采用子午线结构。

工程机械轮胎主要有三种分类方法。一种是按作业用途分：第一类是铲运机和重型自卸车轮胎，作业循环里程在 5km 内；第二类是平地机轮胎；第三类是挖掘机和装载机轮胎；第四类是压路机、推土机和起重机轮胎，作业循环里程在 150m 内。第二种是按轮胎断面形状分：第一类是普通断面轮胎，轮辋宽度与轮胎断面宽比为 0.70～0.8；第二类是宽基轮胎，轮辋宽度与轮胎断面宽比在 0.80 以上，宽基轮胎是在普通断面轮胎基础上发展起来的，能适应大型复杂结构机械对轮胎高载荷等性能的要求。与普通断面轮胎比较，有较大的接地面积和较高的载荷能力以及较低的接地压强，从而提高了工程轮胎的使用性能；第三类是低断面轮胎，有 65 和 70 两个系列，断面高与断面宽的比值为 0.65 和 0.70。另外窄基轮胎（轮辋宽度与轮胎断面宽比在 0.70 以下）已不常用。第三种是按花纹特征分为 C、E、G、L型，见表 1-1。大型工程轮胎花纹主要为两大类，即牵引型和耐磨型。牵引型花纹的花纹块稀、沟部宽，具有方向性，牵引力较大，因花纹沟宽敞不易塞泥，且散热性能好，适用于土方工程和推、装、挖作业，这种花纹是工程轮胎中的通用性花纹。耐磨型花纹的花纹块宽大，花纹沟窄小，适用于石方工程，能提高轮胎的耐切割和耐磨性能。

表 1-1 工程轮胎的花纹标志

	标志	花纹类型	最高速度/(km/h)
C 型压路平整土地用	C-1	无花纹型	8
	C-2	有花纹型	8
E 型土、石方作业用	E-1	导向型	65
	E-2	牵引型	65
	E-3	耐磨型	65
	E-4	耐磨加深型	65
	E-7	浮力型	65
G 型平整土地用	G-1	导向型	40
	G-2	牵引型	40
	G-3	耐磨型	40
	G-4	耐磨加深型	40
L 型装载机和推土机用	L-2	牵引型	25
	L-3	耐磨型	25
	L-4	耐磨加深型	25
	L-5	耐磨超深型	8
	L-35	无花纹型	25
	L-45	无花纹加厚型	25
	L-65	无花纹超厚型	8

（4）工业车辆轮胎 主要用于工业车辆上的充气轮胎、半实心轮胎和实心轮胎。按用途

分为叉车轮胎、牵引车轮胎、电瓶车轮胎和平板车轮胎等（工业轮胎）；按断面形状可分为普通断面轮胎和宽断面轮胎。

（5）农业轮胎　主要用于农业机械、农业车辆、林业机械、林业车辆上的充气轮胎。按用途分为拖拉机轮胎、联合收割机轮胎、农业机具轮胎、林业机械轮胎等；按不同安装位置和作用也可分导向轮胎和驱动轮胎，按断面形状分为普通断面轮胎和低断面轮胎。综合上面一般分类农业拖拉机驱动轮胎、农业拖拉机导向轮胎、农机具轮胎、林业机械轮胎、水田拖拉机驱动轮胎、中耕拖拉机驱动轮胎和园艺拖拉机轮胎。农业轮胎的特点是行驶速度要求不高，但其使用条件苛刻，经常行驶于状况不良的田间和坚硬的留茬地或石子山路，甚至是无路面的道路，轮胎易被划伤或割破。另一个特点是间歇作业、里程短，但使用期较长，因此要求轮胎具有较好的耐屈挠龟裂和耐老化性能。轮胎结构以斜交结构为主，但也采用子午线结构。农业轮胎的花纹分类见表1-2。

表1-2　农业轮胎花纹分类

轮胎类型	分类代号	类型命名	适用范围
R-农业拖拉机驱动轮胎	R-1	普通型	旱田作业、短途田间运输
	R-2	蔗田和稻田型	土壤湿度大、较泥泞的田间作业
	R-3	浮力型	松软的沙土地作业
	R-4	工业型	农业工程作业
F-农业拖拉机导向轮胎	F-1	单条型	水稻田作业
	F-2	双条或多条型	耕整地及短途田间运输作业
	F-3	浮力多条型	沙地及松土壤作业
I-农机具轮胎	I-1	多条型	农机具的导向轮及支撑轮
	I-2	牵引型	农机具的驱动轮
	I-3	重牵引型	农机具的驱动轮
	I-4	犁尾轮型	农机具的支撑轮
	I-5	导向型	专用于导向轮
	I-6	浮力型	沙地及松软土壤
LS-林业机械轮胎	LS-1	普通型	林业机械驱动轮
	LS-2	中深型	林业机械驱动轮
	LS-3	深型	林业机械驱动轮
PR-水田拖拉机驱动轮胎	PR-1	水田型	水田作业
CR-中耕拖拉机驱动轮胎	CR-1	中耕型	田间中耕作业
G-园艺拖拉机轮胎	G-1	牵引型	园田作业

（6）摩托车轮胎　用于摩托车上的充气轮胎，包括代号表示系列摩托车轮胎（安装轮辋直径为14～21in圆柱形或5°斜底式轮辋上）、公制系列摩托车轮胎（轮辋直径有8in、10in、12in、14in、15in、16in、17in、18in、19in、21in，断面高与断面宽比值为0.5、0.55、0.6、0.7、0.8、0.9、1.0等）、轻便摩托车轮胎（行驶速度在50km/h以下、发动机容量在50cm³以下、轮辋直径8～22in）和小轮径摩托车轮胎（轮辋直径4～12in）。

公制系列摩托车轮胎胎面形式分为A、B、C、D四个形式，供不同路面、速度、用途条件下使用，如图1-1所示。

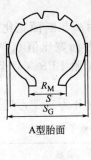
A型胎面

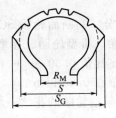
B型胎面

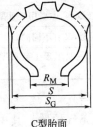
C型胎面

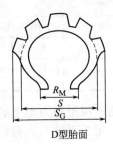
D型胎面

图 1-1　摩托车轮胎断面形式示意图

A 型胎面适用于速度级为 P、S、H 的一般公路用轮胎；

B 型胎面适用于速度级为 S 以上的特种轮胎；

C 型胎面适用于速度级为 P、M 的公路越野轮胎；

D 型胎面适用于速度级为 M 的越野轮胎。

（7）航空轮胎　用于航空飞行器械上的充气轮胎。航空轮胎有七种型号。Ⅰ型——圆滑轮廓轮胎；Ⅱ型——高压轮胎；Ⅲ型——低压轮胎；Ⅳ型——超低压轮胎；Ⅵ型——低断面轮胎；Ⅶ型——超高压轮胎；Ⅷ型——超高压低断面轮胎。

① 按不同轮位分

a. 主轮轮胎　装于飞机主起落架机轮上的轮胎。在后三点起落架式飞机上，主轮位于飞机重心的前方；在前三点起落架式的飞机上，主轮位于飞机重心的后面。

b. 前轮（鼻轮）轮胎　用于前三点起落架式飞机，位于飞机机身的前方。

c. 尾轮轮胎　用于后三点起落架式飞机，位于飞机的尾部。

d. 翼轮轮胎　安装在自行车式起落架飞机的翼下。

② 按轮胎的结构分

a. 有内胎轮胎。

b. 无内胎轮胎。

c. 织物补强胎面的轮胎　织物补强胎面的形式：一层或两层补强层位于上、下胎面之间；两层补强层位于光胎面表面并延伸至两胎侧下部，胎面胶中夹有一层补强层；两层补强层位于上、下胎面之间并延伸至两胎侧下部。高寒地区冰雪上使用的航空轮胎在胎面部位要加一些金属丝。

③ 按气压分

a. 高压轮胎 HP（Ⅱ型轮胎、气压 640～980kPa）。

b. 低压轮胎 LP（Ⅲ型轮胎、气压 340～640kPa）。

c. 超低压轮胎 ELP（Ⅳ型轮胎、气压小于 340kPa）。

d. 超高压轮胎 EHP（Ⅶ型、Ⅷ型轮胎、气压大于 980kPa）。

目前，使用最多为低压和超高压轮胎（即Ⅲ型轮胎和Ⅶ、Ⅷ型轮胎），其他处于被淘汰状态。

④ **按断面形状分**　高断面轮胎 SC（Ⅰ型轮胎），断面高与断面宽比值在 1.00 以上；微扁平轮胎（Ⅱ型轮胎、Ⅲ型轮胎、Ⅳ型轮胎），断面高与断面宽比值 0.84～0.93；较扁平轮胎，断面高与断面宽比值 0.80～0.90；低断面（扁平）轮胎 LPR（Ⅵ型轮胎、Ⅷ型轮胎），断面高与断面宽比值在 0.80 以下。

⑤ **按花纹分**　航空轮胎的花纹一般都比较简单，通常分为三类，见表 1-3。

表 1-3　航空轮胎花纹类型分类

名　　称	代号	特　　点
条型花纹	R 型	沿胎面圆周方向有三条以上的条状花纹沟，主要用于Ⅲ型、Ⅶ型等轮胎。
防滑花纹	N 型	轮胎上有一些花纹沟，有同 R 型相肘的，又有不同的。
平坦花纹（无花纹）	P 型	轮胎胎面光滑，没有花纹，耐磨性好，主要用于Ⅰ型和Ⅳ型轮胎及Ⅲ型的小型轮胎等。

（8）畜力车轮胎　用于畜力车上的充气轮胎（马车轮胎）。

（9）力车轮胎　用于手推车、自行车和三轮车等上的充气轮胎。其中自行车轮胎分为载重型自行车轮胎、普通型自行车轮胎、轻便型自行车轮胎、运动型自行车轮胎等。

（10）特殊用途轮胎　如炮车轮胎、坦克轮胎等。

2. 按结构不同分类

轮胎按结构不同可分为普通结构轮胎（斜交轮胎）和子午线轮胎两类。另外，其他结构的轮胎如带束斜交结构轮胎和活胎面结构轮胎等一般不常见。

3. 按胎体骨架材料不同分类

轮胎按胎体骨架材料分为棉帘线轮胎、人造丝帘线轮胎、尼龙帘线轮胎、聚酯帘线轮胎、芳纶帘线（B 纤维）轮胎、钢丝帘线轮胎等，另外也有一种无帘线的特殊品种轮胎。

4. 按有无内胎分类

轮胎按有无内胎分为有内胎轮胎和无内胎轮胎两类。

普通汽车轮胎多属于有内胎轮胎，通过内胎上的气门嘴充入压缩空气。无内胎轮胎则不必配用内胎，压缩空气可直接充入外胎内腔。

5. 按规格大小分类

轮胎按规格大小可分为巨型轮胎、大型轮胎、中型轮胎、小型轮胎、微型轮胎。

按名义断面宽不同区分，巨型轮胎指名义断面宽大于 17in 的轮胎；大型轮胎指名义断面宽为 13～16in 的轮胎；中型轮胎指名义断面宽为 7～12in 的轮胎；小型轮胎指名义断面宽为 3～4in 的轮胎，一般指轻型载重轮胎和轿车轮胎；微型轮胎指名义断面宽小于 3in 的轮胎。

6. 按花纹不同分类

轮胎按花纹不同分为普通花纹轮胎、越野花纹轮胎、混合花纹轮胎。

7. 按气压不同分类

充气轮胎按气压的可调性可分为调压轮胎及固定气压轮胎。调压轮胎可在不同的使用条件下采用不同气压，固定气压轮胎又分为高压轮胎（0.5～0.7MPa）、低压轮胎（0.15～0.5MPa）、超低压轮胎（0.15MPa 以下）。

8. 按是否充气分类

轮胎按是否充气分为充气轮胎、实心轮胎、半实心轮胎。

9. 按载荷能力分类

载重轮胎按载荷能力分为三个层级，每个层级代表一定的载荷、强力。

第一层级轮胎：是最低层级的一般轮胎，用于行驶于较差路面的一般载重车辆。

第二层级轮胎：称为高载轮胎，载荷能力比第一层级高 10%，用于行驶好路面的高速车辆。

第三层级轮胎：亦称高载轮胎，载荷能力比第二层级高 10%，用于好路面行驶的高速车辆。

10. 按轮胎的断面形状分类

轮胎的断面不仅有传统的圆形构造，而且近年来扁平轮胎也获得了很大发展。此外，供特殊用途使用的还有拱形轮胎和三角轮胎，如图 1-2 所示。

圆形轮胎　　　扁平轮胎　　　拱形轮胎　　　三角形轮胎

图 1-2　不同轮胎断面形状示意图

二、轮胎的组成

1. 轮胎的组成

轮子是汽车、工程机械、农业机械、林业机械、工业车辆等的主要部件之一，它是由轮胎、轮辋、轮辐（条）组成。轮辋是在车轮上安装和支承轮胎的部件，轮辐是在车轮上介于车轴和轮辋之间的支承部件。轮辋和轮辐可以是整体的永久连接式的，也可以是可拆卸式的。

轮胎一般由内胎、外胎和垫带三部件组成，如图 1-3 和图 1-4 所示。有些轮胎只有内胎和外胎而没有垫带；无内胎轮胎则只有外胎没有内胎和垫带。

（1）外胎　外胎是轮胎最重要和不可缺少的部件，狭义上的轮胎就是指的外胎。它紧固于轮辋上，从而将整个轮胎安装着合在轮辋上，又与路面接触，是由帘线和胶的复合体构成的一个弹性胶布囊。作用是承受内胎充气压力和车辆负荷；传递牵引力，转向力和制动力；使内胎免受机械损坏、外界的老化，使充气内胎保持规定的尺寸，也使整体轮胎具体稳定形状和尺寸；与内部的空气弹性垫组成一个完美的弹性体，起到缓冲和减震作用，避免颠簸跳动。

（2）内胎　内胎是装在外胎与轮辋之间的较薄圆环形胶筒，管壁上安装有气门嘴用以充入和放出空气，内胎充入压缩空气后，形成一个空气弹性垫，从而使轮胎获得或提高轮胎的弹性、负荷能力和牵引能力。气门嘴的外形有弯管和直管两种，如图 1-5 所示，是由内胎的

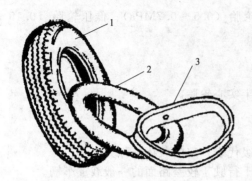

图1-3　轮胎的组成
1—外胎；2—内胎；3—垫带

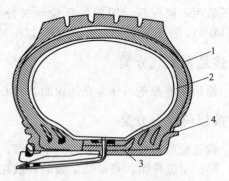

图1-4　轮胎各部件及与轮辋配合图
1—外胎；2—内胎；3—垫带；4—轮辋

轮辋和车轮的构造决定的，弯管气门嘴只用于平式轮辋的轮胎。气门嘴的共分为三种形式，即Z1、Z2和Z3。Z1型适用于载重汽车内胎，外形为弯管；Z2主要用于轿车、机动三轮车和硫化时不充水的拖拉机轮胎的内胎，外形为直管；Z3型适用于拖拉机轮胎的水气两用内胎，外形为直管。内胎外表面有时有突起的细线纹，能防止使用时滑动。内胎要求气密性好、弹性好、耐屈挠、管壁厚薄均匀、永久变形小、耐撕裂、耐高温、耐疲劳和不易爆破。

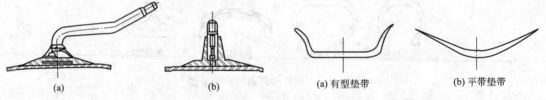

(a)　　　　　　　(b)　　　　　(a) 有型垫带　　　(b) 平带垫带

图1-5　气门嘴示意图　　　　　　图1-6　垫带断面示意图

（3）垫带　垫带是有一定断面形状的环形胶带，安装于内胎和平式轮辋之间，保护内胎不受轮辋磨损和外胎胎圈的夹伤。外表面上有一条中心线作为安装时的对正线，判断其是否安装平稳以免夹伤内胎，中心线上有一个孔，供内胎气门嘴穿出。垫带的断面形状有两种，有型式和平带式，如图1-6所示。垫带只用于多件式平底轮辋的载重有内胎的轮胎上，无内胎轮胎由于没有内胎就不需用垫带。另外，有内胎的轿车轮胎所用的深槽式轮辋、超低压轮胎所用的特殊结构轮辋均为整体件，轮辋与轮胎着合紧密，也不必使用垫带。

（4）有内胎的轮胎的组成　有内胎的轮胎由外胎、内胎和垫带组成，有时只有外胎、内胎而没有垫带。有内胎轮胎的主要缺点是行驶温度高，不适应高速行驶，不能充分保证行驶的安全性，使用时内胎在轮胎中处于伸张状态，略受穿刺便形成小孔，而使轮胎迅速降压。另外，有内胎轮胎组成较复杂，制造工艺较多。

（5）无内胎轮胎的组成　无内胎轮胎在组成上的主要特点是不必用内胎及垫带，压缩空气直接充入外胎和轮辋之间所形成的内腔中，外胎同时承担外胎和内胎的作用，如图1-7所示。为了防止空气透过胎壁和胎圈与轮辋配合处扩散，轮胎的内表面衬贴有一定厚

图1-7　无内胎轮胎配合图
1—外胎；2—外胎胎里的气密层；
3—轮辋；4—气门嘴

度的密封层（气密层），采用良好气密性的胶料制作；胎圈外侧设有多条环行沟或各种形状的密封胶层（也可认为是气密层的延伸），用以增大外胎与轮辋的边缘着实度，轮辋采用专门结构，胎圈的着合直径小于轮辋直径；当轮胎穿刺时空气只能从穿孔跑出，由于穿孔受轮胎材料的弹性作用而被压缩，空气只能从轮胎中徐徐漏出，所以轮胎中的内压是逐渐下降的。如果刺入无内胎轮胎的物体（钉子等）保留在轮胎内，物体就会被厚厚的胶层包紧，实际上轮胎中的空气在长时间内不会跑出。无内胎轮胎的优越性是提高行驶安全性，这种轮胎穿孔较小时能够继续行驶，中途修理比有内胎轮胎容易，不需拆卸轮辋，所以在某些情况下可以不用备胎；无内胎轮胎有较好的柔软性，可改善轮胎的缓冲性能，在高速行驶下生热小且工作温度低，可提高轮胎的使用寿命；结构简化，可节省原材料，减轻了轮胎重量，对节油及高速行驶有利，同时也简化生产工艺及装配和修补较易。缺点是对轮辋的要求严格，对轮胎制造工艺要求也严格，胎圈与轮辋着合困难，损坏后不易修补，与有内胎轮胎不能互换使用。

轿车轮胎的轮辋圈座带有 5°斜度，适合用无内胎轮胎，因此轿车轮胎无内胎化发展迅速。载重轮胎改为无内胎困难较多，必须对轮辋改型，重新设计。因此，载重轮胎要实现无内胎化比较复杂。

2. 外胎的组成及作用

外胎是轮胎中最重要的部件也是结构最复杂的部件，从位置上外胎可分为胎冠部位、胎肩部位、胎侧部位和胎圈部位四个部分，如图 1-8 所示。胎冠是外胎两胎肩顶点之间的部位，是轮胎正常行驶时与路面相接触的部位；胎肩是从外胎的胎肩顶点至防擦线之间的部位，是胎冠与胎侧之间的过渡区；胎侧是从外胎的防擦线至外胎与轮辋着合点之间的部位，是胎肩与胎圈之间的部分，是外胎使用时的屈挠变形区；胎圈是外胎安装在轮辋上的部分。

按材料、结构与作用，轮胎的外胎由胎面、胎体和胎圈三个大部件组成。外胎各部件组成如图 1-9 所示。

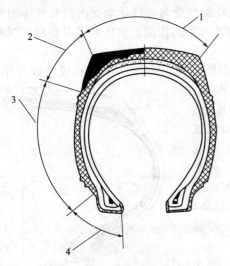 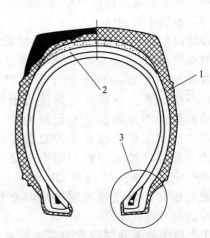

图 1-8　外胎部位分布图　　　　　　　图 1-9　外胎组成示意图

1—胎冠；2—胎肩；3—胎侧；4—胎圈　　　　　1—胎面；2—胎体；3—胎圈

（1）胎面　胎面是外胎最外表上的一层橡胶层，是指外胎与地面及外界接触的部位，是覆盖于胎体上的橡胶保护层，在轮胎行驶时传递车辆的牵引力和制动力，保护骨架层免受路面的磨损、机械损伤、外界老化和腐蚀等。因此要求胎面具有优异的耐磨性能、耐切割性能、耐老化、较高的强度等，并需具有一定形状和一定的花纹作保证。

胎面分为胎冠（胶）、胎肩（胶）、胎侧（胶）三个部分。

① 胎冠（胶）是轮胎的行驶面，直接与路面接触又与大气接触，承受路面的冲击与磨损，产生抓着力，保护冠部帘布层免受损伤。因而要求具有一定的弹性和强度、抗刺穿性、耐磨、耐撕裂性、耐屈挠疲劳性、耐老化性。为了使轮胎与路面之间产生足够抓着力，胎冠胶上设计有各种类型的花纹。

胎面花纹起着防滑，提高附着力，装饰美观，散热和节省胶料的作用。它能传递车辆牵引力、制动力及转向力，并使轮胎与路面有良好的接着性能，从而保证车辆安全行驶。

② 胎侧（胶）是贴在胎体帘布层两侧的胶层，不与路面接触。保护胎体侧部帘布层免受机械损伤和大气侵蚀。胎侧胶常在较大的屈挠下工作，其厚度宜薄，便于屈挠变形，着重要求有良好的耐屈挠疲劳性和耐日光老化性。胎侧上部一般设有防擦线（也称为防护线）用以保护胎侧不被擦伤，在胎侧的下部与轮辋的交接处设有装配线（也称为标志线、轮辋线、安装线、防水线、定心线）是单环或多环胶棱，主要用以指示轮胎在轮辋上的正确装配，同时也可防止水进入，另外轮胎的各种的标志也设在胎侧上。

③ 胎肩（胶）是胎冠胶和胎侧胶的过渡部分，对胎面起一定的支撑和散热作用。一般在胎肩上也制备各种式样的花纹，提高其散热性和节省胶料。

胎面、胎肩、胎侧作用各异，宜采用不同配方的胶料制备，以满足各自的性能要求。

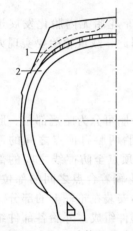

图 1-10　胎体的组成
1—缓冲层；2—帘布层

（2）胎体　胎体是外胎的受力部件，承受内胎充气压力和车辆负荷，同时也起着保持和稳定外胎形状和尺寸以及内胎的作用。胎体包括帘布层和缓冲层两部分，如图 1-10 所示。

缓冲层位于外胎胎冠部位的胎面胶和胎体帘布层之间，由缓冲帘布和缓冲胶片组成，缓冲帘布可采用尼龙帘布、人造丝帘布或钢丝帘布，缓冲胶片加贴在缓冲帘布上下，用以提高缓冲性能。有时也可能只有缓冲胶片，对使用条件比较缓和或规格较小的轮胎的外胎也可不设缓冲层（如力车外胎）。缓冲层主要作用是吸收并缓冲轮胎在行驶过程中外来的冲击和振动，提高胎面与帘布层之间的黏合力。外胎行驶时该部位所受应力最大、最集中，温度也最高，极易脱层损坏，因此要求缓冲层具有较高强度、弹性和较好的黏着性能。

子午胎中的缓冲层改称为带束层或紧箍层，主要由基本上沿中心线圆周方向排列的帘布组成，另外还有中间胶、边端胶、垫胶等，如图 1-11 所示。其作用也与斜交胎有些区别，主要是箍紧帘布层，防止帘布层过度变形，也是轮胎的主要受力部件。由于带束层周向刚性大变形小，可提高胎面的耐磨性、耐刺性、与路面的附着

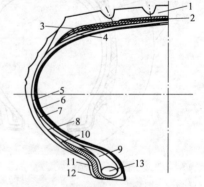

图 1-11　子午线结构轮胎组成示意

1—胎面胶；2—带束层；3—带束层差级胶；
4—胎肩垫胶；5—胎体帘布层；6—油皮胶；
7—胎侧胶；8—上三角胶芯；9—下三角
胶芯；10—填充胶；11—子口包布；
12—子口护胶；13—钢丝圈

力、减少滚动阻力。

帘布层使外胎具有必要的强度，承受轮胎的载荷和行驶中的反复变形，同时也承受由于路面不平引起的强烈振动和冲击，并固定外胎的形状尺寸，另外帘布层一直延伸至胎圈中，将胎圈、胎体和胎面连接成一整体。帘布层是由数层挂胶帘布组成的，其层数的多少，是依据轮胎的规格、负荷大小、充气压力、结构类型、使用条件等而确定的。斜交轮胎帘布层中的帘线呈斜向相互交叉排列，所以帘布层数是偶数；而子午线轮胎帘布层中的帘线呈子午线方向排列，不存在相互交叉问题，帘布层数也不受偶数的限制。

当帘布层数较多时，帘布层又可分为外层帘布层和内层帘布层，外层帘布层由密度较稀的挂胶帘布（外层帘布）和加贴在帘布层之间的隔离胶组成（有时也可不用隔离胶），帘线较稀是保证有较高的附着力和柔软性，隔离胶用来补偿帘布层厚度和布层间的胶量，提高帘布层的附着性能和抗剪切应力的能力，防止胎体脱层损坏，这是由于外胎在定型和硫化过程中，胎体冠部伸张最大，因而挂胶帘布厚度受拉伸而减薄，并且外胎使用时胎冠部所受剪切应力最大。内层帘布层由密度较密的挂胶帘布（内层帘布）和加贴在胎里上的油皮胶组成，帘线较密是保持有较高的强度，油皮胶也称为内衬层，使用时将帘布层与内胎隔离，主要用来从里面保护帘布层，防止内胎对帘布层磨损，同时也保护内胎。无内胎轮胎将油皮胶加厚并且胶料的气密性提高，其宽度也延伸至胎圈与轮辋胎圈座接触面上，以保证气密性，防止内腔中压缩空气泄气。

有时狭义上将帘布层称为胎体，而广义上（国家标准）将由帘布层、缓冲层与胎圈组成的受力结构整体称为胎体。

(3) 胎圈 胎圈是外胎与轮辋紧密固定的部位，要求具有高强度和刚性，承受外胎与轮辋间的相互作用力，防止车辆行驶过程中外胎脱出。胎圈包括帘布层（是胎体帘布层的延伸属于同一部件）、胎圈芯及胎圈包布三个重要部分。胎圈芯是主体，由钢丝圈、三角胶条（又称填充胶条）及钢圈包布组成。钢丝圈由数根覆胶钢丝绕成圈，在钢丝圈外围加贴用半硬质胶制成的三角胶条，起填充空隙作用，亦可采用两种不同硬度的胶料复合制成。钢圈包布把钢丝圈和三角胶条包覆成钢圈整体。胎圈包布又称为子口包布，位于胎圈外部，保护帘布层，并与轮辋直接接触，要求具有较好的耐磨性能。胎圈结构如图1-12所示。子午线轮胎的胎圈中可能增设子口护胶、填充胶或补强带等。

胎圈外表面部分按不同的位置可分为胎踵部位、胎圈底部和胎趾部位，如图1-13所示。

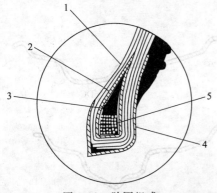

图1-12　胎圈组成
1—帘布层；2—钢丝包布；3—三角胶芯；
4—胎圈包布；5—钢丝圈

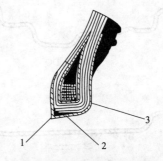

图1-13　胎圈部位分布图
1—胎趾；2—胎圈底部；3—胎踵

总之，外胎的组成如下所示。

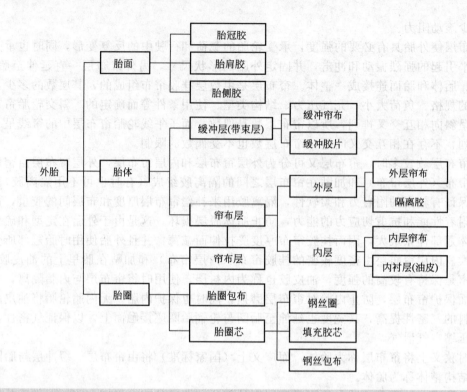

三、轮辋

轮辋是在车轮上安装和支承轮胎的部件，轮辐是在车轮上介于车轴和轮辋之间的支承部件，车轮是由轮辋和轮辐组成的介于轮胎和车轴之间承受负荷的旋转组件。轮辋是车轮的一个重要的组成部分。

1. 轮辋结构类型

汽车、工程机械及农业机械用的轮辋多属于辐板式车轮轮辋，按其组成部件的数量可分为两种不同类型的结构。

（1）整体式轮辋 是一种非拆开一件（整体）结构，一般用于轿车及拖拉机等车辆上，如图 1-14 所示。

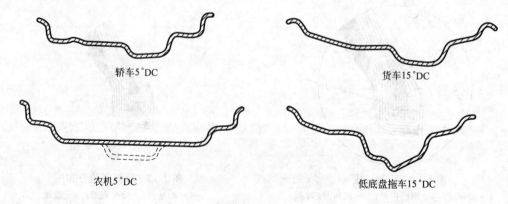

图 1-14　整体式（一件式）轮辋示意

（2）多件式轮辋 由轮辋本件、圆环式挡圈（轮缘）和断开式锁圈等组成的可拆开式的多件结构，按数量又可分为二件式、三件式、四件式、五件式等几种构造形式。三件式是货车常用的一种形式，广泛用于载重汽车及其他各类车辆上。如图 1-15（b）所示，三件式轮辋中挡圈是整体的，而用一个开口弹性锁圈来防止挡圈脱出。在安装轮胎时，先将轮胎套在轮辋上，而后套上挡圈，并将它向内推，直至越过轮辋上的环形槽，再将开口的弹性锁圈嵌入环形槽中。东风 EQ1090E 型和解放 CA1091 型汽车车轮，均采用这种形式的轮辋。

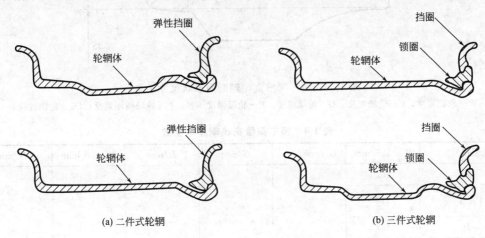

(a) 二件式轮辋　　　　　　　　　　　　(b) 三件式轮辋

图 1-15　多件式轮辋示意

2. 轮辋断面形状

根据轮辋截断面轮廓形状不同，轮辋一般分为深槽轮辋（DC）、平底轮辋（FB），此外，还有半深槽轮辋（SDC）、深槽宽轮辋（WDC）、平底宽轮辋（WFB）、对开式轮辋（DT）以及全斜底轮辋（TB）等。

（1）深槽轮辋（DC）和深槽宽轮辋（WDC）　深槽轮辋（DC）（又称深式轮辋）为整体式结构，中央有较深的凹槽，以便于外胎的拆装，一般凹槽深度与轮缘高度略接近。槽底宽度大于胎圈宽度，便于装卸轮胎和提高轮辋径向刚性。

深槽轮辋胎圈座带有 5°倾斜角，以保证轮胎胎圈与之紧密着合，倾斜部分的最大直径即称为轮辋的着合直径。深槽轮辋的结构简单，刚度大，质量较小，对于小尺寸弹性较大的轮胎最适宜，主要用于轿车及轻型越野汽车。但是尺寸较大又较硬的轮胎，则很难装进这样的整体轮辋内。

一般农用机械轮胎所用的 2.50C、3.00D、4.00D、5.50F、6.00F 和轻型载重轮胎、轿车胎所用的 3.50D、4.50E 和 5.00E 等均为深槽轮辋。

目前，国内外轻型载重汽车及轿车已逐步采用深槽宽轮辋（WDC）取代深槽轮辋，二者基本特征相同，只是其凹槽比深槽轮辋略浅且宽，底槽两侧不对称，轮缘高度、形状及尺寸均不相同。深槽宽轮辋有 J、K，JJ、JB、L 等型号，常用的 4J、4½J、5J、5½JJ、6JJ、6½JJ、7JJ、5K、6L 等规格轮胎均为深槽宽轮辋。图 1-16 和表 1-4 所示为轿车所用深槽宽轮辋的基本形状和基本参数。

（2）平底轮辋（FB）和平底宽轮辋（WFB）　平底轮辋（FB）（又称平式轮辋）为可拆开的多件式结构，轮辋中央部没有凹槽，与胎圈接触的圈座基本上是平直的，由于胎圈与圈座平面接触，难以紧密结合。轮胎的紧固力完全集中在轮辋轮缘的一侧，容易造成轮胎滑移或窜动，使用性能不佳，已逐步将被平底宽轮辋所取代。

平底宽轮辋（WFB）是在平底式轮辋基础上发展的，不同之处只是轮辋宽度加宽，圈

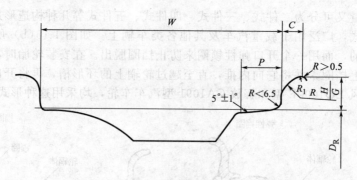

图 1-16　轿车深槽宽轮辋断面形状尺寸示意

W—轮辋宽度；C—轮缘宽度；G—轮缘高度；R—轮缘弧度半径；P—轮缘圈座宽度；D_R—轮辋直径

表 1-4　轿车深槽宽轮辋基本参数

轮辋代号	$W\pm1.5$/mm	C(min)/mm	G/mm	R/mm	P(min)/mm	H/mm
4J	102	10.0	$17^{+1.2}_{-0.4}$	9.5	20.0	9.5
$4\frac{1}{2}$J	114					
5J	127					
$5\frac{1}{2}$J	140					
6J	152					
$6\frac{1}{2}$J	165					
5JJ	127	11.0	18 ± 0.7	9.0	20.0	9
$5\frac{1}{2}$JL	140					
6JJ	152					
$6\frac{1}{2}$JJ	165					
7JJ	178					
5K	127	12.5	$19.5^{+1.2}_{-0.4}$	10.5	20	10.5
6L	152	13	$21.5^{+1.2}_{-0.4}$	12	24	11

座有 5°倾斜角度，改善胎圈与轮辋圈座之间的紧固力。轮辋宽度加宽，轮胎内腔空气容量增大，可提高负荷能力，提高轮胎的耐磨性能和汽车转向的稳定性能，尤其适用于载荷量大、动负荷高的载重汽车。

我国目前生产的中、重型载重汽车，越野汽车和自卸汽车大多数仍属多件式平底轮辋，因此在一定时期内，汽车轮辋规格系列中还应保留平底轮辋标准。平底轮辋规格有 5.00S、5.50S、6.00T、8.00V、8.37V、10.00W 等。平底宽轮辋规格品种较多，有 5.0、5.5、6.0、6.5、7.0、7.5、8.0、8.5、9.0、10.0、12.0 等。平底式轮辋如图 1-17 所示。

表 1-5 表示为载重汽车所采用平底轮辋的基本形状和基本参数。

表 1-6 表示为平底宽轮辋的基本形状和基本参数。

（3）半深槽轮辋（SDC）　这种轮辋是由轮辋本体和断开式挡圈组成的二件式结构。轮辋的挡圈既是轮缘又是胎圈座，其凹槽较浅，便于装拆，适用于内直径较小的轻型载重轮胎，如 5.50F、6.00G、6.50H 等。

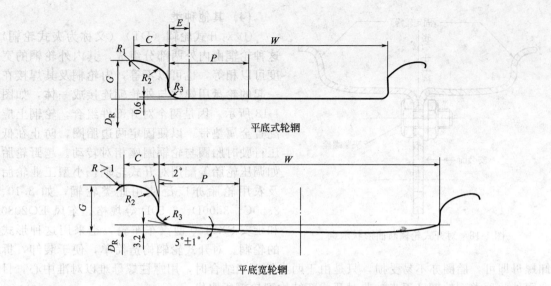

平底式轮辋

平底宽轮辋

图 1-17　平底轮辋和平底宽轮辋断面轮廓示意图

W—轮辋宽度；C—轮缘宽度；G—轮缘高度；P—轮缘圈座宽度；D_R—轮辋直径

表 1-5　平底轮辋基本参数

轮辋规格	$W\pm 3.0$ /mm	轮缘			胎圈座		
		$G\pm 1.2$/mm	C(min)/mm	R_2/mm	P/mm	E/mm	R_3/mm
5.00S	127.0	33.5	22.0	18.0	42.5	16.0	6.5
5.50S	140.0	33.5	22.0	18.0	42.5	16.0	6.5
6.00T	152.0	38.0	26.0	22.5	50.0	17.0	8.0
8.00V	203.0	44.5	31.0	27.0	62.0	17.0	8.0
8.37V	213.0	44.5	31.0	27.0	62.0	17.0	8.0
10.00W	254.0	51.0	38.0	28.5	71.0	17.0	8.0

表 1-6　平底宽轮辋基本参数

轮辋规格	W/mm	轮缘			胎圈座	
		$G\pm 1.2$/mm	$C\geqslant$/mm	$R\pm 2.5$/mm	P/mm	R_3/mm
5.0	127.0	28.0	16.0	14.0	36.0	7.0
5.5	140.0	30.5	17.0	15.0	36.0	8.0
6.0	152.0	33.0	18.0	16.5	36.0	8.0
6.5	165.0	35.5	19.5	18.0	36.0	8.0
7.0	178.0	38.0	21.0	19.0	36.0	8.0
7.5	190.0	40.5	22.0	20.0	36.0	8.0
8.0	$203.0^{+3.0}_{-7.0}$	43.0	23.5	21.5	36.0	8.0
8.5	216.0	46.0	24.5	23.0	36.0	8.0
9.0	228.0	48.0	26.0	24.0	36.0	8.0
10.0	254.0	51.0	27.0	25.5	36.0	8.0
12.0	305.0	56.0	30.0	28.0	36.0	8.0

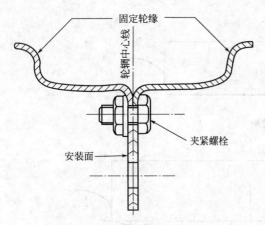

图 1-18　对开式轮辋断面形状示意

（4）其他种类

① 对开式轮辋（DT）（又称为夹式轮辋）这种轮辋由内外两部分组成，其内外轮辋的宽度可以相等，也可以不等，内轮辋及其焊接在一起的轮盘用螺柱与外轮辋连接成一体，如图 1-18 所示。因是两个对开部件组合，轮辋上应配置金属垫带，以便固定两边胎圈，防止在低压行驶时胎圈与轮辋圈座相对转动。越野轮胎如调压轮胎等配用对开式轮辋，小型工业轮胎及农用轮胎亦广泛使用此类轮辋，如 2.10、2.50C、3.00D、3.50D 等规格。东风 EQ2080 和延安 SX2150 型汽车车轮，也采用这种形式的轮辋。对开式轮辋构造简单，便于装卸，拆卸螺母即可，胎圈亦不易受损，只是由于两半轮辋相结合时，用螺柱螺母难以对准中心，目前国外此种类型轮辋已逐步被非对开式新结构型轮辋所取代。

② 全斜底轮辋（TB）　这种轮辋胎圈座带有 5°倾斜角度，并有 5 个部件的多件结构。轮胎断面宽度在 430mm 以上，轮辋直径在 650mm 以上的大型工程机械轮胎均使用此类轮辋，便于拆装操作，如图 1-19 所示。

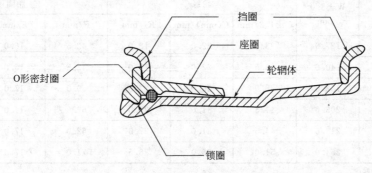

图 1-19　全斜底轮辋断面形状示意

3. 轮辋规格代号

轮辋的规格代号用轮辋名义宽度、轮缘代号、轮辋结构形式代号、轮辋名义直径和轮辋轮廓类型代号来表示。

轮辋名义直径：以 in 数值表示。

轮辋结构形式代号：一件式轮辋以符号"×"表示；多件式轮辋以符号"-"表示。

轮辋名义宽度代号：以 in 数值表示，有时（农业机械轮辋）在前面加字母"W"（表示为宽轮辋）和"DW"（表示有第二槽宽轮辋）。

轮缘代号：通常用一个或几个字母表示轮缘的轮廓（如 E、F、J、JJ、KB、L、V 等），置于轮辋名义宽度代号之后。有些类型的轮辋（如平底宽轮辋），其名义宽度代号也代表了轮缘轮廓，不用字母表示。非道路车辆轮辋的轮辋边缘代号以轮缘的高度（in 数值）表示，并用符号"/"与轮辋名义宽度代号隔开。

轮辋轮廓类型代号：深槽轮辋（DC）、平底轮辋（FB）、半深槽轮辋（SDC）、深槽宽轮辋（WDC）、平底宽轮辋（WFB）、对开式轮辋（DT）以及全斜底轮辋（TB）。

表示方法如下：

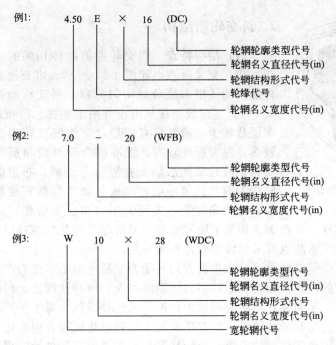

为了方便，多数时只用轮辋名义宽度及轮缘代号来表示，后面的部分省略，如 7.0、6.0T、11.25/2.0、W10H。

新设计的轮辋以下列方式表示：

轿车轮辋 10×3.5、15×6JJ；

轻型货车轮辋 15×5.5JJ、16.5×6.00、15-5.50F（SDC）；

中型、重型货车轮辋 90-7.5、22-8.00V、22.5×8.25；

农机轮辋 28×W12、28×W10H、26×DW16（DW 表示轮辋有第二槽）；

非道路车辆轮辋 95-13.00/2.5。

四、轮胎的结构

轮胎按结构不同可分为斜交轮胎和子午线轮胎，轮胎的结构通常用胎冠角来表示。

1. 胎冠角

胎冠角是轮胎的重要结构参数，是指在轮胎胎冠中心处胎体帘线与胎冠中心线垂线的夹角，表示帘线的排列方向，如图 1-20 所示。胎冠角大小范围是 $0°\sim90°$，当胎冠角为 $0°$ 时帘线与胎冠中心线垂直呈断面方向（子午线方向）排列，当胎冠角为 $90°$ 时帘线与胎冠中心线平行呈周向排列。有些国家也用胎体帘线与胎冠中心线的夹角表示帘线的排列方向，这个角正好与胎冠角互为余角（它们之和为 $90°$），需要注意。

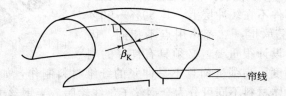

图 1-20　轮胎胎冠角示意

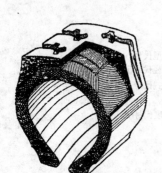

图 1-21　斜交轮胎结构
示意图

2. 斜交轮胎结构

(1) 结构特点　斜交轮胎的胎体相邻的帘布层胎冠角度相同，相互交叉排列，如图 1-21 所示。帘布层数一般为偶数，这样能使胎体帘布层负荷均匀分布。斜交轮胎冠帘线角度通常取 48°~55°。帘线密度从内至外由密变稀。帘布层数较多，外层帘布层数较少，通常只有两层，帘线密度较内帘布层稀，附胶量较多，黏着强度较高。缓冲层介于外帘布层与胎面胶之间，其结构由胶片或两层以上挂胶帘布组成，布层的上、下或中间加贴缓冲胶片。缓冲层帘布比外帘布层的密度稀疏，挂胶厚度较厚，帘线角度等于或稍大于帘布层帘线角度，相邻布层也是相互交叉排列，其宽度一般稍大或稍窄于胎冠宽度。通常载重轮胎的缓冲层采用挂胶帘布与胶片组合的结构，轿车轮胎也可采用缓冲胶片作缓冲层。

(2) 性能特点　斜交轮胎因帘线排列方向与受力变形方向不一致而产生内摩擦，这种结构总体上是不合理的，存在着材料层数多、滚动阻力大、缓冲性能低、耐磨性及牵引性差等缺点。但其转向性、制动性好，胎侧刚性大，生产工艺较成熟，易于生产，效率高。

为了提高使用性能和经济效益，斜交轮胎趋于向轻量化减层方向变化，有的国家斜交轮胎的内外帘布层采用密度相同的帘布，个别情况也有用奇数层的外胎。缓冲层有的采用钢丝帘布或用含玻璃纤维的胶料结构，从而增强胎面刚性及稳定性，提高轮胎抗机械损伤的能力和降低胎面的磨损。

斜交轮胎由于结构上的不合理，影响了发展，今后只保留在低速度、越野、巨型轮胎上。

3. 子午线轮胎结构

子午线轮胎简称子午胎，国际代号用 R 表示，由于其胎体结构的特征不同于斜交轮胎。有的国家称为径向轮胎、X 型轮胎、P 型轮胎或辐向轮胎等。

(1) 结构特点　子午线轮胎胎体帘线排列与斜交轮胎不同，如图 1-22 所示。子午线轮胎帘布层和带束层的胎冠角不同，帘布层间不是相互交叉排列，而是与外胎断面接近平行，像地球子午线形式排列，帘布层帘线角度小，一般为 0°~15°，胎体帘线间无维系交点，当轮胎在行驶过程中冠部应力增大时，会造成周向伸张，胎体呈辐线状裂口，因此子午线轮胎带束层采用接近周向排列的大角度帘线层，与胎体帘线角度成 90°相交，一般取 70°~80°，形成一条几乎不可能伸张的刚性环形带，把整个轮胎箍紧，限制胎体的周向变形，承受整个轮胎 60%~70% 的内应力，成为子午线轮胎主要的受力部件，故称为子午线轮胎的带束层。斜交轮胎的主要受力部件不在缓冲层上，其 80%~90% 内应力均由胎体帘布层承担，二者作用点不相同。因此，子午线轮胎带束层设计很重要，必须具有良好的刚

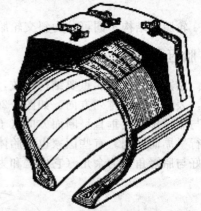

图 1-22　子午线结构轮胎结构示意

性，可采用多层、大角度、高强度而且不易伸张的纤维材料制作，如钢丝帘线、玻璃纤维等。子午线轮胎根据胎体材料不同可分为全钢丝子午线轮胎、半钢丝子午线轮胎和全纤维子午线轮胎 3 种类型。全钢丝子午线轮胎的胎体和带束层均采用钢丝帘线，一般用于载重及工

程机械车辆上。半钢丝子午线轮胎的胎体采用人造丝或其他纤维，带束层则用钢丝帘线，这种类型的子午线轮胎一般用于轿车或轻型载重车辆上。全纤维子午线轮胎的胎体及带束层全采用人造丝或其他纤维帘线，带束层帘线应采用低伸长帘线，这类子午线轮胎一般用于低速轿车或拖拉机上。

另外，由于子午线轮胎帘线层数少，胎圈部分的刚性和密实程度比普通轮胎有所降低，故需采用特殊断面的硬三角胶条、钢圈外包布、胎圈包布和由钢丝帘布制成的补充加强条以及硬的胎圈护胶等。

（2）性能特点　子午线轮胎结构合理，受力变形与帘线排列一致，无错位现象，内摩擦较小，比斜交轮胎性能优越。子午线轮胎在使用上具有很多优越性能和显著的技术经济效果。

a. 由于胎体帘线呈子午排列，帘线变形方向与轮胎变形方向一致，有效地发挥了帘线的强度，从而可大大减少胎体帘布层数（40%～50%）和相应的橡胶用量（20%）。由于胎体薄、柔软、缓冲性能好，行驶平稳，乘坐舒适，车辆机件使用寿命长。

b. 周向排列的刚性缓冲层限制了胎冠充气后的周长伸张，极大地减少了轮胎滚动过程中胎面沿路面的滑移摩擦，显著地提高了胎面的耐磨性能和抗机械损伤性能。

c. 胎体帘线的子午排列，使帘布层极少发生层间的相对位移，因而橡胶承受的应力小，消耗能量少，生热低，能在较高的速度下长期行驶。和普通结构轮胎相比，耗油量可降低5%～10%。

d. 胎侧柔软，缓冲性能好，乘坐舒适，车辆机件使用寿命长。胎面与路面的抓着性能好，牵引性能和越野性能好，行驶安全。

e. 子午胎的使用寿命长。与普遍结构轮胎比较，行驶里程可提高50%～100%，一般路面可达10万公里以上，好路面可达14万公里以上，差路面7万公里左右。

子午线轮胎的缺点是侧向稳定性欠佳，胎侧易裂口，转向性能较差，低速行驶时噪声大，制造工艺复杂，制造精度要求高，生产效率低且不能利用普通轮胎的工艺装备，成本较高等。

4. 其他类型轮胎

（1）扁平化轮胎　扁平化轮胎的高宽比（外胎断面的高度与宽度的比值）较小，载重轮胎在0.7～0.8以下，轿车轮胎在0.5～0.7以下。轮胎的重心下移，会使整个车辆的重心下降，车辆的行驶安全性高，有利于提高速度。

（2）浇注轮胎　浇注轮胎是用液体橡胶浇注成型的轮胎。浇注轮胎与传统的轮胎制造工艺有很大不同。这种轮胎采用两次注射法制造，首先将两个钢圈置于胎圈部位模具上，注射高定伸的聚氨酯，开模后套上呈90°排列的带束层，然后再装上胎面模具，注射低定伸聚氨酯制造胎面。用带束层固定胎冠，用钢丝圈固定胎圈部位，使这种浇注轮胎具备一定的使用性能，但质量上存在不少问题，有待进一步研究改进，故未能推广应用。目前仅在农业轮胎上试用。

（3）活胎面轮胎　活胎面轮胎的外胎由胎体和可更换的胎面或胎条组成，胎体上设置有三条沟槽，用来固定胎面（胎条）及防止胎面（胎条）的侧向位移。沟槽直径略大于胎面（胎条）相应直径，充气后，胎体的径向伸张力使胎面（胎条）紧箍于胎体上。在胎面（胎条）底部有一层高强力、不伸张的帘线层，其作用相当于缓冲层，见图1-23。胎体一般为子午线结构。活胎面轮胎可采用不同花

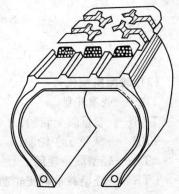

图1-23　活胎面轮胎示意

纹，一条轮胎配备几条不同花纹的活胎面（胎条）供不同季节、不同路面行驶时更换。

活胎面轮胎变形大，径向、侧向的刚性低，易产生径向裂纹，胎面使用到中后期，胎冠部分的生热量比较大，柔软性下降，可能会发生钢丝与胎面胶脱层或钢丝折断现象。

（4）拱形轮胎　拱形轮胎属特种越野轮胎品种，直径小，断面大，其断面比一般斜交轮胎大 1.5～2.5 倍，断面高宽比为 0.45～0.5，胎肩呈圆弧形，如图 1-24 所示。拱形轮胎外直径小，断面宽很大，断面形状如桥拱，而且内压很低，一般为 200～500kPa，增大了接地面积，提高了车辆的通过性，尤其在雨季及收获季节里。我国目前生产的拱形轮胎有 1140×700 和 1000×650 两种规格。

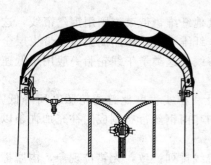

图 1-24　拱形轮胎断面示意

五、轮胎规格表示方法

轮胎的标志主要有规格、层级、负荷与气压、骨架材料、轮辋规格、平衡、方向、磨耗极限、生产批号、商标厂家等，各个企业略有不同，主要是轮胎的规格表示，轮胎规格表示是用外胎主要技术参数表示。

1. 轮胎常见表示符号

（1）尺寸代号　轮胎尺寸代号如图 1-25 所示。

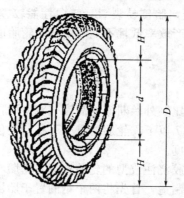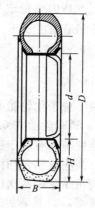

图 1-25　轮胎尺寸标志图

D——轮胎外直径；B——轮胎的断面宽；H——轮胎的断面高；

d——轮胎内直径（胎圈直径）或轮辋直径

D、B、H、d 多数为名义尺寸，与实际尺寸有差别。

（2）轮胎类型代号

TB——载重轮胎。

TBS——载重斜交轮胎。

TBR——载重子午轮胎。

LT——轻型载重轮胎。

LTS——轻型载重斜交轮胎。

LTR——轻型载重子午轮胎。

ULT——微型载重轮胎。

ML——矿山和林业用载重轮胎。

HT——重型载重轮胎。

PC——乘用轮胎。

PCS——乘用斜交轮胎。

PCR——乘用子午轮胎。

MPS——小型乘用斜交轮胎。

MPR——小型乘用子午轮胎。

OR——工程轮胎。

ORS——工程斜交轮胎。

ORR——工程子午轮胎。

ID——工业轮胎。

AG——农机轮胎。

MC——摩托轮胎。

BC——自行轮胎。

AP——航空轮胎。

（3）结构代号

R——子午线结构轮胎。

- ——斜交结构轮胎有时也表示为低压轮胎。

×——有时表示高压轮胎。

TL——无内胎轮胎。

L——低断面轮胎。

（4）骨架材料代号

G——表示帘布层为钢丝。

M——表示帘布层为棉帘线。

N——表示帘布层为尼龙线。

R——表示帘布层为人造丝。

（5）速度代号 国际标准化组织（ISO）在原有西欧"S"、"H"、"V"级速度标志的基础上，制定了更详尽的轮胎速度标志。表1-7所列为轮胎速度标志与速度对照。

表 1-7 轮胎速度-符号对照

速度标记	速度/(km/h)	速度标记	速度/(km/h)
A1	5	J	100
A2	10	K	110
A3	15	L	120
A4	20	M	130
A5	25	N	140
A6	30	P	150
A7	35	Q	160
A8	40	R	170
B	50	S	180
C	60	T	190
D	65	U	200
E	70	H	210
F	80	V	240
G	90	W	270

习惯上将 S 级为快速、H 级为高速、V 级为超高速。

(6) 负荷代号

① 层级（PR）　是轮胎负荷（强度）的重要指标，与轮胎的实际帘布层数不是一个概念也不完全一致。轮胎的层级是指轮胎帘布的公称层数，用英文标志，如"14P. R"或"14PR"即 14 层极，也可直接用"层级"中文标志，如"12 层级"。层级是表示轮胎在规定下的强度，相同规格轮胎一般有 2～3 个层级，分别对应有不同的最大负荷和相应的气压。目前由于新型骨架材料及结构不断的应用，表示轮胎负荷的层级将逐步被负荷指数所取代。

② 负荷指数（LI）　国际标准将轮胎的负荷量从小到大依次划分为 280 个等级负荷指数（用 0～279 表示），每一个指数数字代表一定的载荷能力，其指数差级约为 3%，见表 1-8 所列。最低指数负荷为 0，相应负荷为 0.44kN，最高一级负荷指数为 279，相应负荷量为1334kN。每一种规格轮胎可分为 3 个指数级别，即同一规格轮胎的负荷标准高低差约为 10%。

表 1-8　轮胎负荷与负荷指数对照

负荷指数	负荷能力/kN	负荷指数	负荷能力/kN	负荷指数	负荷能力/kN	负荷指数	负荷能力/kN
0	0.44	31	1.07	62	2.60	93	6.37
1	0.45	32	1.10	63	2.67	94	6.57
2	0.47	33	1.13	64	2.75	95	6.77
3	0.48	34	1.16	65	2.84	96	6.96
4	0.49	35	1.19	66	2.94	97	7.16
5	0.51	36	1.23	67	3.01	98	7.35
6	0.52	37	1.26	68	3.09	99	7.60
7	0.53	38	1.30	69	3.19	100	7.85
8	0.55	39	1.33	70	3.29	101	8.09
9	0.57	40	1.37	71	3.38	102	8.34
10	0.59	41	1.42	72	3.48	103	8.58
11	0.60	42	1.47	73	3.58	104	8.83
12	0.62	43	1.52	74	3.68	105	9.07
13	0.64	44	1.57	75	3.80	106	9.32
14	0.66	45	1.62	76	3.92	107	9.56
15	0.68	46	1.67	77	4.04	108	9.81
16	0.70	47	1.72	78	4.17	109	10.10
17	0.72	48	1.77	79	4.29	110	10.40
18	0.74	49	1.82	80	4.41	111	10.69
19	0.76	50	1.87	81	4.53	112	10.98
20	0.78	51	1.91	82	4.66	113	11.28
21	0.81	52	1.96	83	4.78	114	11.57
22	0.83	53	2.02	84	4.90	115	11.92
23	0.86	54	2.08	85	5.05	116	12.26
24	0.88	55	2.14	86	5.20	117	12.60
25	0.91	56	2.20	87	5.34	118	12.94
26	0.93	57	2.26	88	5.49	119	13.34
27	0.96	58	2.32	89	5.69	120	13.73
28	0.98	59	2.38	90	5.88	121	14.22
29	1.01	60	2.45	91	6.03	122	14.71
30	1.04	61	2.52	92	6.18	123	15.20

负荷指数	负荷能力/kN	负荷指数	负荷能力/kN	负荷指数	负荷能力/kN	负荷指数	负荷能力/kN
124	15.69	163	47.81	202	147.10	241	453.56
125	16.18	164	49.03	203	152.00	242	465.82
126	16.67	165	50.50	204	156.91	243	478.07
127	17.16	166	51.98	205	161.81	244	490.33
128	17.65	167	53.45	206	166.71	245	505.04
129	18.14	168	54.92	207	171.62	246	519.75
130	18.63	169	56.88	208	176.52	247	534.46
131	19.12	170	58.84	209	181.42	248	549.17
132	19.61	171	60.31	210	186.33	249	568.78
133	19.87	172	61.78	211	191.23	250	588.40
134	20.79	173	63.74	212	196.13	251	603.11
135	21.38	174	65.70	213	202.02	252	617.82
136	21.97	175	67.67	214	207.90	253	637.43
137	22.56	176	69.63	215	213.78	254	657.05
138	23.14	177	71.59	216	219.67	255	670.66
139	23.83	178	73.55	217	225.55	256	696.27
140	24.51	179	76.00	218	231.44	257	715.89
141	25.25	180	78.45	219	238.30	258	735.50
142	25.99	181	80.90	220	245.17	259	760.02
143	26.72	182	83.36	221	252.52	260	784.53
144	27.46	183	85.81	222	259.88	261	809.05
145	28.44	184	88.26	223	267.23	262	833.57
146	29.42	185	90.71	224	274.59	263	858.08
147	30.16	186	93.16	225	284.39	264	882.60
148	30.89	187	95.61	226	294.20	265	907.12
149	31.87	188	98.07	227	301.55	266	931.63
150	32.85	189	101.08	228	308.91	267	956.15
151	33.83	190	103.95	229	318.72	268	980.67
152	34.81	191	106.89	230	328.52	269	1010.08
153	35.79	192	109.83	231	338.33	270	1039.50
154	36.77	193	112.78	232	348.14	271	1068.92
155	38.98	194	115.72	233	357.94	272	1098.34
156	39.23	195	119.15	234	367.75	273	1127.76
157	40.45	196	122.58	235	380.01	274	1157.18
158	41.68	197	126.02	236	392.23	275	1186.60
159	42.90	198	129.45	237	404.52	276	1225.83
160	44.13	199	133.70	238	416.78	277	1260.15
161	45.36	200	137.29	239	429.04	278	1294.48
162	46.58	201	142.20	240	441.30	279	1333.70

（7）其他代号

符号"←"——行驶方向，位于胎侧处；

符号"△"——磨耗标志，在箭头指向花纹沟底部。

2. 轮胎规格表示方法

（1）载重轮胎

① 微型载重普通断面斜交结构轮胎　表示为 B-d ULT，B 为轮胎名义断面宽，单位 in，保留两位小数；d 为轮辋名义直径，单位 in，多为整数；"-"表示斜交结构；ULT 表示微型载重轮胎。如 4.50-12ULT。

② 轻型载重普通断面斜交结构轮胎　表示为 B-dLT，B 为轮胎名义断面宽，单位 in，保留两位小数；d 为轮辋名义直径，单位 in，多为整数；"-"表示斜交结构；LT 表示轻型载重轮胎。如 6.00-16LT。

③ 轻型载重普通断面子午线结构轮胎　表示为 BRdLT，B 为轮胎名义断面宽，单位 in，保留两位小数；d 为轮辋名义直径，单位 in，多为整数；R 表示子午结构；LT 表示轻型载重轮胎。如 6.00R16LT。

④ 轻型载重公制系列斜交结构轮胎　表示为 B/（H/B×100）-dLT，B 为轮胎名义断面宽，单位 mm；"H/B×100"为断面高与断面宽比值系列；d 为轮辋名义直径，单位 in，多为整数；"-"表示斜交结构；LT 表示轻型载重轮胎。如 215/70-14LT。

⑤ 轻型载重公制系列子午线结构轮胎　表示为 B/（H/B×100）RdLT，B 为轮胎名义断面宽，单位 mm；"H/B×100"为断面高与断面宽比值系列；d 为轮辋名义直径，单位 in，多为整数；R 表示子午结构；LT 表示轻型载重轮胎。如 215/70R14LT。

⑥ 中型载重、重型载重普通断面斜交结构轮胎　表示为 B-d，B 为轮胎名义断面宽，单位 in，保留两位小数；d 为轮辋名义直径，单位 in，多为整数；"-"表示斜交结构。如 9.00-20、13.00-20。

⑦ 中型载重、重型载重普通断面子午线结构轮胎　表示为 BRd，B 为轮胎名义断面宽，单位 in，保留两位小数；d 为轮辋名义直径，单位 in，多为整数；R 表示子午结构。如 9.00R20、13.00R20。

⑧ 轻型载重、中型载重普通断面无内胎斜交结构轮胎　表示为 B-d，B 为轮胎名义断面宽，单位 in，多为整数，有时也可带 0.5 一位小数；d 为轮辋名义直径，单位 in，保留一位小数；"-"表示斜交结构。如 7-17.5、8-17.5、8.5-17.5、10-17.5、8-22.5、9-22.5、10-22.5、11-22.5、12-22.5、13-22.5，分别相当有内胎轮胎 6.50-16、7.00-16、7.50-16、9.00-16、7.50-20、8.25-20、9.00-20、10.00-20、11.00-20、12.00-20。有时为了表示清楚，也可后附 TL 或 TUBELESS 英文字符表示无内胎。

⑨ 轻型载重、中型载重普通断面无内胎子午线结构轮胎　表示为 BRd，B 为轮胎名义断面宽，单位 in，多为整数，有时也可带 0.5 一位小数；d 为轮辋名义直径，单位 in，保留一位小数；R 表示子午结构。如 7R17.5、8R17.5、8.5R17.5、10R17.5、8R22.5、9R22.5、10R22.5、11R22.5、12R22.5、13R22.5，分别相当有内胎轮胎 6.50R16、7.00R16、7.50R16、9.00R16、7.50R20、8.25R20、9.00R20、10.00R20、11.00R20、12.00R20。有时为了表示清楚，也可后附 TL 或 TUBELESS 英文字符表示无内胎。

⑩ 中型载重公制系列无内胎斜交结构轮胎　表示为 B/（H/B×100）-d，B 为轮胎名义断面宽，单位 mm；"H/B×100"为断面高与断面宽比值系列；d 为轮辋名义直径，单位 in，保留一位小数；"-"表示斜交结构。如 245/75-22.5、225/70-19.5。也可后缀轮胎的负荷指数和速度代号及 TUBELESS 英文字符，分别表示轮胎的负荷、速度和无内胎。如 275/70-

22.5 140/137 M TUBELESS，275 为断面宽（mm）、70 为扁平比（断面高/断面宽×100）、-为斜交结构、22.5 为轮辋直径（in）、140/137 为单胎、双胎的负荷指数、M 为速度代号、TUBELESS 为无内胎轮胎。

⑪ 中型、重型载重公制系列无内胎子午线结构轮胎　表示为 B/（H/B×100）Rd，B 为轮胎名义断面宽，单位 mm；"H/B×100"为断面高与断面宽比值系列；d 为轮辋名义直径，单位 in，保留一位小数；R 表示子午结构。如 245/75R22.5、445/65R19.5。也可后缀轮胎的负荷指数和速度代号及 TUBELESS 英文字符，分别表示轮胎的负荷、速度和无内胎。如 315/65R19.5　154/149 L TUBELESS。

（2）轿车轮胎

① 斜交结构轿车轮胎　与中型载重、重型载重普通断面斜交结构轮胎表示方法相同，表示为 B-d，B 为轮胎名义断面宽，单位 in，保留两位小数；d 为轮辋名义直径，单位 in，多为整数；"-"表示斜交结构。如 5.20-10、7.00-15。另外，可后缀轮胎的层级数如 5.20-10-8PR。

② 子午线结构轿车轮胎　表示为 B/（H/B×100）Rd 负荷指数 速度代号，B 为轮胎名义断面宽，单位 mm；"H/B×100"为断面高与断面宽比值系列；d 为轮辋名义直径，单位 in，保留整数；R 表示子午线结构，如是无内胎轮胎还需后缀 TUBELESS 英文字符。

例如，185/70R14 86H，185 为断面宽，mm；70 为扁平比（断面高/断面宽×100）；R 为子午线结构；14 为轮辋直径，in；86 为载重指数；H 为速度代号。

（3）工程轮胎

① 普通断面轮胎　与中型载重、重型载重普通断面斜交结构轮胎和斜交结构的轿车轮胎表示方法相同，表示为 B-d，B 为轮胎名义断面宽，单位 in，保留两位小数；d 为轮辋名义直径，单位 in，为整数；"-"表示斜交结构。如 6.00-16。

② 宽基轮胎　表示为 B-d，B 为轮胎名义断面宽，单位 in，保留小数，小数点后多为 0.5 和 0.25；d 为轮辋名义直径，单位 in，为整数；"-"表示斜交结构。如 26.5-25、33.25-35。

③ 低断面轮胎　表示为 B/（H/B×100）-d，B 为轮胎名义断面宽，单位 in，为整数；"H/B×100"为断面高与断面宽比值系列；d 为轮辋名义直径，单位 in，保留整数；"-"表示斜交结构。如 16/70-20、35/65-33。

（4）农业轮胎

① 普通断面斜交结构轮胎　表示为 B-d，d 为轮辋名义直径，单位 in，为整数；"-"表示斜交结构；B 为轮胎名义断面宽，单位 in。数字形式不同表示的轮胎也有区别，保留两位小数则表示窄轮辋（普通轮辋）轮胎，如 6.00-12、4.00-8、9.00-16，此种类型的轮胎逐步将被淘汰但仍占有一定数量；保留一位小数表示超宽轮辋轮胎，如 8.3-20、9.5-24、11.2-28，此种类型的轮胎为农业轮胎的主要品种；保留整数表示宽轮辋轮胎，如 10-28、11-28、12-38，由于它是前两种轮胎的过渡型，目前为农业轮胎的保留品种。

② 普通断面子午线结构轮胎　表示为 BRd，R 表示子午线结构，其他解释同上。如 12.4R24、14.9R26。

③ 低断面轮胎　斜交结构轮胎表示方式为 BL-d，子午线结构轮胎表示方式为 BLRd。B 为轮胎名义断面宽，单位 in；d 为轮辋名义直径，单位 in，为整数；"-"表示斜交结构；R 表示子午线结构；L 表示低断面。如 28L-26、30.5L-32、30.5LR32。

（5）工业轮胎

① 普通断面轮胎　与中型载重、重型载重普通断面斜交结构轮胎和斜交结构的轿车轮胎及普通断面工程轮胎表示方法相同，表示为 B-d，B 为轮胎名义断面宽，单位 in，保留两

位小数；d 为轮辋名义直径，单位 in，多为整数；"-"表示斜交结构。如 7.00-12。

② 宽断面轮胎表示为 D×B-d，D 为轮胎的名义外直径，单位 in；B 为轮胎名义断面宽，单位 in；d 为轮辋名义直径，单位 in；D、B、d 为整数；"-"表示斜交结构。如 21×8-9。也有些规格用公制表示 B-d，B 单位 mm、d 单位 in，如 250-15。

(6) 畜力车轮胎　D×B，D 为轮胎的名义外直径，单位 in；B 为轮胎名义断面宽，单位 in。如 32×6。

(7) 航空轮胎

① Ⅲ型轮胎（低压轮胎）　表示为 B-d，轮胎断面名义宽-轮辋名义直径，轮胎断面名义宽保留两位小数，轮辋名义直径为整数，单位 in，例 6.00-6、17.00-20、11.00-12、6.50-8。

② Ⅷ型轮胎（超高压低断面轮胎）　表示为 D×B-d，轮胎名义外直径×轮胎断面名义宽-轮辋名义直径，轮胎名义外直径多为整数，少数时小数点后为 0.5、0.75，轮胎断面名义宽保留小数，小数点后为 0.0、0.00、0.5、0.2、5 0.75，轮辋名义直径多为整数，单位 in。例 29×11.0-10、25×7.75-10、32×11.5-15、21×7.25-10、14.5×5.5-62、5.75×6.75-14、35×9.00-17、36×10.00-18。

③ Ⅶ型轮胎（超高压轮胎）　表示为 D×B，轮胎名义外直径×轮胎断面名义宽，轮胎名义外直径多为整数，轮胎断面名义宽保留一位小数（轮辋直径 16～32）或为整数（轮辋直径 34～49），单位 in。例 16×4.4、26×6.6、29×7.7、32×8.8、34×11、40×14、49×17。

有时在轮胎规格前加上 C、B 或 H 中的任一字母，其含意见表 1-9。

表 1-9　航空轮胎中 C、B、H 的含义

轮胎规格前附加字母	C	B	H	无字母
轮辋宽/轮胎断面宽	0.5～0.6	0.6～0.7	0.6～0.7	0.7 以上
轮辋胎圈座斜度	15	15	5	3

如 C40×18.0-17。

④ 其他

Ⅰ型轮胎（普通断面轮胎）表示为轮胎名义外直径 SC，如 56SC。

Ⅱ型轮胎（高压轮胎）表示为轮胎名义外直径×轮胎断面名义宽，如 56×16。

Ⅳ型轮胎（超低压轮胎）表示为轮胎名义外直径×轮胎断面名义宽-轮辋名义直径，如 29×13-5。轮胎名义外直径、轮胎断面名义宽和轮辋名义直径为整数。

(8) 摩托车轮胎

① 代号表示系列、轻便、小轮径轮胎　表示为 B-d，轮胎断面名义宽-轮辋名义直径，单位 in，如 2.25-17、3.00-5、3.50-8、2-18。

② 公制系列轮胎　表示为 B/(H/B×100)-d 负荷指数速度代号，B 为轮胎名义断面宽（mm）/断面高与断面宽-轮辋名义直径（in）负荷指数 速度代号，如 80/90-18 45 S。

(9) 力车轮胎　力车轮胎的表示方法请见项目五的内容。

(10) 国外表示方法　子午线结构轮胎法国"米西林"用"X"为代号如 10.00-20X，175-14X，前苏联采用 P 为代号，如 155-13P、5.90-15P。

3. 其他标记

(1) 帘线材料　有的轮胎单独标志，如"尼龙"（NYLON），一般标在层级之后；也有的轮胎厂家标注在规格之后，用汉语拼音的第一个字母表示，如 9∶00-20-8N、7.50-20G 等，

26

N 表示尼龙，G 表示钢丝、M 表示棉线、R 表示人造丝。

（2）负荷及气压　一般标志最大负荷及相应气压，负荷以"kN"为单位，气压单位为"kPa"。

（3）轮辋规格　表示与轮胎相配用的轮辋规格，便于实际使用。如"标准轮辋 5.00F"。

（4）平衡标志　用彩色橡胶制成标记形状，硫化在胎侧，表示轮胎此处最轻，组装时应正对气门嘴，以保证整个轮胎的平衡性。

（5）滚动方向　轮胎上的花纹对轮胎的耐磨、防滑、排水、自洁等至关重要，对于花纹不对称的越野车轮胎（有向的越野花纹）常用箭头标志装配滚动方向，以保证设计的附着力、防滑等性能，不能错装。

（6）磨损极限标志　轮胎一侧用橡胶条、块，标示轮胎的磨损极限，一旦轮胎磨损达到这一标志位置，轮胎则应及时更换以便轮胎的翻新，否则继续使用会磨损骨架，强度下降，中途爆胎并很难翻新影响轮胎的综合价值。

（7）生产批号：用一组数字及字母标志，表示轮胎的制造年月及数量。如 200308B5820 表示 2003 年 8 月 B 组生产的第 5820。生产批号用于识别轮胎的新旧程度及存放时间。

（8）商标　商标是轮胎生产厂家的标志，包括商标文字及图案，一般比较突出和醒目，易于识别。大多与生产企业厂名相连标志。

其他标记：例如产品等级、生产许可证号及其他附属标志（磨耗、温度、牵引力）。一般可作为选用时的参考资料和信息。

六、轮胎的生产工艺流程

斜交轮胎和子午线轮胎外胎的生产工艺流程分别如图 1-26 和图 1-27 所示。

轮胎的生产工艺可分为配炼、压延挤出（压出）、成型、硫化四大工艺。配炼包括生胶的烘胶、切胶等加工，配合剂的粉碎、干燥、筛选、脱水、过滤等加工、称量、塑炼、混炼等，主要是向下工序提供混炼胶；压延挤出（压出）是通过压延机和挤出（压出）机的作用将混炼胶制成具有一定形状和尺寸的胶片（油皮胶、隔离胶、缓冲胶片等）、胶条（三角胶条、胎面胶条、垫胶等）、胎面胶或在纺织物上挂胶制成胶帘布、胶帆布等，该工序主要是制造轮胎各种半成品；成型是将轮胎的各种半成品部件在成型机上贴合成半成品胎坯的工艺，另外还包括成型前的准备工艺和成型后的后处理工艺；硫化工艺是轮胎生产的最后一道工序，是在一定温度和压力下，通过一定时间使橡胶结构发生变化（由线型结构转变为网络结构），从而制得成品轮胎。

七、汽车轮胎的基本性能

1. 载荷性能

轮胎载荷能力是衡量轮胎质量的一项重要指标。轮胎承载车辆的负荷可分为静负荷和动负荷两种。静负荷是指汽车静止时，车辆的自重和载重量对轮胎的负荷，可用称量法测定。动负荷则为车辆行驶时所产生的冲击力和惯性力总和对轮胎的负荷，是变化的，一般大于静负荷，其受路面条件、行驶速度、车辆性能诸因素的影响，难以具体测定。因此轮胎标准中负荷量一般是指静负荷量，计算轮胎胎体强度时可采用安全倍数，以适应动负荷的需求，保证轮胎的使用性能。

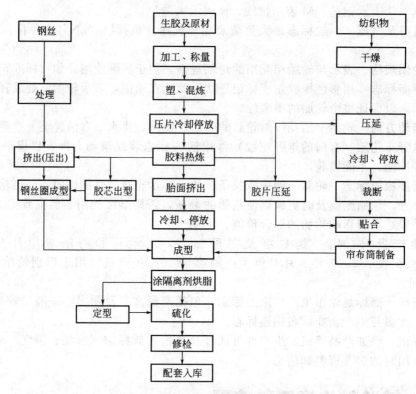

图 1-26　斜交轮胎外胎工艺流程

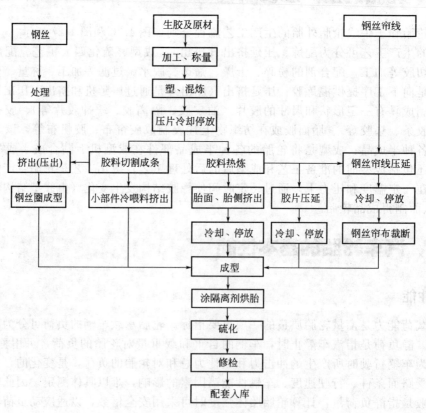

图 1-27　子午线轮胎外胎工艺流程

轮胎的载荷能力（负荷能力）与轮胎的外形尺寸、断面轮廓、充气内压、骨架材料、轮辋尺寸及行驶速度等参数有关，必须综合考虑。

（1）轮胎外形尺寸对负荷能力的影响 轮胎依靠充入压缩空气承载负荷，内腔容积增大可增大轮胎的空气容量，随之轮胎的负荷能力相应增大。轮胎的断面宽、外直径及轮辋直径、宽度直接影响轮胎的内腔容积，如图 1-28 所示，轮胎负荷能力随其断面宽的增大而提高。

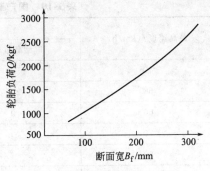

图 1-28　轮胎断面宽度与
负荷关系
1kgf＝9.80665N

近年来，为了提高汽车行驶速度，提高车辆的稳定性、安全性，汽车正朝着降低车体重心方向发展，要求轮胎减小外直径及轮辋直径。因此只能从增大轮胎断面宽、加宽轮辋宽度等角度来提高轮胎的负荷能力。

（2）轮胎冲气压力对负荷能力的影响 轮胎负荷能力的大小与充气压力存着密切关系，提高轮胎的内压，相应可增大轮胎的负荷能力，图 1-29 为轮胎充气压力与负荷量的关系。轮胎气压增加的同时会导致胎体帘线应力的增大，尤其在动负荷作用下，极易造成帘线疲劳损坏，影响轮胎的使用寿命，如图 1-30 所示，内压过高会降低轮胎行驶里程。

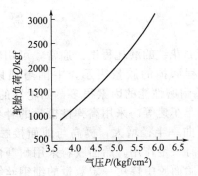

图 1-29　轮胎充气压力与负荷关系
1kgf＝9.80665N

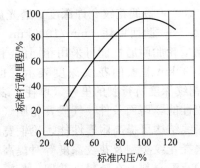

图 1-30　轮胎内压与行驶里程的关系

（3）轮胎骨架材料对负荷能力的影响 轮胎采用高强度骨架材料和新型结构均可增加胎体强度，也可提高轮胎内压增大其负荷能力。例如载重轮胎同规格分为 3 个层级，第一层级轮胎是指最低层级轮胎；第二层级轮胎属高载荷轮胎，气压比第一层级轮胎高约 20％，负荷能力高约 15％；第三层级轮胎属超高载轮胎，气压及负荷能力比第二层级轮胎均高 10％左右。近年来，国际标准采用"负荷指数"表示轮胎负荷能力，也是这种规律。由于采用高强度骨架材料，内压和负荷能力提高，从而延长轮胎的行驶寿命。

（4）车辆的行驶速度对轮胎负荷能力的影响 车辆行驶速度对轮胎的负荷能力影响很大。降低行驶速度，可提高轮胎的负荷标准，车速增加时，负荷标准应降低，但不得在任何条件下随意提高负荷量。中国轮胎标准中规定的最高速度范围：重型载重轮胎为 80km/h；中型载重轮胎为 90km/h；轻型载重轮胎为 100km/h。最高速度是持续行驶速度，并非平均速度。载重轮胎使用速度与负荷增减对应关系见表 1-10。

2. 耐磨性能

胎面磨耗性能是轮胎最重要性能指标之一。轮胎在行驶过程中与路面接触，胎面直接受磨耗损坏，有 80％～90％ 的轮胎由于胎面花纹磨光而报废，因此，胎面的耐磨性能已成为

表1-10 国产载重汽车轮胎使用速度与负荷增加对应

最高速度/(km/h)	负荷增加/%		
	重型载重轮胎	中型载重轮胎	轻型载重轮胎
40	5.0	10.0	12.5
50	2.5	7.5	10.0
60	0	5.0	7.5
70	0	2.5	5.0
80		0	2.5
90		0	0
100			0

决定轮胎使用寿命的关键,在一定程度上代表轮胎的使用寿命。从轮胎行驶里程公式中可见,胎面耐磨性和轮胎使用寿命的关系,轮胎行驶里程公式为:

$$L = 1000 \times \frac{h_1 - h_0}{\Delta h}$$

式中 L——轮胎行驶里程,km;

h_1——轮胎花纹深度,mm;

h_0——最低花纹允许深度(磨光后),mm;

Δh——胎面单耗,mm/1000km。

衡量轮胎耐磨性能可采用相同的测试标准对比胎面花纹的磨耗程度。通常,可用轮胎每行驶1000km磨去的花纹深度表示,也可用单位里程磨掉的胶量表示,中国习惯以磨耗1mm花纹深度所行驶的里程(单耗)表示。影响轮胎耐磨性能的因素很多,如轮胎的结构,胎面胶性能,路面条件,气候,轮胎气压,负荷,汽车车速等。采用高弹性模量的骨架材料及子午线结构可提高耐磨性能。轮辋宽度增宽,胎面曲率半径增大,提高与地面接触面积,合理选择花纹类型及花纹深度等对提高轮胎耐磨性能有一定作用。胎面胶料采用耐磨性能高的胶种及配合剂,在胶料中并用少量塑料,大型轮胎胎面胶中掺用一定数量的细钢丝等措施均有利于提高轮胎的耐磨性能。轮胎使用条件如轮胎气压不足,负荷增加,车速增大,车辆保养及使用不当都可增大胎面磨损。地面、地区、气候等也都会造成不同的磨耗结果。

3. 滚动阻力

滚动阻力是指车轮沿水平路面滚动时所引起的各项阻力的总称,引起阻力的原因有轮胎变形、路面变形以及接触面摩擦。轮胎的滚动阻力会增大车辆动性能和燃料耗损,并影响轮胎的使用寿命,因此降低轮胎的滚动阻力对汽车节油至关重要。鉴定轮胎滚动阻力的方法可以用滚动阻力系数或者用车轮每转1周需要克服的滚动阻力的功来表示。前者可通过公式计算滚动阻力系数,滚动阻力系数值与滚动阻力成正比关系。滚动阻力系数等于滚动阻力除以法向载荷。在良好路面上,轮胎滚动阻力系数 f 计算公式为:

$$f = \frac{N}{QV}$$

式中 f——滚动阻力系数;

N——轮胎滚动时单位时间所耗用的能量,J/s;

Q——轮胎法向负荷,N;

V——滚动速度,m/s。

影响轮胎滚动阻力的因素是多方面的,如路面状况、行驶速度、轮胎结构、使用气压及负荷、车辆性能等。

(1) 路面状况的影响　路面状况、道路类型不同，轮胎局部滑移引起轮胎滚动时产生的阻力也不同。良好平滑的路面滚动系数小，如柏油路面为 0.015～0.018。软土及较坏的路如松散沙地、荒土路面的滚动系数大，为 0.300～0.400。在平坦硬路面上行驶，滚动阻力主要由轮胎变形引起的滑移和滞后损失造成，克服路面变形和路面摩擦所耗能量很少，仅占 10%～15%。在软土路上行驶，滚动阻力则主要为土壤变形造成的能量消耗。

(2) 行驶速度的影响　车辆行驶速度促使轮胎滚动阻力变化，在低速范围内影响不大，在高速时，滚动阻力明显增大，这是因为轮胎在单位时间内变形次数增多，引起各部件内摩擦产生的热量增大，胎面局部滑移及空气阻力增加。

(3) 轮胎结构的影响　子午线轮胎由于有刚性的带束层，周向变形小，滚动阻力比斜交轮胎降低 30%。宽断面的调压轮胎及各种越野轮胎在松软道路上通过，内压低，仅限于土壤变形，滚动阻力小，但内压过低时，不但土壤变形而且轮胎也要变形，这时滚动阻力反而增大。轮胎胎体帘线角度增大，胎体刚性增大，滚动阻力也降低，如帘线角度从 30°增大到 55°时，滚动阻力可降低 5%～10%。轮胎重量与滚动阻力成正比关系，因此轮胎轻量化不但有其经济意义，对降低轮胎滚动损失也起很大作用，可减小胎面厚度，尤其是两肩部厚度。试验证明，胎面胶厚度每减小 1mm，轿车轮胎滚动损失减少 1%，载重轮胎减少 3%；胎肩部厚度由 14mm 减小到 10mm 时，轮胎滚动损失可减少 7%。

此外，花纹深度、花纹类型及胎面拱度等对滚动损失指标均有一定影响。

(4) 气压的影响　轮胎气压对滚动阻力影响很大。一般是气压提高滚动阻力随之降低，但在软土路面，提高内压或内压过低都会加大滚动阻力，如图 1-31 所示。

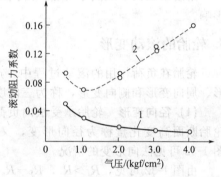

图 1-31　轮胎气压对其滚动阻力的影响
1—柏油路；2—松土路

(5) 车辆性能的影响　滚动阻力与车轮的外倾角、前束角有关，车轮外倾角或前束角增大都能导致轮胎滚动阻力的增加。试验表明，当车轮前束角为 4°～5°时，车轮滚动所消耗的功率比直线行驶时大两倍，当车轮外倾角为 5°时滚动阻力系数约增加 0.01 数值。

4. 牵引性能

轮胎的通过和牵引性能是保证汽车行驶的重要性能之一。汽车发动机发出的动力，经传动系统作用于驱动轮胎上，使轮胎对道路产生一种力简称周向力，与周向力大小相等方向相反的另一种力是道路作用于轮胎的反作用力，也是驱动汽车行驶的外力，一般称为牵引力。在牵引力作用下，轮胎要克服道路对它的滚动阻力，使轮胎能在不同道路上行驶通过的能力，称为牵引性能。轮胎牵引性能好，汽车能在较高速度下行驶，并具有较好的通过性能及安全性能，尤其在松软的土路、沙地、泥泞地和冰雪路上汽车能顺利通过。提高轮胎牵引性能可从轮胎结构、类型、胎面花纹、道路等级、气压等因素考虑。总的来说轮胎牵引性能好坏取决于轮胎滚动阻力及其附着性能。滚动阻力小，附着性能好才能提高轮胎的牵引性能。

(1) 轮胎结构及类型　子午线轮胎胎体柔软下沉大，接地面积大，滑移小，对路面有较好的附着性能，在硬路面上行驶牵引性能优于斜交轮胎。大直径和宽断面轮胎接地面积较大，亦具有较好的牵引和通过性能。

（2）**轮胎的气压**   轮胎在硬路上行驶，降低气压可增加与路面的接触面积，提高附和力，但随之滚动阻力也增大，不一定能改善轮胎的牵引性能。轮胎在软土路面上行驶，降低气压，轮胎与路面接地面积增加，附着力增大，而滚动阻力减小，因而可提高轮胎的牵引和通用性能。

（3）**轮胎与路面的附着性能**   轮胎与路面附着性能好，可提高轮胎的牵引性和通过性。轮胎的附着性能可用纵向和侧向附着系数表示。通常以纵向附着系数为指标，纵向附着系数等于车轮完全均匀空转时牵引力与法向负荷之比或等于在制动车轮完全均匀滑移时制动力与法向负荷之比。附着系数表示轮胎与路面间的接触强度，附着系数大则附着性能好，从而提高轮胎的牵引力，保证汽车安全行驶。国际公路协会规定了在不同道路条件下最低附着系数的范围为 0.4~0.6，不同路面上的附着系数见表 1-11。

表 1-11   不同路面轮胎的附着系数

路面状况	干柏油路	湿柏油路	干土路	湿土路	冰雪路	
					0~-5℃	-5℃以下
附着系数	0.6~1.0	0.3~0.5	0.5~0.7	0.1~0.3	0.05~0.10	0.1~0.2

附着系数大小取决于轮胎结构参数、负荷和内压、使用速度，最主要是路面条件的影响。

5. 轮胎的滚动变形

轮胎在负荷作用的滚动过程中，产生复杂的弹性变形，三个不同方向的变形为径向变形、周向变形和侧向变形，称为三向度变形。

（1）**径向变形**   轮胎承受法向负荷作用产生断面变形，断面高减小，端面宽增大，这种轮胎断面高变化量称为径向形变，又称法向形变。图 1-32 可见法向形变的情况。

由图 1-32 可见，$R_f > R_s$，$R_f - R_s = h_c$，下沉量 h_c 与充气断面高 H' 的百分比称为压缩系数（单位用百分数表示），即压缩系数 $= h_c/H' \times 100\%$。

一般采用压缩系数衡量轮胎的径向变形，压缩系数值大轮胎的径向变形大，意味着其胎体柔软，在滚动过程中超越障碍物或对不平坦路面的冲击、振动有良好的吸收缓和作用，这种性能称为轮胎的缓冲性能，可用单位径向变形所需负荷量表示，单位 N/cm。由于轮胎径向变形因径向载荷而变化，称为轮胎的载荷性能，因此其缓冲性能可称为轮胎载荷性能中的一种特性性能，对乘坐舒适性，车辆运输安全性，节约燃料及车辆的使用极为有利。一

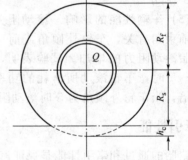

图 1-32   轮胎的法向变形（径向变形）
Q—法向负荷；R_f—轮胎的
自由半径（不承载负荷时）；R_s—轮胎的
静半径（承载负荷后轮轴中心至路面距离）；
h_c—轮胎的下沉量（径向压缩量）

般不同类型轮胎在标准气压和负荷下变形程度控制在一定范围内，见表 1-12，用压缩系数表示。过大的径向变形，会造成胎侧部过分弯曲伸张，胎冠部压缩，导致帘线受应力过大而疲劳脱层，早期损坏。

影响轮胎径向变形的因素很多，如轮胎结构参数方面，断面高度大、扁平率增大的轮胎断面，子午线结构，帘布层数少和帘线角度小等都能增加轮胎的径向变形。轮胎使用条件方面，负荷增大或内压降低时，径向变形亦随之增大。

表 1-12　不同类型轮胎的变形范围

轮胎类型	轿车轮胎		载重汽车轮胎			拱形轮胎
	轮辋直径,406mm	轮辋直径,355mm 和 380mm	小规格	硬路面	软路面	
压缩系数	12～14	14～18	14～16	10～12	15～18	25～30

（2）周向变形　轮胎的周向变形是与径向变形同时产生的一种形变，主要发生在轮胎圆周的下半周，当轮胎滚动时，滚动方向的前部轮胎呈压缩状态，后部轮胎则呈拉伸状态，使轮胎断面沿滚动方向扭曲变形，此周向变形通用胎面长度变化的百分率表示。图 1-33 所示为轮胎在负荷滚动下的周向变形，图中 $R_f > R_s$。

当轮胎在动态时，R_s 发生变化，轮轴中心至路面间距 R_s 变为 R_m，R_m 称为动半径，低速时 R_m 与 R_s 值相差不大；当轮胎高速滚动时，轮胎的离心力促使 R_m 略大于 R_s。由于半径的改变，轮胎每转一周经过的路程也改变，若动半径减小，周向变形则增大，轮胎与路面间产生滑移摩擦亦随之增大，造成胎面严重磨损。因此，轮胎的动半径是可变的，变化越小则周向变形小，有利于提高胎面的耐磨性。

为了鉴别轮胎性能和计算汽车参数，滚动半径 R_r 可通过式（1-1）计算，它可反映轮胎的周向变形，R_r 值越小则周向变形越大。

$$R_r = \frac{s}{2\pi n} \tag{1-1}$$

式中　s——轮胎所滚动的路程；

$\quad\quad R_r$——轮胎滚动半径；

$\quad\quad n$——轮胎滚动的转数。

（3）侧向变形　轮胎受侧力作用下，轮胎断面横向倾斜交形，轮胎中心线与车轮平面中心线偏离，这种断面倾斜一侧的横向变形称为侧向变形，其值可用 δ 表示，如图 1-34 所示。

轮胎侧向变形使轮胎断面非对称受力，造成胎面快速磨损或出现偏磨损伤，尤其是当车辆急转弯行驶时，离心力和惯性力作用，更增大了轮胎的侧向变形，加剧了胎肩及胎圈部位的损坏，影响轮胎的使用寿命。若轮胎与地面附着力不足时，侧向力会造成轮胎侧滑，偏离行驶中心，破坏车辆行驶的稳定性。

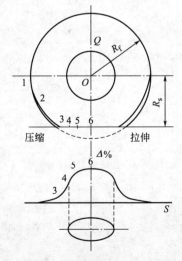

图 1-33　轮胎滚动过程中的周向形变

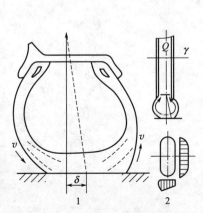

图 1-34　轮胎受侧向力作用下的变形

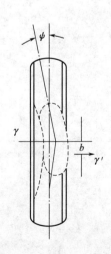

图 1-35　侧向力作用下的角向变形

33

　　影响轮胎侧向变形值的因素有轮胎结构参数、负荷、气压、轮胎与路面的附着系数等。提高轮胎胎体和胎面的刚性对降低侧向力作用是最有利的措施。轮胎发生侧向变形时，轮胎在路面运动轨迹发生变化，不再是车轮平面所指方向，而是偏离一个角度，使行驶方向改变，这种形变称为角向变形，可用偏离角 ψ 表示其变形值大小，如图 1-35 所示。角向变形对车辆转向有利，但会加剧胎面的磨损。

模块二
轮胎结构设计

项目一

≪≪≪

轮胎结构设计基础

◀ 一、轮胎制品结构设计性质和目标

轮胎制品结构设计是构造从事橡胶制品结构专业技术应用型人才知识结构、素质结构与能力结构的必修内容，结构设计实训是培养学生工程技术观点与橡胶结构设计实践技能的重要环节。本内容具有很强的实践性，注重理论与实践相结合，强调实践技能训练及学生动手能力和分析问题，解决问题能力的培养。

主要任务是结合学生的就业方向和兴趣使学生对橡胶加工工业中结构比较复杂的橡胶制品轮胎的结构设计基本知识、基本理论和基本计算能力加以应用，并受到必需的基本设计技能训练，为学生将来从事橡胶工业技术设计工作打下更好的更高层次的基础。

本课程的教学目标是：使学生熟练掌握橡胶橡胶制品中轮胎的结构设计，形成用工程观点观察问题、分析问题、处理结构设计过程中遇到的问题的能力，树立良好的职业意识和职业道德观念，为提高职业能力打下基础。

1. 知识目标

① 轮胎技术设计内容，包括外轮廓设计、花纹设计、内轮廓设计。

② 轮胎施工设计内容，包括成型机头选型、成型机头直径确定、成型机头宽度确定、施工表设计。

2. 能力目标

① 具有轮胎结构设计参数的确定和计算能力。

② 能处理轮胎结构设计过程中常见的设计质量问题。

③ 提高橡胶制品结构设计的绘图技能。

④ 具有学习结构设计新知识、新技术的能力。

⑤ 具有查阅和使用常用工业手册、资料的能力。

3. 思想目标

① 初步具备运用工程技术观点观察分析和解决橡胶工程中一般问题的能力。

② 具有热爱科学、实事求是的学风和严谨的工作作风。

③ 树立创新意识、团结协作意识、质量意识和环境保护意识。

二、轮胎结构设计方法、内容与任务要求

轮胎结构设计是指通过计算、选择、绘图等方法确定轮胎整体及各部件结构和尺寸并拟定出施工标准及设计辅助工具的过程。

1. 结构设计的方法

（1）从内向外设计方法　即从内缘轮廓向外缘轮廓进行设计的方法。

（2）从外向内设计方法　即从外缘轮廓向内缘轮廓进行设计的方法。以静态平衡轮廓理论为设计依据，用薄膜-网络理论为原理指导轮胎设计，从外缘轮廓向内进行设计。尽管此种设计方法科学依据不足，涉及数学、力学问题比较简单，是一种经验设计，但目前在斜交轮胎广泛应用。

2. 设计程序

设计程序：市场调研→下达设计任务书→收集设计资料→开始设计→模具工装准备→人员培训→小试（10条以内）→检验（外观检验、性能测试）→根据小试结果进行调整→中试（一班产量）→检验→调整→大批量生产→检验→投放市场→市场调查→信息反馈→总结

3. 主要内容

① 制品结构设计概况。

② 制品结构设计主要内容。

③ 制品结构设计所对应的国家标准以及企业标准。

④ 通过对相关制品进行解剖，了解制品结构。

⑤ 制品结构设计的准备工作，包括绘图工具以及技术数据准备。

⑥ 轮胎技术设计。

⑦ 轮胎施工设计。

4. 教学任务

（1）了解

① 了解轮胎结构设计概况。

② 了解轮胎结构设计所运用的国家标准和企业标准的相关内容。

③ 了解轮胎解剖方法，通过解剖进一步认识轮胎和胶鞋的结构组成。

（2）理解

① 理解轮胎制品结构和结构设计之间的关系。

② 理解课堂教学与企业生产之间的关系。

（3）掌握

① 掌握轮胎的结构设计程序。

② 掌握轮胎结构设计任务。

三、轮胎国家标准介绍

　　轮胎进行结构设计使用的国家标准参见《轮胎、轮辋、气门嘴标准汇编》，具体可查阅相关资料。

四、轮胎断面分析与轮胎解剖实训

1. 轮胎断面分析

　　轮胎断面分析是轮胎产品质量例查的重要手段与方法之一，通过轮胎断面分析可以了解此轮胎的内部质量，同时追溯轮胎的制造过程工艺控制情况，是主管部门对生产部门考核的重要技术依据之一。轮胎断面分析也是制造部门内部解决质量问题的重要手段之一，通过断面分析发现问题，制定措施，解决提高产品质量。另外，断面分析还是轮胎新产品结构设计与结构改造质量好坏的判断依据，也是新产品结构设计步骤中很重要的一个环节。

2. 轮胎断面分析方法与考核实施细则

　　为正确执行汽车轮胎断面分析评分标准，便于更好地分析，衡量产品内在质量，特制定如下实施细则。

　　（1）外胎断面分析测定方法

　　① 将断面固定于直角坐标系上，纵轴过胎冠中心（一般为模型胎冠合缝），横轴应与断面水平轴吻合，胎踵应放在标准轮辋曲线上，对子口底部带有倾角的断面，应分别固定胎趾与胎踵位置，被固定的断面要求舒展，左右两侧对称。

　　② 评分标准中，所列大、中、小胎的划分，以成品断面宽为准，断面宽 11～16in 者（不包括 16in）为大型胎；7.5～10in 者为中型胎；7.0in 及其以下者为小型胎。

　　③ 胎面胶厚度

　　a. 胎冠胶厚度：系指沿断面中心线所测得的胎冠胶表面至胎面胶与缓冲胶界面的距离。对由于模口错位而造成合模缝两侧胎面胶厚度不一的情况，按超差大的尺寸进行考核。

　　b. 胎侧胶厚度：系指横轴与断面外侧交点沿水平方向测量至胎侧胶与外层胶界面间的距离。若界面不清，则测量至最外层帘线边缘然后减 0.2mm，视为胎侧胶厚度。左右两侧均应测定。

　　c. 胎肩胶厚度：系指自肩弧中点起始测量至胎面胶与缓冲胶界面间的最小距离。烟斗、曲折花纹等对称形折面左右两肩均应测定，越野或人字形花纹等不对称型断面可只测完整的一侧肩部厚度。人字形花纹外胎，当花纹块一侧出现缓冲帘线上移时，其胎肩胶厚度测量方法为：自胎面胶肩部圆弧中点测量至上缓冲胶片至由胎冠中心按正常情况下圆滑过渡至胎肩处所呈现的界面间的最小距离。

　　④ 缓冲层

　　a. 厚度：系指沿纵轴从胎面胶与缓冲胶界面至第一衬层与最外层帘布胶界面间的距离。若界面不清，则测量至外层帘线上缘，然后减去 0.2mm。

　　b. 衬层宽：系指自纵轴与缓冲衬层交点处，以 10mm 为截距的分规沿衬层帘线轨迹分别向衬层左右两端点截取，所得两段长度之和。对多衬层断面，则应逐层测定。对人字形花纹外胎出现缓冲层帘线上移，其宽度按实际帘线轨迹测定，并以此确定其偏歪值。

　　c. 衬层偏歪：系指以上述层宽测量方法所测得的最宽衬层左右两侧的宽度差。

　　d. 差级偏歪：系指左右两侧相邻宽、窄衬层差级之差。

e. 衬层压线：以断面为准，轮胎外胎断面分析评分标准表中"一"根系指缺线根数。凡采用"宽窄缓冲"，其中宽衬层一侧帘线稀疏，不作缺陷计。

⑤ 帘布层

a. 布筒偏歪值

反包布筒偏歪值：系指反包布筒最宽布层左右两侧反包高度之差。

正包布筒偏歪值：在左右子口底部的正包布层上，自胎踵外侧始，任取两对称点作为基准点，以 3mm 为截距的分规分别量取至最宽布层端点间的长度，其二者长度差，则作为正包布筒偏歪值。

b. 布层反包高度：系指每一反包布层的端点至过胎踵（指采用斜底式轮辋的外胎）或过胎趾（指采用平底式轮辋外胎）的水平线间的垂直距离。

c. 各布层反包高度平均值：系指每一层反包布层左右两侧反包高度的平均值。以"442"包边结构为例，反包布筒为 2 个，反包布层则为 8 个，应分别测定 8 个布层左右两侧反包高度的平均值。

d. 布层差级偏歪值：系指同一布筒上左右两侧相邻布层的差级之差。

e. 布层压线：以解剖断面为准。轮胎外胎断面分析评分标准表中"一"根系指缺线根数。反包过胎圈布层中的缺线不计。

⑥ 子口部位测量

a. 钢圈高低差：钢圈高度系指自钢丝圈底部至过胎趾水平线间的垂直距离。钢圈高低差系指钢圈高度之差，并按其中最大差值考核计分。

b. 子口宽度差：子口宽度系指自 R_5 与子口外侧的切点和过胎趾端点且平行于纵轴的直线间的距离。子口宽度差系左右两侧子口宽度差与宽者的百分比值。对于软边的断面，其软边端点不作为胎趾端点，而以沿内轮廓曲线圆滑过渡至与子口底部的交点为基准点。

c. 子口包布高度与反包布层高度测定方法相同。考核最宽子口包布高度。

⑦ 其他项目的考核

a. 帘线聚堆系指帘布促折等现象所造成的帘线积聚。其内、外包布子口底部帘线聚堆，人字形花纹所出现的局部缓冲帘线上移，不做聚堆考核。

b. 帘线聚堆、气泡杂物等，如在成品解剖各项取样中发现，亦应记录扣分。

（2）计分原则

① 按上述方法测定值与断面分析技术标准比较，其超差值按"断面分析评分标准"进行扣分。断面分析的合格指标为 60 分。

② 所有测定点，除作出说明者外，均为计分点，即应逐点考核计分。若有负分出现，则以零分计。

③ 对各点扣分情况应于断面分析报告上明确反映。

④ 截取断面个数由各厂自行确定，对不同部位截取的断面均应按上述要求进行分析、判分，以其中最低分值作为本批例查断面得分。严格要求各规格、各批次断面数量的一致性。

⑤ 成品例查断面应按检验规范要求，从例查外胎上割取，由技术部门（或研究部门）分析，由厂检验部门进行判分。

（3）断面保管方法

① 断面应由技术部门认真保存，每批断面均应附有标准批次、生产日期、生产连续号和明确反映测定结果、计分情况的断面分析报告。

② 断面数量应与复查批量及同胎所取断面个数相吻合。否则，以一个批量一次不合格累计。

③ 断面保留期至少为一年，以备查。

（4）测量工具　比例尺、分规。

3. 轮胎断面分析检查依据

（1）外胎断面分析技术标准

① 各厂生产的每种规格产品都应制定相应的外胎断面分析技术标准（见表 2-1），技术标准中应包括断面分析评分标准中所规定的检查部位及项目。

表 2-1　轮胎外胎断面分析评分标准

检查部位及项目		允许公差	评分标准分类	应扣分数						
				4	8	12	15	20	40	40 以上
胎面	胎冠厚度 厚度<16	±0.5		0.6~0.8	0.9~1.0	1.1~1.2	1.3~1.5	1.6~2.0	2.1 以上	
	胎冠厚度 16~24	±1.0		1.1~1.3	1.4~1.6	1.7~1.8	1.9~2.0	2.1~2.5	2.6 以上	
	胎冠厚度 >24	±1.5		1.6~2.0	2.1~2.5	2.6~2.8	2.9~3.0	3.1~3.5	3.6 以上	
	胎肩厚度 厚度<16	±1.0		1.1~1.2	1.3~1.5	1.6~1.8	1.9~2.0	2.1~2.5	2.6 以上	
	胎肩厚度 16~24	±1.2		1.3~1.5	1.6~1.8	1.9~2.0	2.1~2.5	2.6~3.0	3.1 以上	
	胎肩厚度 >24	±1.5		1.6~1.8	1.9~2.1	2.2~2.5	2.6~3.0	3.1~3.5	3.6 以上	
	胎侧厚度 中、小胎	±0.3		0.4~1.0	1.1 以上					
	胎侧厚度 大胎	±0.5		0.6~1.5	1.6 以上					
缓冲层	冠部厚度 中、小胎	±0.3		0.4~0.6	0.7~0.9	1.0~1.2	1.3 以上			
	冠部厚度 大胎	±0.5		0.6~0.8	0.9~1.1	1.2~1.4	1.5 以上			
	帘布宽	±5		6~9	10~13	14~16		17 以上		
	最宽层偏歪值	<8			9~10	11~13	14~15	16~20	21 以上	
	衬层压线	1~2根		−1根或3~4根	−3根或5根以上					
	差级偏歪值 差级≤3.0	<6		7~9	10~12	13~15	16~18	19 以上		
	差级偏歪值 差级>3.0	<10		11~15	16~18	19~21	22~24	25 以上		
帘布层	每个布筒最宽层偏歪值（包括正、反包布筒） 中、小胎	<10		11~13	14~16	17~19	20~22	23~25	25 以上	
	每个布筒最宽层偏歪值（包括正、反包布筒） 大胎	<15		16~18	19~21	22~24	25~27	28~30	31 以上	
	14.00-24 以上	<20								
	布层差级偏歪值 差级≤30	<6		7~8	9~11	12~14		15 以上		
	布层差级偏歪值 差级>30	<10		11~15	16~18	19~21	22~24	25 以上		
胎圈部位	各布层反包高度平均值	±5		6~9	10~12	13~15	16 以上			
	胎体布层压线	1~3根		−2根或4~6根	−3根或7根以上					
	钢圈高低差	<2			2.1~3.0			3.1~4.0	4.1 以上	
	外层端点（最宽层）	需达到子口		实际宽度3/4	低于 3/4,大于 1/2				不足子口宽度 1/2	
	外包布高度	±5		>6				达不到轮辋高度或包不过胎趾者		
	子口宽度差	8%		9%~11%	12%~13%	14%~15%			16%以上	
其他	帘线聚堆	<6根			6根以上					
	气泡杂物	无								有其中之一者

② 外胎断面分析技术标准是进行断面分析的技术依据之一，结合外胎断面分析评分标准，对成品外胎进行质量考核。

③ 除结构设计进行调整或工艺条件有较大变革外，对已经确定的技术标准不应随意调整，以保证标准的严肃性。

（2）修正说明

① 10.00-20 及其以下规格为中小型胎，10.00-20 以上规格为大型胎（本分类标准系根据该断面分析评分标准所确定）。

② 凡属于胎体材料为 8 层及其以上，且系双钢丝圈及其以上结构形式的外胎，其反包布层的差级偏歪和布层反包高度平均值，每个布筒只根据超差最大值扣分一次。对于 8 层以下胎体，不论胎圈结构为何种形式，则仍逐层考核，凡超差者均需扣分。对胎体材料为 8 层，且系单胎圈"62"结构的外胎，其反包布层高度和差级偏歪超差点均多于两点以上，则分别按超差最大的两点各扣分两次。

③ 各规格外胎 1# 布层压线允许在 1～5 根范围，压线 6～8 根扣 4 分，9 根以上扣 8 分。

④ 凡介于各扣分档次中间的测定数值均按四舍五入处理划档。

⑤ 16.00-24 及其以上规格外胎断面分析进行与否，各生产厂家自行定夺。

⑥ 摩托车外胎不按此标准考核。

轮胎外胎断面分析评分表见表 2-2。

表 2-2　轮胎外胎断面分析评分

轮胎规格：　　　　　花纹：　　　　　生产日期：

检查部位及项目		标准值	实测值		偏歪值	扣分
			左	右		
缓冲层	缓冲帘布宽					
	最宽层偏歪值	<8				
	衬层压线	1～2 根				
	差级偏歪值	≤10				
帘布层	每个布筒帘布层宽度（包括正、反包布筒）					
	每个布筒最宽层偏歪值（包括正、反包布筒）	<10				
	布层差级偏歪值	<6				
胎圈部位	胎体布层压线	1～3 根				
	钢圈高低差	<2				
	外层端点（最宽层）					
	子口宽度差	<8%				
其他	帘线聚堆					
	气泡杂物					
断面合计得分						

审核：　　　　　　　　　　　　　　　　检验：

4. 轮胎断面解剖实训

（1）实训地点：轮胎解剖实验室。

（2）实验设备及工具：解剖实验机、割胶刀、磨刀石（水）、手套、面罩等。

（3）实验样品：轮胎外胎。

(4) 实验步骤

① 准备好工具及样品，穿好工作服，戴好手套与面罩。

② 接好总电源，检查设备是否正常运行。

③ 将要切割的轮胎放在解剖实验机底盘上，拧紧螺钉固定好轮胎。

④ 握好试验机把手，食指按下电源开关，开始切割钢圈部位，两边切割完毕，取下轮胎。

⑤ 用割胶刀切割胎体部分。

⑥ 重复③④⑤实验步骤，切割三个断面。

⑦ 收拾现场，打扫卫生。

项目二 ◄◄◄

斜交轮胎外胎结构设计

轮胎结构设计分技术设计和施工设计两个阶段进行。

技术设计任务是收集为设计提供依据的技术资料；确定轮胎的技术性能；设计外胎外轮廓曲线、胎面花纹和内轮廓曲线，最后确定外胎花纹总图等。

施工设计任务是根据技术设计确定成型机头类型、直径及肩部轮廓；绘制外胎材料分布图；制定外胎施工表等。

一、斜交胎技术设计

1. 收集资料（任务一）

（让学生分析讨论收集资料内容以及收集渠道，提出结果）

（1）车辆的技术性能

① 车辆类别、厂牌、型号、用途和外形尺寸。

② 车辆自重、载重量、整车重量在各轴上的分布和车轴所需承担的牵引负荷。

③ 车辆驱动形式、轴数、轴距、轮数和轮距。

④ 轮辋类型、代号及轮辋断面曲线。

⑤ 轮胎最大外缘尺寸及双轮间距离。

⑥ 车辆平均速度和最高速度。

⑦ 最小离地间隙、最小转弯半径和最大爬坡度。

⑧ 对轮胎的特殊要求。

⑨ 该车辆发展前景。

（2）道路情况和使用条件

① 路面性质，包括硬基路面（水泥、柏油和碎石）、混合路面（石土或城乡间的水泥路）、软基路面（雪、砂及土路），还有特殊的作业环境，如矿山、林场、水田、沼泽等。

② 路面拱度、坡度和弯路。

③ 使用地区的年平均气温和降雨量。

（3）国内外同规格或类似规格轮胎的结构和使用情况

① 技术参数，例如轮胎的层数、内压、负荷及花纹形式等。

② 轮胎充气前后及使用过程中外缘尺寸的变化。

③ 室内试验数据。

④ 实际使用中的性能及主要优缺点。

⑤ 使用部门的要求。

2. 技术要求

(1) 轮胎的类型：轮胎的规格、结构、骨架材料的种类、花纹的种类。

(2) 基本参数：负荷、气压、轮辋的选择。

(3) 轮辋的断面形状及各基本参数：A、B、G、D_R、R_2、R_3、C，参考中国标准出版社出版《轮胎、轮辋、气门嘴化学工业标准汇编》。

(4) 主要尺寸：外胎的外直径、断面宽包括充气外直径 D' 和充气断面宽 B'，按国家标准所规定的尺寸执行。参考：中国标准出版社出版《轮胎、轮辋、气门嘴化学工业标准汇编》。

3. 外胎技术性能要求的确定（任务二）

(1) 轮胎类型及骨架材料的确定 包括轮胎规格、层级、结构、花纹、胎体骨架材料基本技术性能，见表2-3。

表2-3 尼龙骨架材料的基本技术性能

帘布品种	挂胶线直径/(±0.02mm)	帘线密度/(根/10m)		帘线强度/(N/根)
1400dex/2	1.00	V_1	100	200.9
		V_2	74	
1840dtex/2	1.05±0.02	V_1	88	254.8
		V_2	74	
1870dtex/2	1.17±0.02	V_1	88	298.9
		V_2	74	
930dtex/2	1.35±0.02	V_1	126	137.2
		V_2	96	
		V_3	60	

(2) 轮辋的选择 应根据轮胎类型和规格，通过《轮胎、轮辋、气门嘴化学工业标准汇编》查找轮辋的断面形状及各基本参数：A、B、G、D_R、R_2、R_3。

(3) 外胎充气外缘尺寸 包括新胎充气外直径 D'（mm）和新胎充气断面宽度 B'（mm）（见表2-4），通过《轮胎、轮辋、气门嘴化学工业标准汇编》进行查找。

表2-4 新胎充气断面宽和外直径

轮胎规格	基本参数		主要尺寸		
			新胎充气后		
	层级	标准轮辋	断面宽度	外直径	
				公路花纹	越野花纹
12.00-20	14、16、18	8.5	315	1125	1145

(4) 标准气压、标准负荷查找 国标中标准气压（kPa）代号为 P，标准负荷代号为 Q（kg），可通过《轮胎、轮辋、气门嘴化学工业标准汇编》进行查找。

表2-5、表2-6为不同规格斜交胎气压负荷对照。

表2-5 中型载重斜交轮胎气压与负荷对照

轮胎规格	气压/kPa 负荷/kgf	530	560	630	670	740	810
12.00-20	D	2690	2790(14)	2990	3080(16)	3270(18)	—
	S	2820	2945	3180(14)	3295	3520(16)	3730(18)

表2-6 轻型载重斜交轮胎气压与负荷对照

轮胎规格	气压/kPa 负荷/kgf	280	320	350	390	420	460
6.50-15LT	D	570	610(6)	650	685	720(8)	—
	S	645	690(6)	735	780	820(8)	—

注：1kgf=9.80665N。

(5) 理论负荷能力计算与验证 通过计算得到的轮胎负荷称为理论负荷，它必须大于标准负荷，但也不能太大，以大1%~10%为宜。理论负荷计算公式为海尔公式。

① 载重轮胎负荷计算基本公式

$$W = 0.231 K_1 K_2 P^{0.585} B^{1.39}(D_R + B_m)$$

$$B_m = B' \times \frac{180° - \sin^{-1}\left(\dfrac{A}{B'}\right)}{141.3°}$$

式中 W——负荷能力，kN；

$\quad$ K_1——负荷系数，$K_1 = 1.1$（双胎），$K_1 = 1.14$（单胎）；

$\quad$ K_2——结构系数，$K_2 = 0.476$（尼龙胎），$K_2 = 0.425$（棉帘线胎）；

$\quad$ P——内压，kPa；

$\quad$ D_R——轮辋名义直径，cm；

$\quad$ A——轮辋宽度，cm；

$\quad$ B_m——$\dfrac{A}{B'}$ 为62.5%的理想轮辋上的轮胎充气断面宽，cm；

$\quad$ B'——新胎充气断面宽，cm；

$\quad$ 0.231——采用公制计算的换算系数，若用英制计算，此不必乘0.231。

② 轻型载重轮胎负荷计算基本公式

$$W = 0.231 K_1 K_2 P^{0.585} B d^{1.39}(D_R + B_d)$$

$$B_d = B_m - 0.637 d'$$

$$B_m = B' \times \frac{180° - \sin^{-1}\left(\dfrac{A}{B'}\right)}{141.3°}$$

$$d' = 0.96 B_{0.7} - H'$$

$$B_{0.7} = B' \times \frac{180° - \sin^{-1}\left(\dfrac{A}{B'}\right)}{135.6°}$$

$$H' = 1.01 H$$

$$H = 1/2(D - d)$$

式中 W——负荷能力，kg；

$\quad$ K_1——负荷系数，$K_1 = 1.197 \times 0.88$（双胎），$K_1 = 1.197$（单胎）；

K_2——结构系数，$K_2=0.476$（尼龙胎），$K_2=0.425$（棉帘线胎）；

P——内压，kg/cm^2；

D_R——轮辋名义直径，cm；

A——轮辋宽度，cm；

B_d——$\dfrac{A}{B'}$为 62.5% 的理想轮辋上的轮胎充气断面宽，cm；

B'——新胎充气断面宽，cm；

d'——圆形轮胎设计断面高与扁平轮胎最大断面高之差，cm；

H'——新胎充气最大断面高；

H——新胎设计断面高；

D——新胎设计外直径；

D'——新胎充气外直径。

【案例】 计算 9.00-20 载重轮胎的负荷能力。

已知条件：$D=1018.5$mm，$B'=259$mm，$W_1=177.8$mm，$P=588$kPa，$D_R=508$mm，K_1（双胎）$=1.1$，K_1（单胎）$=1.14$。

负荷计算公式为：

$$W=0.231K\times0.425\times9.8\times10^{-3}\times(1.02\times10^{-2}P)^{0.585}\times B^{1.39}(D_R+B_m)$$

$$B_m=B'\times\frac{180°-\sin^{-1}\dfrac{W_1}{B'}}{141.3°}$$

将已知数值代入以上公式中，首先求取 B_m 值，再求双胎负荷 W_D，最后计算单胎负荷 W_S。

$$B_m=25.9\times\frac{180°-\sin^{-1}\left(\dfrac{17.78}{25.9}\right)}{141.3°}$$

$$=25.9\times0.96=25.047 \text{ (cm)}$$

$$W_D=0.231\times1.1\times0.425\times9.8\times10^{-3}\times(1.02\times10^{-2}\times588)^{0.585}\times25.047^{1.39}(50.8+25.047)$$
$$=20 \text{ (kN)}$$

$$W_S=20\times1.14=22.8 \text{ (kN)}（增加气压 70kPa）$$

4. 外胎外轮廓设计（任务三）

（1）外胎断面各部位尺寸代号

外胎断面各部位尺寸代号采用英文字母表示（单位 mm），如图 2-1 所示。

① 断面形状尺寸：B、D、H。

② 胎冠部尺寸：b、h、R_n、R_n'。

③ 胎侧部尺寸：H_1、H_2、R_1、R_2、R_3、L。

④ 胎圈部尺寸：c、d、R_4、R_5、g。

（2）各部位尺寸确定

① 断面外形尺寸

a. 断面宽 B 的确定　断面宽 B 根据充气断面宽 B' 和充气后断面宽膨胀率 B'/B 来确定。公式如下：

$$B=\frac{B'}{B'/B}$$

断面膨胀率 B'/B 值可通过调查和试验数据分析确定。此值受模型断面高宽比 H/B、轮辋宽与断面

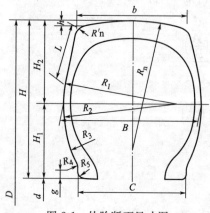

图 2-1　外胎断面尺寸图

46

宽比值 W_1/B、帘线性能和帘线胎冠角度等因素影响，一般有以下几种规律。

H/B 值越大则 B'/B 值越大。H/B 值是轮胎结构特征的主要参数之一，$H/B>1$ 时，外胎断面呈长椭圆形，充气后断面膨胀率 B'/B 增大，达到近乎圆形的平衡轮廓，此时轮胎外径收缩，可提高胎面耐磨和抗机械损伤性能，适合载重斜交轮胎的设计规律；$H/B<1$ 时，轮胎断面呈扁平状，充气后断面外径增大，断面膨胀率 B'/B 较小，此时胎面虽然处于伸张状态，但胎体平直，支撑性好，高速度，利于安全操纵，适合轿车轮胎的设计。轿车轮胎断面向扁平化发展，断面高度比已成系列化，H/B 值分别为 0.95、0.88、0.82 等。低于 0.82 的超低断面轮胎大部分属子午结构，分别为 78、70、65 和 50 系列（即 H/B 值为 0.78、0.70、0.65、0.50）。一般斜交轮胎 $H/B>1$，B'/B 值在 1.09～1.17 之间；$H/B<1$，B'/B 在 1.00～1.07 之间。

W_1/B 值越大则 B'/B 值越小，因轮胎胎体平直，膨胀变化不大。

胎冠角度越大则 B'/B 值越大。因胎冠角度大，充气时限制胎冠外径伸张，相应使断面宽增大。

帘线伸长率越大则 B'/B 值越大。例如尼龙帘线初始模量小，延伸率大，断面变形随之增大。

轮胎安装在不同宽度轮辋上，其 B'/B 值也不相同。装在非设计的轮辋上，一般规格是轮辋宽度每增加或减小 1cm 时，充气断面宽度增加或减小 0.4cm。

轮胎结构不同 B'/B 值不相同。子午线轮胎 B'/B 值低于斜交轮胎，$H/B>1$ 的纤维子午线轮胎，B'/B 取值范围为 1.03～1.04；$H/B<1$ 的纤维子午线轮胎，B'/B 值约为 1.02。

外胎的 B'/B 与 H/B、W_1/B 的关系见表 2-7 所列。

表 2-7　不同高宽比（H/B）轮胎的膨胀率（B'/B）

轮胎规格	骨架材料	轮辋宽度 (W_1)/mm	模型断面宽 (S_t)/mm	模型外直径 (D)/mm	W_1/B	H/B	D'/D	B'/B
9.00-20	R	152	226	1022	0.673	1.135	0.998	1.106
7.50-20	R	127	186	950	0.683	1.185	0.994	1.097
9.00-20	N	178	224	1012	0.795	1.123	1.004	1.123
9.00-20	N	152	217	1012	0.700	1.159	1.004	1.156
7.50-20	R	140	192	891	0.729	0.995	1.008	1.063
18.4-30	R	406	460	1531	0.883	0.830	0.999	1.022
11-24	N	254	300	1096	0.847	0.803	1.026	1.067
23.5-25	N	495	590	1615	0.839	0.832	0.997	1.025
29.5-29	N	635	760	2008	0.836	0.840	1.001	1.007

注：R 为人造丝帘线，N 为尼龙帘线。

b. 外直径 D 的确定　外直径 D 根据充气外直径 D' 和充气外直径变化率 D'/D 来确定。

$$D = \frac{D'}{D'/D}$$

一般 $H/B>1$ 的人造丝斜交轮胎，$D'/D<1$，为 0.990～0.999；尼龙斜交轮胎 H/B 大于或小于 1 时，充气外直径均增大，D'/D 取值一般为 0.001～0.025。

c. 断面高 H 的确定　外胎断面高 H 根据外胎外直径 D 和胎圈着合直径 d 计算求得。

$$H = \frac{1}{2}(D-d)$$

② 胎冠部尺寸的确定

a. 行驶面宽度 b 的确定　行驶面宽度 b 值应根据轮胎断面宽和 b/B 值来确定。b 值过大

47

即行驶面过宽时，胎肩增厚，生热量过高，散热困难，以致造成胎肩、胎冠脱层而早期损坏，影响轮胎的使用寿命；若 b 值过小即行驶面过窄，胎面与路面接触面积小；平均单位压力增大，极易早期磨损。一般设计行驶面宽度 b 值，以不超过下胎侧弧度曲线与轮辋曲线交点的间距为准。计算公式为：

$$b = B \times (b/B)$$

b. 行驶面高度 h 的确定　行驶面高度 h 值应根据轮胎断面高和 h/H 值来确定。计算公式如下：

$$h = H \times (h/H)$$

一般轮胎 b/B 值小，则 h/H 值宜选小值；b/B 值大则 h/H 可选大值，应视轮胎类型、胎面花纹、使用要求而定。不同类型轮胎的 b/B、h/H 取值范围见表2-8。

表 2-8　不同类型轮胎 b/B 和 h/H 取值范围

轮胎类型	b/B	h/H	轮胎类型	b/B	h/H
载重轮胎			轿车轮胎	0.75～0.95	0.030～0.050
普通花纹	0.75～0.80	0.035～0.055	工程轮胎	0.85～0.95	0.040～0.060
混合花纹	0.80～0.85	0.055～0.065	拖拉机轮胎	0.90～0.98	0.080～0.100
越野花纹	0.85～0.95	0.060～0.085			

c. 胎冠弧度半径 R_n 和 R_n' 的确定　胎冠断面形状有正弧形、反弧形或双行使面形状。下面以正弧形设计为例进行讲解。

【案例】　正弧形胎冠可用 1～2 个正弧度进行设计，其弧度半径 R_n 根据行驶面宽度 b 和弧度高 h 来计算，计算公式为：

$$R_n = \frac{b^2}{8h} + \frac{h}{2} \qquad L_a = 0.01745 R_n \alpha \qquad \alpha = 2 \left(\sin^{-1} \frac{b'2}{R_n} \right)$$

式中　α——行驶面弧度的夹角；

　　　R_n——胎冠弧度半径，mm；

　　　L_a——行驶面弧长，mm。

普通花纹的载重轮胎，弧度高较小，行驶面较窄，比较平直，宜采用一个弧度半径 R_n 或由 R_n 和 R_n' 设计的胎冠 [见图 2-2(a)]，R_n' 值一般为 20～40mm。R_n' 与 R_n 向内切，与切线 L 相切。

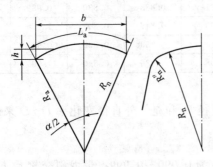

(a) 普通花纹轮胎胎冠断面形状

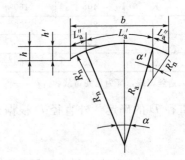

(b) 混合花纹和越野花纹轮胎胎冠断面形状

图 2-2　正弧形胎冠断面形状

混合花纹和越野花纹的载重轮胎，行驶面较宽，弧度高较大，采用两个弧度设计胎冠，这样可制得中部平直、两侧肩部呈圆形的胎冠，利于减薄胎肩。另一种方法是设计两个弧度高 h 和 h'，其中 $h' < h$，用弧度高 h' 求算 R_n' 值，计算公式为 $R_n' = \frac{b^2}{8h'} + \frac{h'}{2}$，再用 R_n' 通过弧

度高 h 点与 R_n 的弧相切，形成中部平直两侧略弯的胎冠形状，如图 2-2(b) 所示。其行驶面弧度为：

$$L_a = L_a' + L_a'' \qquad L_a' = 0.01745 R_n \alpha \qquad L_a'' = 0.01745 R_n' \alpha'$$

③ 胎侧部尺寸

a. 下胎侧高 H_1 和上胎侧高 H_2 的确定　断面水平轴位于轮胎断面最宽处，是轮胎在负荷下法向变形最大的位置，用 H_1/H_2 表示，一般 H_1/H_2 为 $0.80\sim0.95$。H_1/H_2 过小即断面水平线位置偏低，接近下胎侧，使用过程中，应力、应变较集中，易造成胎侧子口折断；H_1/H_2 值过大则断面水平轴位置较高，应力和应变集中于胎肩部位，容易造成肩空或肩裂。H_1 和 H_2 值计算公式为：

$$H_1/H_2 = 0.80 \sim 0.95$$
$$H_2 = \frac{H}{1 + (H_1/H_2)}$$
$$H_1 = H - H_2$$

b. 胎肩轮廓的确定　根据轮胎类型、结构的不同，胎肩部有切线形、阶梯形、反弧形和圆形等设计方法。

切线形胎肩由直线与以胎侧弧度半径 R_1 作的弧相切而成，是广泛应用的一种胎肩设计方法。

阶梯形胎肩是在切线形胎肩绘制的基础上，将切线分为几个阶梯级。这种设计可增加胎肩部的支撑性能，是中型载重斜交轮胎常用的一种胎肩设计方法。

反弧形胎肩，用反弧替代胎肩切线。反弧长度在断面中心轴上的投影长度等于 H_2 的 30%，是载重子午线轮胎常用的一种胎肩设计方法。

圆形胎肩是在胎冠弧与胎肩切线交接处，用一小弧度相连成圆滑弧形，高速轿车轮胎常用此法设计胎肩，连接弧半径为 $15\sim45\text{mm}$，载重轮胎连接弧半径较小，为 $5\sim8\text{mm}$。

【案例】　胎肩切线长度 L 的确定。

外胎胎肩切线长度 L 是胎肩点距胎肩切线长度 L 与上胎侧弧度半径 R_1 切点之间的距离，胎肩切线长度 L 约等于 $\frac{1}{2}H_2$，即 $L = \frac{1}{2}H_2$，如图 2-3 所示。

c. 胎侧弧度半径 R_1、R_2、R_3 的确定　胎侧弧度可用 1 个或 2 个不同半径的弧度绘制，其弧度半径用计算方法求得，也可采用绘制法直接测量。胎侧弧度分为上胎侧弧度和下胎侧弧度，以断面水平轴为界线，一般上断面高 H_2 均大于下断面高 H_1，受 H_1/H_2 与 W_1/B 比值的影响，轮胎侧部轮廓难以用一个弧度完成。W_1/B 值较大或 H_1/H_2 值较小的轮胎，下胎侧弧度半径 R_2 应大于上胎侧弧度半径 R_1。

外胎胎侧弧度半径 R_1 和 R_2 的圆心均设在断面水平轴上。

上胎侧弧度半径 R_1 的确定如图 2-3 所示。

$$R_1 = \frac{(H_2-h)^2 + \frac{1}{4}(B-b)^2 - L^2}{B-b}$$

下胎侧弧度半径 R_2 的确定，如图 2-4 所示。

$$R_2 = \frac{\frac{1}{4}(B-A-2a)^2 + (H_1-G)^2}{B-A-2a}$$

式中　G——轮辋轮缘高度，mm；

　　　A——轮辋宽度，mm；

　　　B——轮胎断面宽度，mm；

a——下胎侧弧度与轮缘交点至轮辋轮缘垂线间的距离，mm，$a=\left(\dfrac{2}{3}\sim\dfrac{3}{4}\right)B_{轮缘}$。

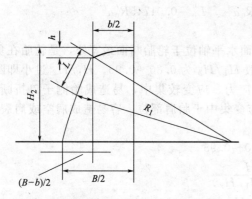

图 2-3　上胎侧弧度半径 R_1 计算示意图　　　　图 2-4　下胎侧弧度半径 R_2 计算示意图

下胎侧自由半径 R_3 是用以连接下胎侧弧度半径 R_2（内切）和胎圈轮廓半径 R_4（外切）之间的自由半径，使下胎侧至胎圈部位形成均匀圆滑的曲线。一般 R_3 为 R_2 的 $25\%\sim40\%$，取 $17\sim50$mm，应视轮胎规格及胎侧轮廓曲线而定。R_3 值宜小，便于增加下胎侧至胎圈过渡位置的厚度，加强胎圈强度。

④ 胎圈部位尺寸的确定　胎圈必须与轮辋紧密配合，使轮胎牢固地安装在轮辋上，因此胎圈轮廓应根据轮辋轮缘和圈座尺寸进行设计，包括两胎之间距离、胎圈着合直径、胎圈轮廓各部位弧度半径等。

a. 胎圈着合宽度 C 的确定　胎圈着合宽度 C 应根据轮辋宽度 A 而定，一般胎圈着合宽度等于轮辋宽 A，有时 C 可略小于 A，利于改善轮胎的耐磨性能和增大胎侧刚性，但减少的数值不宜过大，以 $15\sim25$mm 为宜。

b. 胎圈着合直径 d 的确定　胎圈着合直径 d 和轮辋类型关系密切，不同类型轮胎所用轮辋不同，所对应的轮胎胎圈着合直径 d 的取值方法不相同。

装于平底式轮辋的载重轮胎，为便于装卸，d 比轮辋直径大 $0.5\sim1.5$mm。

装在 5°斜底轮辋上的载重轮胎，为使胎圈紧密着合，胎踵部位 d 比轮辋相应部位直径小 $1\sim2$mm；而胎趾平直部位的 d 比轮辋相应部位直径大 1.0mm 左右。

装于深槽式轮辋的有内胎轿车轮胎，d 比轮辋相应部位直径小 $0\sim1.5$mm；而无内胎轿车轮胎，为提高轮胎的密封性能，d 比轮辋相应部位直径小 $2\sim3$mm。

装于 15°斜底深槽式轮辋的无内胎载重轮胎，d 比轮辋相应部位直径小 $2\sim4$mm。

装于全斜底式轮辋工程车辆用的无内胎轮胎，d 比轮辋相应部位直径小 $3\sim6$mm。

c. 胎圈弧度曲线的确定　胎圈轮廓根据轮辋轮缘曲线确定，由胎圈弧度半径 R_4 和胎踵弧度半径 R_5 所作的弧组成，以 R_4 和 R_5 作的弧直接外切或通过公切线相切。

胎踵弧度半径 R_5 比轮辋相应部位弧度半径（即 R_3）大 $0.5\sim1.0$mm。

胎圈弧度半径 R_4 比轮辋轮缘相应部位弧度半径（即 R_2）小 $0.5\sim1.0$mm，其半径圆心点较轮辋轮缘半径圆心点位置略低 $1\sim1.5$mm，使轮胎紧贴于轮辋上。

(3) 外轮廓曲线绘制步骤

① 画中心线，即横坐标与纵坐标。

② 由断面宽 B 确定外轮廓曲线的左侧点、右侧点，由上下高 H_2、H_1 确定外轮廓曲线的上端点及下端点。

③ 根据 b 和 h 确定两胎肩点，根据 H_1 和 c 确定胎圈宽两点。

④ 以 R_n 作弧绘出胎冠圆弧，其圆心在纵轴上。

⑤ 以 R_1 作弧绘出上胎侧圆弧，其圆心在水平轴上。

⑥ 绘出胎肩切线 L。

⑦ 以 R_n' 作弧绘出过渡弧。

⑧ 以 R_2 作弧绘出下胎侧圆弧，其圆心在水平轴上。

⑨ 以 R_5 作弧绘出胎踵圆弧。

⑩ 以 R_4 作弧绘出胎圈圆弧。

⑪ 以 R_3 作弧绘出过渡连接自由半径圆弧。

⑫ 用圆滑曲线连接。

5. 外胎胎面花纹设计（任务四）

（1）胎面花纹的作用　胎面花纹直接影响轮胎的使用性能和寿命。胎面花纹起着防滑、装饰、散热，传递车辆牵引力、制动力及转向力的作用，并使轮胎与路面有良好的接着性能，从而保证车辆安全行驶。

（2）胎面花纹设计的基本要求

① 轮胎与路面纵向和侧向均具有良好的接着性能。

② 胎面耐磨而且滚动阻力小。

③ 使用时生热小、散热快、自洁性好，而且不裂口、不掉块。

④ 花纹美观、噪声低，而且便于模具加工。

上述要求因相互间存在不同程度的矛盾难以全部满足。胎面花纹设计必须根据轮胎类型结构和使用条件、主次要求、兼顾平衡来确定方案。

（3）胎面花纹设计内容　胎面花纹设计内容包括花纹类型的确定、花纹展开弧长的计算、花纹饱和度的计算、花纹沟宽度的计算、花纹沟深度的计算、花纹沟基部胶厚度的计算、花纹排列角度、花纹沟断面形状设计、花纹节距的计算及其他设计等内容。

① 花纹类型确定　轮胎外胎花纹分为普通花纹、混合花纹和越野花纹三类。

a. 普通花纹

特点：花纹沟窄小，花纹块宽大，花纹饱和度 $70\%\sim80\%$，经验证明以 78% 左右的胎面花纹耐磨性能最佳。

应用：普通花纹适宜在较好的水泥、柏油及泥土路面上行驶，按其花纹沟分布形式一般分为横向花纹和纵向花纹。

ⅰ. 横向花纹

结构：花纹沟排列方向垂直或接近垂直于行驶面圆周方向，如烟斗花纹、羊角花纹。

特性：横向花纹有良好的耐磨和纵向防滑性能，尤其能减少花纹沟夹石子和花纹沟基部裂口现象。但此种花纹胶块较大而且又是横向排列，因而散热性能和防滑性能较差，特别是加深花纹时，若设计不当极易产生肩空、肩裂和胎面磨耗不均等缺陷，一般可采取增加胎面花纹节分数或改进肩部花纹设计，增强胎肩支撑性等方法加以改进。横向花纹抓着力强、爬坡性能好，适用于一般路面。通常载重轮胎常选用横向花纹。

ⅱ. 纵向花纹

结构：花纹沟近似条状。平行于轮胎行驶面圆周中心线。如波浪形、曲折形和弓形等花纹。

特性：纵向花纹滚动阻力小、速度快，有良好的散热性能和防滑性能，不容易出现肩空，但纵向花纹容易夹入石子及沟底基部裂口，抗纵滑性能和耐磨性能也不如横向花纹。一般在水泥、柏油等路面上行驶的载重轮胎可选用纵向花纹。

ⅲ．轿车轮胎花纹　所选用的纵向花纹与载重轮胎普通花纹不同，花纹沟较多而窄小，多设计成不规则排列的变节距花纹，利于在高速行驶中降低噪声，提高防滑性能。轿车轮胎的纵向花纹采用割细槽的方法，既可增大花纹的柔软性和散热性，同时利于排水和与路面接着。这种割槽式细缝花纹又称为刀槽花纹，一般刀槽宽度为 0.4～0.6mm，刀槽深度为 5～8mm，刀槽形状有波浪形或斜线形等。

b．越野花纹

结构：花纹沟宽度大，花纹沟较深，花纹饱和度 40％～50％。

特性：其有优越的抓着性能，可提高车辆的通过性能和牵引性能。越野花纹花纹沟宽大，行驶中滚动阻力大；胎面胶块磨耗不均匀，行驶噪声大。

应用：越野花纹适用于无路面或条件差的路面，适用于军用越野车、工程车和吉普车，作业环境较差的山路、矿山、建筑工地及松土、雪泥等。不宜在良好路面上使用。

越野花纹按其花纹沟分布形式不同，分为有向和无向两种。无向越野花纹如马牙花纹，横向分布于行驶面上，无规定方向；有向越野花纹如人字形花纹，有方向性分布，因此其防侧滑性能和自洁性能优于无向越野花纹，只是因使用时有方向性，给轮胎保养换位带来不便。

c．混合花纹又称通用花纹

结构：介于普通花纹和越野花纹之间的一种过渡型花纹。此种花纹特点是中部为纵向普通花纹，肩部为横向宽沟槽，类似越野花纹，其花纹饱和度 60％～70％。

特性：混合花纹对路面抓着性能优于普通花纹，但不及越野花纹，耐磨性能不如普通花纹，尤为明显的是胎肩部花纹容易产生磨耗不均匀或掉块的弊病。

应用：混合花纹适用于城乡运输的轻型载重轮胎。混合花纹结合纵向花纹和横向花纹的特点，适用于多种路面。

② 花纹展开弧长 L_a 的计算（在计算 R_n 时已介绍）

③ 花纹饱和度的计算　花纹块面积占轮胎行驶面面积的百分比叫花纹饱和度。花纹饱和度的大小影响轮胎的使用性能。适宜的花纹饱和度能提高轮胎的耐磨性，延长使用寿命，减小滚动阻力，降低油耗。其计算公式为：

$$K = \frac{S_1}{S} \times 100\% = \left(1 - \frac{S_2}{S}\right) \times 100\%$$

式中　S_1——花纹块面积；

　　　　S_2——花纹沟面积；

　　　　S——胎面行驶面面积。

④ 花纹沟宽度的计算　花纹沟宽度和花纹块宽度应根据轮胎类型、规格及花纹形状，结合花纹饱和度等因素考虑，合理设计花纹沟宽度有利于提高胎面的耐磨性能和抓着性能。

花纹沟宽度增大，相对会使花纹块减小，增大胎面的柔软性，从而增大其与路面的抓着力与散热性能，改善沟底裂口及夹石子现象，但相反会使胎面掉块或不耐磨。所以，花纹沟宽度不宜过宽而且要求分布均匀。

一般载重轮胎普通花纹沟宽度为 9～16mm，花纹块宽度不得小于花纹沟宽度的 2 倍，分布大小不宜差异太大。

轿车轮胎花纹沟多而窄，花纹沟宽度一般为 3～5mm。

越野花纹沟较宽，通常花纹沟宽度等于或大于其花纹沟深度（150％～400％沟深），甚至高达 4 倍。

⑤ 花纹沟深度的计算　花纹沟深度根据轮胎类型和规格、花纹类型、胎体强度、车辆的行驶速度以及要求达到的行驶里程，综合起来考虑确定。通常胎体强度高的轮胎，以胎面磨耗程度衡量轮胎的使用寿命。试验测得，轮胎每行驶 1000km，胎面磨耗量为 0.14～

0.15mm，通过经验公式，用轮胎标准行驶里程和轮胎千公里磨耗量计算花纹沟深度。

$$花纹沟深度＝轮胎标准行驶里程×\frac{磨耗量}{1000}$$

因此，增加花纹沟深度，可提高轮胎的行驶里程。近年来花纹沟已趋向加深方向发展，但应注意花纹沟深度增加后带来的弊病，如加深花纹会增大花纹胶块的柔软性，随之增大胶块移动性和滚动阻力，生热性能也提高，从而导致胎面磨耗不均匀、耐磨性能降低及花纹沟底裂口，反而使轮胎使用寿命降低，耗胶量增加。因此，确定花纹沟深度不能单从行驶里程方面考虑，应控制在一个合理的范围内。

花纹沟深度根据轮胎类型和规格来确定。一般载重轮胎普通花纹深度为 11～15mm，加深花纹为 15～20mm。规格大、胎体强度高的轮胎花纹深度可加深；越野花纹比同规格的普通轮胎略深 15%～30%。为提高轮胎的牵引性能，国外采用超深沟大型胶块花纹，如 9.00-20 以上规格轮胎，花纹深度可高达 25mm。载重轮胎根据规格、结构及花纹类型的不同有不同的花纹沟深度范围，见表 2-9 所列。

表 2-9 载重轮胎胎面花纹深度 单位：mm

斜 交 轮 胎				子 午 线 轮 胎				
轮胎规格标志	花纹设计深度			轮胎规格标志	花纹设计深度			
	普通花纹	加深花纹	牵引花纹		普通花纹	加深花纹	牵引花纹	超深花纹
6.50	10.5		16.5	6.50R	10.5		15.0	
7.00	11.0		17.0	7.00R	11.0		15.5	17.0
7.50	11.5		18.0	7.50R	11.5		16.0	18.0
8.25	12.0	15.0	19.0	8.25R	12.0	14.0	16.5	19.0
9.00	12.5	17.0	20.0	9.00R	12.5	14.5	17.0	20.0
10.00	13.0	18.5	20.5	10.00R	13.0	15.0	17.5	20.5
11.00	13.5	19.5	21.0	11.00R	13.5	15.5	18.0	21.0

轿车轮胎花纹深度一般较浅，为 7～10mm，尤其是高速轿车轮胎花纹不宜过深，以免滚动阻力增加，胎体生热过高。轿车轮胎不同规格花纹深度见表 2-10。

表 2-10 轿车轮胎胎面花纹深度 单位：mm

轮胎规格标志	普通花纹	越野花纹	轮胎规格标志	普通花纹	越野花纹
4.00～5.00	5.5～7.0	9.0～13.0	7.00～8.00	8.5～9.0	12.0～15.5
5.00～6.00	7.0～8.0	11.0～14.0	8.00～9.00	9.0～9.5	12.0～15.5
6.00～7.00	8.0～8.5	11.0～14.5			

拖拉机驱动轮胎和工程机械轮胎的花纹深度比较大，拖拉机驱动轮胎花纹深度为 25～40mm。又如水田拖拉机轮胎由于在水田环境中作业，要求具有良好的浮力、牵引力，以及自洁性能，其花纹饱和度只有 15%～20%，花纹沟深度比一般拖拉机轮胎增加一倍左右，中国南方水田的泥脚深度为 150～250mm，花纹沟深度一般为 70～90mm。

工程机械轮胎花纹深度应随规格增大而加深，12.00～16.00 的工程轮胎普通花纹深度为 22～28.5mm；加深花纹为 33.5～51mm；超加深花纹为 59～71mm；24.00～36.00 工程轮胎普通花纹深度为 38～55mm；加深花纹为 57～82mm；超加深花纹为 95～117mm。

⑥ 花纹沟基部胶厚度的计算 沟底至胎体的胶层厚度，属于胎面胶。

深度＋基部胶厚度＝胎面厚

花纹沟基部厚度与花纹沟深度有关，应根据轮胎类型、花纹形状确定，其厚度为花纹沟深度的 25%～40%，一般载重轮胎横向普通花纹不易裂口，基部厚度可选低值，纵向花纹基部胶厚度则不宜过薄。不同花纹类型载重轮胎花纹沟基部胶厚度占花纹深度的比例见表 2-11 所列。

表 2-11　载重轮胎花纹基部胶厚度占花纹沟深度比例范围

花纹类型	普通花纹		混合花纹		越野花纹	
	横向	纵向	块状	条状	窄向	宽向
基部胶厚度占花纹沟深度/%	20～25	30～40	25～30	30～35	30～35	40 左右

⑦ 花纹排列角度　花纹沟在行驶路面上的排列角度应避免与胎冠帘线角度重合，花纹排列角度与胎冠帘线角度相差至少 3°以上，以免花纹块底部胎体帘线因受应力作用而折断或爆破，越野花纹类型更甚。花纹排列角度通常为斜角排列，但切忌设计带有锐角的花纹胶块，以免造成胶块崩花和掉块，影响轮胎使用寿命。纵向花纹排列角度一般取 30°（与行驶面中心线所夹角度），越野花纹常取 45°、60°或 90°排列。胎肩部位的横向花纹沟宜采用向外放大的设计，利于排泥自洁。

⑧ 花纹沟断面形状设计　花纹沟断面设计原则是花纹沟具有良好自洁性，不易夹石子和基部不裂口。花纹沟底部应采用小圆弧与沟壁相切，形成向上开放的 U 形沟槽。

a. 花纹沟断面形状　纵向普通花纹常用的窄花纹沟如图 2-5 所示，但为改善花纹沟夹石子及裂口现象，可设计为单边双层 ［见图 2-5(d)］ 和双边双层花纹沟 ［见图 2-5(c)］。

花纹沟壁倾斜角度：花纹沟壁与法向的夹角。

前角：花纹沟中先着地一侧的花纹沟壁倾斜角度。

后角：花纹沟中后着地一侧的花纹沟壁倾斜角度。

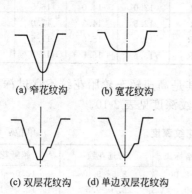

(a) 窄花纹沟　　(b) 宽花纹沟

(c) 双层花纹沟　　(d) 单边双层花纹沟

图 2-5　花纹沟断面形状

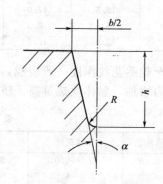

图 2-6　花纹沟底半径设计示意图

b. 花纹沟断面尺寸设计　普通花纹花纹沟壁倾斜角度 α，横向花纹为 15°～20°，纵向花纹为 8°～12°。

越野花纹与普通花纹不同之处是花纹沟宽度大，其两侧沟壁斜角度不同。例如花纹先着地一侧为前角，倾斜角度取 15°～20°，后着地一侧为后角，取 25°～30°，前后角度约相差10°。前角小可提高花纹块对土壤的抓着力，后角大可增加花纹块基部的坚固性及花纹离地时的自洁性。

沟底圆弧半径 R 不宜过小，以免呈 V 状造成沟底裂口，R 为 1～3mm。参考图 2-6，根据花纹沟宽度，深度和沟壁倾斜角度 α 求取 R 值。

$$R=\dfrac{\dfrac{b}{2}-h\tan\alpha}{\dfrac{1}{\cos\alpha}-\tan\alpha}=\dfrac{\dfrac{b}{2}\cos\alpha-h\sin\alpha}{1-\sin\alpha}$$

式中 R——花纹沟底弧度半径，mm；

　　　b——花纹沟宽度，mm；

　　　α——花纹沟壁倾斜角度，(°)；

　　　h——花纹沟深度，mm。

⑨ 花纹节距的计算　相邻两花纹的间距称为花纹节距，等于块宽＋沟宽。

花纹节数（花纹周节数）：对横向花纹时花纹块数量、花纹等分数，应取偶数值，便于花纹平分。普通花纹节数 45～55，越野花纹节数 12～40。

条数：对纵向花纹时花纹沟的数量。

花纹间距：根据花纹类型、花纹形状及花纹饱和度等因素确定。花纹间距分为均等和不均等两种。载重轮胎采用均等花纹，轿车轮胎多采用不均等的变节距花纹，可防止谐振噪声的产生，一般花纹的最大间距与最小间距之差不宜小于 20％～25％。花纹间距越大，花纹等分数越少。花纹节距分为冠部节距和肩部节距。

a. 冠部花纹节距 t_c 的计算

$$t_c = \frac{\pi D}{n}$$

式中 D——外胎外直径，mm；

　　　n——花纹节数；

　　　t_c——花纹节距，mm。

b. 肩部花纹节距 t'_c 的计算　胎肩部位花纹应配合胎面花纹进行设计，一般要求具有一定的支撑性能及良好的散热性能，载重轮胎宜设计间断的花纹块，轿车轮胎则设计连续性花纹。

胎肩部位花纹通常呈辐射状排列，花纹沟深度为一深一浅间隔排列。

肩部位花纹间距计算如下（h 为胎肩弧度高）：

$$t'_c = \frac{\pi(D-2h)}{n}$$

不同规格轮胎花纹沟设计参数见表 2-12，国外轮胎胎面花纹设计参数见表 2-13。

表 2-12　花纹沟设计参数实例

轮 胎 规 格	9.00-20	9.00-20	11.00-20	11.00-20	175R14	215R15
花纹类型	条形	烟斗	条形	烟斗	条形	条形
花纹深度/mm	15	17	16	17	8	7.9
花纹沟宽度/mm	12	12,14,17	15	14,18,23	3.5,4	3,3.5,4
花纹沟壁角度	14°,22°	16°,22°	22°	18°,20°	11°	9°,10°
沟底弧度半径/mm	2	3	2.5	3	1	1,1.5
花纹节数	60	48	60	50		
花纹饱和度/%	71	79	74	78.5	80	81

表 2-13　国外轮胎胎面花纹设计参数

项　　目	载重轮胎			轻型载重轮胎	
	普通花纹	混合花纹	越野花纹	普通花纹	越野花纹
花纹饱和度/%	60～80	50～70	40～60	60～80	45～60
花纹块宽/花纹沟深	1.2～3.0	1.5～3.0	1.5～3.0	0.8～2.5	1.5～3.0
花纹块宽/花纹沟宽	2～5	2～5	0.5～4	2～4	0.8～3
花纹沟宽/花纹沟深	0.5～0.8	0.3～3	0.5～4	0.2～0.6	0.5～3
花纹沟壁角度	0.5°～6°	0.5°～20°	5°～30°	0.5°～6°	3°～20°
花纹间距/花纹块宽	0.2～0.5	0.4～1.1	0.4～4.5	0.1～0.5	0.1～1.1

⑩ 防擦线设计　上胎侧防擦线一般设在胎肩切线下端，用以保护胎侧免受机械损伤，但不宜设在水平轴位置处，以免胎体变形。中型载重轮胎防擦线总宽度为 15～30mm，厚度为 1mm 左右，条数一般 1～2 条。轿车轮胎防擦线总宽度为 10～20mm，厚度为 0.5mm 左右，条数 1～2 条。防擦线两端应采用小弧度与胎侧轮廓线相切，用以加固防擦线胶条强度。

⑪ 防水线设计　下胎侧防水线设于胎圈部位靠近轮辋边缘处，用以防止泥水进入胎圈与轮辋之间，起保护作用。根据轮胎规格大小，可设 1～3 条防水线，其宽度为 2～5mm，厚度为 0.5～1.5mm。

⑫ 排气孔和排气线设计　一般设在胎面及胎侧部位，用以排除硫化过程中模腔内的空气，使胎坯胶料充分流动，保证轮胎花纹清晰而不缺胶。排气孔直径为 0.6～1.8mm，其数量和位置应根据花纹形状和轮胎规格确定，一般在胎肩、胎侧、下胎侧防水线、上胎侧防擦线和花纹块斜角端部等位置处设计排气孔，数量不宜过多，以保证不缺胶为准，在防擦线和防水线上一般可按 8～16 等分钻孔。排气孔及排气线位置如图 2-7 所示。

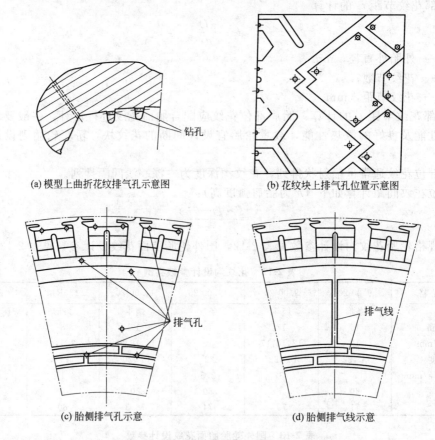

(a) 模型上曲折花纹排气孔示意图　　　　(b) 花纹块上排气孔位置示意图

(c) 胎侧排气孔示意　　　　(d) 胎侧排气线示意

图 2-7　外胎排气孔和排气线位置示意图

⑬ 胎面磨耗标记　胎面磨耗标记一般设在胎面主花纹沟底部。沿轮胎圆周共设 6 个或 8 个间隔均匀的胶台作为磨耗标记。载重轮胎磨耗标记高度为 2.4mm，重型载重轮胎为 3.2mm，长度为 40mm；轿车轮胎面磨耗标记一般高 1.6mm，长 5～12mm。图 2-8 为胎面磨耗标记示意图。

6. 外胎内轮廓设计（任务五）

根据轮胎结构设计的经验设计法，外胎外轮廓曲线确定后，可进行外胎内轮廓设计。设

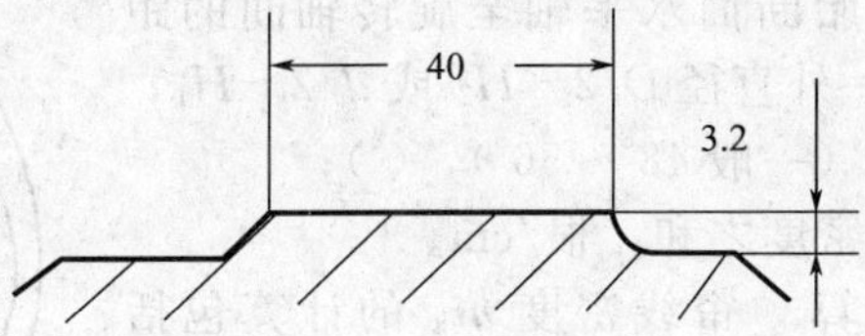

图 2-8 胎面磨耗示意

计内容包括：胎身结构设计；胎圈结构设计；确定胎面胶、胎侧胶的厚度和宽度；特征点厚度计算以及最后进行内轮廓曲线绘制。

(1) 胎身结构设计（即帘布层数及胶片设计）

① 帘布层确定　确定内容包括种类规格、层数、方向、厚度。

a. 种类规格确定　内容包括种类、规格、强度、密度，见表 2-14 所列。

表 2-14　胎体和缓冲层材料

帘布种类	帘线规格 /(dtex/2)	帘线直径/mm	强力/(N/根)	密度/(根/10 cm)		
				内层	外层	缓冲层
人造丝	1840	0.70±0.03				
人造丝	1840	0.87±0.05	147			
尼龙	930	0.55±0.03	137			
尼龙	1400	0.65±0.03	200~220	100	74	52
尼龙	1870	0.75±0.03	269.5			
钢丝		0.90				
钢丝		1.20				

b. 帘布层数及其安全倍数计算　帘布层数、密度和帘线强度有关，层数增加或选用密度大、高强度帘线均有助于提高胎体强度。帘布层数又取决于轮胎规格、结构及内压等因素，因此帘布层数必须通过计算单根帘线所受张力以及安全倍数来合理确定。

帘线分布在胎体，各部位受力情况不同，在内压作用下，受张力最大的部位是胎冠部，并从冠部向胎圈部位逐渐减小。计算单根帘线所受张力应以胎冠点为基准。

步骤：假定层数、层数分配，计算张力，计算安全倍数，校对。

ⅰ. 假定层数、层数分配　依据轮胎规格、气压、负荷、包圈方法等进行假定。

如：中型轮胎

6(4-2、2-2-2、4-2-0、3-3-0)

8(3-3-2、4-4、6-2)

10(4-4-2、3-3-4)

12(4-4-4、5-5-2)

ⅱ. 单根帘线所受张力计算（见图 2-9）　目前广泛应用彼得尔曼计算公式，方法简单而且合理。单根帘线所受张力为：

$$N = \frac{0.1P(R_k^2 - R_0^2)}{2R_k \sum ni_k} \times \frac{1}{\cos^2 \beta_k}$$

式中　N——单根帘线所受张力，N/根；

　　　P——标准气压，kPa；

　　　R_k——胎里半径（胎冠部第一帘布层半径），cm，$R_k =$ 外直径 $D/2 - t_a$；

R_0——零点半径（外胎断面水平轴至旋转轴间的距离），cm，R_0＝外直径 $D/2-H_2$ 或 $d/2+H_1$；

β_k——胎冠帘线角度（一般 48°～56°），（°）；

$\sum ni_k$——胎冠各层帘线密度之和，根/cm。

ⅲ. 帘线密度 ni_k 的计算　帘线密度 ni_k 的计算包括内、外帘布层和缓冲层帘线密度的计算。

$$\sum ni_k = n_1 i_{k1} + n_2 i_{k2} + n_3 i_{k3}$$

$$i_k = i_0 \frac{r_0}{R_k} \times \frac{\cos\alpha_0}{\cos\beta_k} \text{（代表三个公式）}$$

$$\sin\alpha_0 = \frac{\delta_1 r_0}{R_K} \cdot \sin\beta_k$$

式中　i_{k1}，i_{k2}，i_{k3}——内、外帘布层、缓冲层的胎冠帘线密度，根/cm；

i_{01}，i_{02}，i_{03}——内、外帘布层、缓冲层的帘线原始密度，根/cm；

n_1，n_2，n_3——内、外、缓冲层帘布层数；

r_0——第一层半成品帘布筒半径，cm；

α_0——帘布裁断角度，（°）；

δ_1——帘线假定伸张值（尼龙帘线 δ_1 值一般取 1.015～1.035，人造丝帘线取 1.03～1.045）。

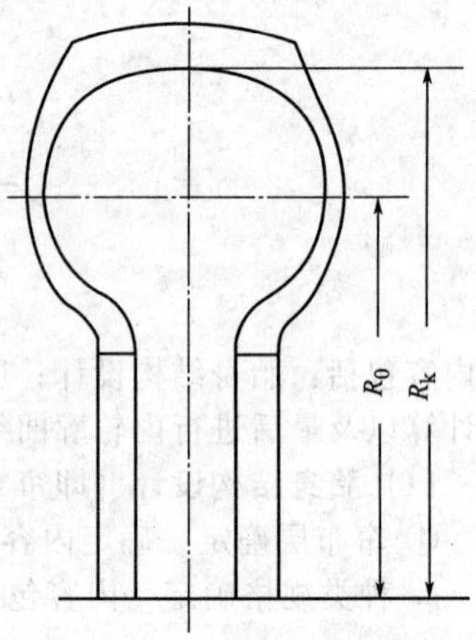

图 2-9　外胎胎体单根帘线受张力计算图

ⅳ. 帘线安全倍数确定　轮胎在充气状态下单根帘线所受张力的计算以静态为基准，不考虑轮胎实际使用中的动态因素。为保证轮胎在动态条件下安全行驶，不发生爆破和损坏，必须选取合理的安全倍数。帘线安全倍数计算公式如下：

$$K = \frac{S}{N}$$

式中　K——帘线安全倍数；

S——单根帘线强度（尼龙帘线 930dtex/2 为 137N/根，1400dtex/2 为 215.6N/根，1870dtex/2 为 269.5N/根，人造丝帘线 1840dtex/2 为 147N/根），N/根。

计算所用安全倍数根据轮胎类型和使用条件不同而异，见表 2-15 所列。

表 2-15　轮胎安全倍数取值范围

项　目	安全倍数（K）	项　目	安全倍数（K）
载重轮胎		轿车轮胎	
良好路面	10～12	良好路面	10～12
不良路面	14～18	不良路面	12～14
长途汽车轮胎	16～18	高速轿车轮胎	12～14
矿山挖掘和森林采伐等轮胎	18～20		

【案例】　以载重轮胎 9.00-20 为例。已知条件：$P=588$kPa，$R_k=47.9$cm，$R_0=37.25$cm，$\alpha_0=30°$，$\beta_k=50.92°$，$r_0=30$cm，$i_{01}=10$ 根/cm（1400dtex/2），$i_{02}=7.4$ 根/cm（1400dtex/2），$i_{03}=6$ 根/cm（930dtex/2），1400dtex/2 帘线的 $S=215.6$N/根。

$\sum ni_k$ 的计算：

$$i_{k1} = i_{01} \frac{r_0}{R_k} \times \frac{\cos\alpha_0}{\cos\beta_k} = 10 \times \frac{30}{47.9} \times \frac{\cos 30°}{\cos 50.92°} = 8.6 \text{（根/cm）}$$

$$i_{k2} = 7.4 \times \frac{30}{47.9} \times \frac{\cos 30°}{\cos 50.92°} = 6.36 \text{（根/cm）}$$

$$i_{k3} = 6.0 \times \frac{30}{47.9} \times \frac{\cos 30°}{\cos 50.92°} = 5.16 \text{（根/cm）}$$

将 930dtex/2 的帘线密度换算为相当于 1400dtex/2 规格的帘线密度，再进行帘线密度总和 $\sum ni_k$ 的计算。

因 930dtex/2 的 $S = 142$N/根，5.16 根/cm（930dtex/2）相当于 $5.16 \times 14.5/22 = 3.4$ 根/cm（1400dtex/2）。

设 $n_1 = 6$，$n_2 = 2$，则

$$\sum ni_k = n_1 i_{k1} + n_2 i_{k2} + i_{k3} = 6 \times 8.6 + 2 \times 6.36 + 3.4 = 71.12$$

单根帘线所受张力为：

$$N = \frac{0.1P(R_k^2 - R_0^2)}{2R_k \sum ni_k} \times \frac{1}{\cos^2 \beta_k} = \frac{0.1 \times 5.88(47.9^2 - 37.25^2)}{2 \times 47.9 \times 71.12} \times \frac{1}{\cos^2 50.92°}$$
$$= 19.69 \text{（根）}$$

安全倍数为：

$$K = \frac{S}{N} = \frac{215.6}{19.53} = 10.95$$

计算结果符合要求。

c. 挂胶帘布厚度　挂胶的作用是使布层间与帘线间增加黏合力，提高帘线的疲劳强度和弹性。

帘布层之间胶层厚度不宜过厚或过薄，可控制帘线之间胶层厚度与布层之间胶层厚度比值在 0.7～1.0，一般纤维帘布表面附胶厚度为 0.2～0.3mm，钢丝帘布表面附胶为 0.6～0.8mm。帘布挂胶厚度应根据帘线种类、帘线粗度、轮胎类型和规格、胶料性能及工艺条件等因素确定。缓冲层位于胎体帘布层之上，承受轮胎最大剪切应力，挂胶布层厚度比帘布层厚度大，见表 2-16。

表 2-16　胎体和缓冲层挂胶帘布厚度

帘布种类	帘线规格/(dtex/2)	帘线直径/mm	胎体帘布挂胶厚度/mm	缓冲层帘布挂胶厚度/mm
人造丝	1840	0.70±0.03	1.10～1.20	1.50～1.70
人造丝	1840	0.87±0.05	1.20～1.30	1.50～1.70
尼龙	930	0.55±0.03	0.95～1.05	1.35～1.50
尼龙	1400	0.65±0.03	1.05～1.13	1.45～1.60
尼龙	1870	0.75±0.03	1.10～1.20	1.50～1.70
钢丝		0.90	2.2～2.5	2.0～2.2
钢丝		1.20	2.7～3.0	2.5～2.6

注：钢丝帘线用于子午线轮胎胎体和带束层上。

② 胶片设计　用于胎体的胶层有油皮胶、隔离胶以及缓冲层上的缓冲胶片。

a. 隔离胶

作用：由于轮胎在定型和硫化过程中，胎体冠部伸张最大，因而挂胶帘布厚度受拉伸而减薄，位于剪切应力最大的胎冠部帘布层必须增贴隔离胶层，以补偿帘布层厚度和布层间的胶量，提高帘布层的附着性能和抗剪切应力的能力，防止胎体脱层损坏。

位置：通常贴合在受剪切应力最大的胎冠部外层帘布上。

层数：隔离胶层的厚度和层数可根据轮胎规格和使用条件确定。大规格、层数多和在坏路面使用的轮胎，隔离胶层要增加；高速轮胎和用于良好路面上的轮胎，防止生热量过大，尽量少贴隔离胶，4 层以下轮胎可不用。

尺寸：隔离胶厚度一般为 0.4~0.6mm，由内向外增厚。其宽度大于缓冲层宽度，各胶层宽度的差级为 10~20mm，均匀分布，由内向外减宽。

b. 油皮胶

作用：用以保护内帘布层，同时也保护内胎。

位置：位于第一层帘布之下。

层数：1 层。

尺寸：宽度应与胎圈包布处搭接 10~15mm，不致使胎里帘线外露。

油皮胶厚度为 0.6~1.0mm，不同规格选值不同，小规格轮胎油皮胶厚度一般为 0.4~0.6mm，中规格轮胎取 0.6~0.8mm，大规格轮胎取 0.8~1.0mm。

无内胎轮胎胎里用气密层代替油皮胶，气密层胶料要求严格，不得存有气泡和杂质，可采用数层薄胶片贴合制备气密层，以提高其气密性，厚度一般为 0.5~2.0mm。

c. 缓冲胶片

作用：用以缓和、吸收路面对胎体的冲击和振动，保护帘布层。

位置：位于胎面胶下，其端点位置设计不当，极易造成轮胎胎肩脱层或断裂损坏，因此缓冲层宽度应尽量避开应力集中区的胎肩部位，宜窄于行驶面宽度或宽于行驶面宽度。

层数：其结构组成根据轮胎规格、类型确定。

尺寸：通常中小型载重轮胎多采用两层帘布加两层胶片组成的复合结构，其第 1 层缓冲层宽度不超过行驶面，或采用两层均窄于行驶面的缓冲层结构，两层边端差级为 10~15mm；两层缓冲胶片分别贴合在上缓冲层帘布之上和下缓冲层帘布之下，厚度为 0.5~1.5mm，将缓冲层帘布两端全部覆盖，大型载重轮胎采用 3~4 层帘布和 2~3 层胶片的复合结构，小规格轿车轮胎一般可用缓冲胶片代替缓冲层。近年来，随着胎体帘线强度提高，道路条件改善，加之新型合成纤维的发展，使轮胎逐渐具备了取消缓冲层的条件，有的国家斜交轮胎已不采用缓冲层胶片。

（2）胎圈结构设计

① 钢丝及包布的基本性能

a. 钢丝规格选用　轮胎用钢丝圈通常为 19 号钢丝，钢丝直径为 (1±0.02)mm；钢丝扯断强力为 1.372kN。若采用粗度较大的钢丝，不但可以减少钢丝圈的钢丝根数，而且在制造过程中，钢丝便于排列整齐并提高生产效率。

各种不同规格的钢丝，直径不同，其扯断强力也不同，见表 2-17 所列。

表 2-17　轮胎用钢丝参数

钢丝直径/mm	标准强度	高强度	钢丝直径/mm	标准强度	高强度
	最小扯断强力/N	最小扯断强力/N		最小扯断强力/N	最小扯断强力/N
0.89	1200	1350	1.42	2800	3200
0.96	1300	1530	1.62	3400	3850
1.00	1372	1650	1.82	4000	4600
1.30	2400	2800	2.00	4200	4900

b. 胎圈包布和钢圈包布的选用　目前胎圈包布多采用尼龙挂胶帆布，擦胶厚度为 0.7~1.0mm；层数可采用一层；中、大型载重轮胎需增加胎圈部位的坚固性及耐磨性，可设计两层；裁断角度一般为 45°。钢圈包布一般为维纶帆布，擦胶厚度为 0.7~0.8mm；通常为一层；裁断角度一般为 45°。

② 钢丝圈个数及形状确定

a. 钢丝圈个数确定　单个胎圈中钢丝圈有单钢丝圈、双钢丝圈、多钢丝圈。通常依据帘布层数和包圈方法确定钢丝圈个数。斜交轮胎帘布层数在 2、4、6 层时用单钢丝圈；帘布层数在 6、8、10、12、14、16 层时用双钢丝圈；帘布层数在 12、14、16、18 层时用多钢丝圈。

b. 钢丝圈断面形状 钢丝圈断面形状根据钢丝圈排列形式不同，一般有以下几种断面形状，如图 2-10 所示。经试验证明，钢丝根数相等时，圆形断面钢丝圈强度最高，充分发挥了钢丝的作用，六角形、扁六角形次之，方形断面强度最低，一般损坏均为钢丝圈折断。斜交轮胎一般采用长方形或方形断面的钢丝圈，钢丝压出可根据设备及工艺条件而定。通常每层可压出 5~8 根钢丝，缠绕成圈，钢丝圈层数不得少于 3 层，也不宜超过 10 层。层数×每层根数×个数＝总根数。表示方法为层数×每层根数，例如 6×7。

（a）方形　　　　（b）U形　　　　（c）六角形　　　　（d）圆形　　　　（e）扁六角形

图 2-10　钢丝圈断面形状

③ 钢丝圈直径的计算　钢丝圈直径 D_g 应根据胎圈帘布包圈方法、钢丝圈底部材料总厚度和压缩率计算确定。计算公式：

$$D_g = d + 2T(1 - K_0)$$

式中　D_g——钢丝圈直径，mm；

　　　d——胎圈着合直径，mm；

　　　T——压缩前钢丝圈底部材料总厚度，mm；

　　　K_0——压缩系数（一般取 0~0.1）。

④ 钢丝根数的确定　采用强度校核法，先计算内压作用下钢丝圈所受应力，再确定所需钢丝的根数，如图 2-11 所示。

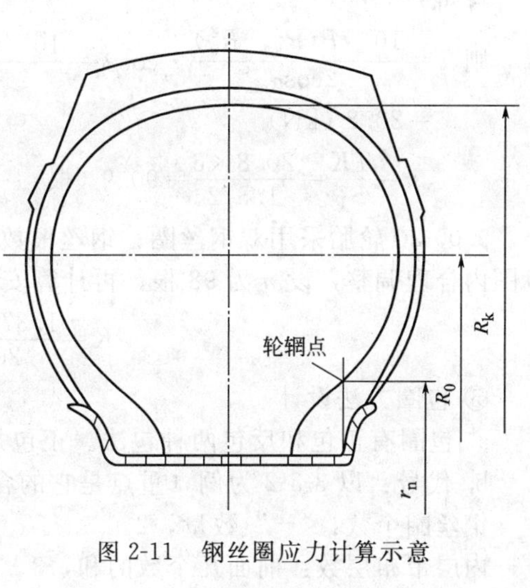

a. 一个胎圈钢丝圈所受应力

$$T = \frac{10^{-1} P(R_k^2 - R_0^2)}{2\cos\alpha_n} \cdot \cos\beta_k$$

$$\sin\alpha_n = \frac{r_n}{R_k} \cdot \sin\beta_k$$

式中　T——一个胎圈所受应力，N/胎圈；

　　　P——标准气压，kPa；

　　　α_n——轮辋点帘线角度，(°)；

　　　r_n——轮辋点半径，cm。

b. 一个胎圈钢丝根数

$$n = \frac{TK}{S_1}$$

图 2-11　钢丝圈应力计算示意

式中　n——钢丝根数；

　　　S_1——钢丝强度，N/根；

　　　K——安全倍数，K 取 5~7。

c. 当设计的轮胎用于斜底轮辋，或同时可用平底轮辋和斜底轮辋计算胎圈所受应力时，应考虑加上胎圈与轮辋过盈配合时因过盈力而造成的附加应力，以便增加胎圈的钢丝根数，确保胎圈必要的强度。钢丝圈所受的总应力应等于钢丝圈在内压作用下所受应力 T 与轮胎对轮辋过盈力（箍紧力）T_t 之和。

$$T_总 = T + T_t$$

$$T_t = \frac{Ebr}{2t} \cdot \delta_t$$

$$\delta_t = d_t - d + 2a(\tan\alpha_t - \tan\alpha_r)$$

式中 $T_{总}$——一个胎圈钢丝圈所受的总压力，kN；

E——钢丝圈底部材料的弹性模量，一般为 $30 \sim 50$ MPa；

b——钢丝圈所占宽度，cm；

t——钢丝圈底部材料厚度，cm；

r——钢丝圈平均半径，cm；

d_t——轮辋标定直径，cm；

δ_t——胎圈对轮辋的过盈量，cm；

d——轮胎着合直径，cm；

a——轮缘至胎圈中心的距离，cm；

α_t——胎圈底部倾斜角，(°)；

α_r——轮辋底部倾斜角，(°)。

【案例】 以 9.00-20 轮胎为例，计算钢丝圈所受应力和钢丝的根数。

已知条件：$P = 657$ kPa，$R_k = 47.9$ cm，$R_0 = 37.25$ cm，$\beta_k = 50.92°$，$r_n = 26.67$ cm，$S_1 = 1372$ kN/根，$K = 5 \sim 7$。

将以上已知数据代入下式中

由 $\sin\alpha_n = \dfrac{r_0}{R_k} \cdot \sin\beta_k = \dfrac{26.67}{47.9} \times \sin 50.92° = 0.4322$

得 $\alpha_n = 25.61°$

则 $T = \dfrac{10^{-4} P(R_k^2 - R_0^2)}{2\cos\alpha_n} \cdot \cos\beta_k = \dfrac{10^{-4} \times 657 \times (47.9^2 - 37.25^2)}{2 \times \cos 25.61°} \times \cos 50.92°$

$\quad = 20.8$ (kN)

$\quad n = \dfrac{TK}{S_1} = \dfrac{20.8 \times 6}{1.372} = 90.9$（根）

9.00-20 轮胎采用双钢丝圈，钢丝根数必须取整数，为了便于排列制造，可在安全倍数范围内合理调整，设 n 为 98 根，再计算安全倍数 K 值。

$$K = \frac{1.372 \times 98}{20.8} = 6.46 \text{ 倍}$$

⑤ 包圈方法设计

a. 包圈有正包和反包两种包法。正包是指由外向内包，反包则由内向外包。

b. 代号：以 3-3-2 为例（重点是它的含义）

钢丝圈个数："—"数量，2。

内层帘布层数：前面几个数的和，$3+3=6$。

外层帘布层数：最后一个数，2。

各数含义：第一个数"3"表示反包第一个钢丝圈帘布数 3，第二个数"3"表示反包第二个钢丝圈帘布数 3，依次类推，最后一个数"2"表示正包胎圈帘布数 2。

包法：内层帘布层采用反包法，外层帘布层采用正包法。

总层数：$3+3+2=8$（不包括缓冲层）。

帘布筒设计：3 个（数字数）第一个 $1\sim3$ 层，第二个 $4\sim6$ 层，第三个 $7\sim8$ 层。

c. 设计：帘布层数、钢丝圈个数等。

一般 6 层以下的轮胎用单钢丝圈，包围方法有 2-2 结构和 4-2 结构；6 层以上轮胎用双钢丝圈，包圈方法有 3-3-2、4-4-2、4-4-4、4-4-6、5-5-4、6-6-4 等结构；三个钢丝圈的包圈方法有 6-4-4-4 结构。

　　d. 尺寸：外层帘布层采用正包法，正包范围至胎圈趾部。内层帘布层采用反包法，反包高度原则上不超过水平轴，不低于三角胶芯，一般在水平轴下 10～20mm。胎圈结构要求坚实，成型操作简便，帘、帆布差级阶梯形分布并均匀过渡至胎侧部位。

　　(3) 外胎各特征部位点厚度确定

　　① 确定各特征部位点　冠部中心一点，两胎肩点、两胎侧点、两胎圈宽点。

　　② 确定各特征部位点胶料厚度及宽度

　　胎冠胶厚度等于花纹沟深度与基部胶厚度之和。

　　胎肩胶厚度较厚，一般为胎冠胶厚度的 1.3～1.4 倍，以不超过 1.5 倍为宜。

　　胎侧胶便于屈挠变形，厚度宜薄，一般轿车轮胎为 1.5～2.5mm，微型载重轮胎为 2.0～2.5mm，中型载重轮胎为 2.5～3.5mm，重型载重轮胎为 4.0～5.0mm，在苛刻条件下作业的轮胎，胎侧胶厚度可高达 6mm 左右。胎侧胶宽度应延伸至轮辋边缘内侧处，保护胎圈以免被磨损。

　　③ 计算各特征部位点帘布贴合厚度　根据各特征部位点帘布的组成进行计算。

　　④ 确定各特征部位点压缩率　一般规律：胎冠部帘布层压缩率为 20%～30%；胎肩部、胎侧部帘布层压缩率为 20%～25%；胎圈宽部位压缩率为 10%～15%；下胎侧部位（胎圈上部与轮缘接触处）压缩率为 15%～20%；钢丝圈底部布层压缩率最小，一般取 0～5%。

　　⑤ 计算各特征部位点成品帘布厚度　等于各特征部位点帘布贴合厚度乘以各特征部位点压缩率。

　　⑥ 计算各特征部位点成品厚度　等于各特征部位点胶料厚度加上各特征部位点成品帘布厚度。

　　(4) 外胎内轮廓曲线绘制

　　① 绘制原则

　　a. 内轮廓曲线从胎冠、胎肩、胎侧直至胎圈各部位必须均匀过渡。

　　b. 尽可能使水平轴两侧胎侧对应部位厚度接近，在轮胎使用过程中，变形位置可保持不变。

　　c. 下胎侧部位应根据材料分布情况，调整厚度，约为侧部厚度的 1.5～2.0 倍。补强区域是以胎圈底部为起点，在 $(0.4\sim0.46)H_1$ 的范围内，如图 2-12 所示。

　　d. 内轮廓各部位弧度半径应参照外轮廓相对应部位的弧度半径。

　　② 绘制步骤（图 2-13）

　　a. 绘 R_1'：半径一般较 R_n 小 20～40mm，圆心在纵轴上。

　　b. 绘 R_3'：半径比 R_1 小 30～50mm，圆心在水平轴上。

　　c. 绘 R_2'：与 R_1' 与 R_3' 相切，半径一般为 40～80mm。

　　d. 绘 R_4'：圆心在坐标原点周围 10～20mm，根据水平轴上下距离厚度相近原则确定。

　　e. 绘 R_5'：圆心在钢丝圈底线以下 2～5mm 处，半径较胎圈宽度略小 2～5mm。

　　f. 绘公切线：R_4' 与 R_5' 之间用 15～80mm 公切线连接。

7. 方案优选（任务六）

　　外胎外轮廓设计、花纹设计、内轮廓设计，根据轮胎性能和顾客使用要求，可采用不同的设计参数（例如采用不同的水平轴位置、行驶面宽度、弧度大小、胎圈轮廓、内轮廓参数、花纹形式等），设计出多种不同的内外轮廓曲线加以对比，优选出综合性

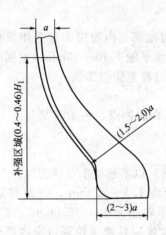

图 2-12　胎圈部位厚度比例关系图
a—胎侧部位厚度

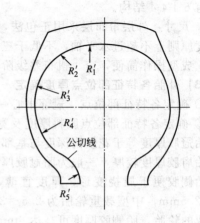

图 2-13　内轮廓曲线图绘制

能最佳的设计方案。

8. 外胎总图等图纸的绘制（任务七）

外胎总图如图 2-14 所示，包括外胎断面尺寸图、胎面花纹展开图，外胎侧视图、花纹沟剖面图及主要设计参数表等。在外胎侧部需标出轮胎规格、商标和国家标准所规定的其他内容，见字体排列图 2-15 所示。

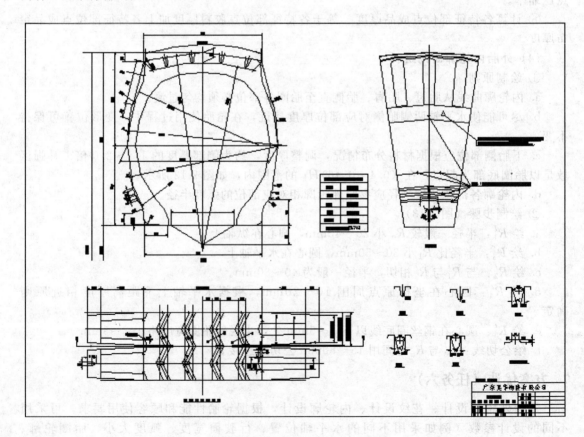

图 2-14　斜交胎总图绘制样图

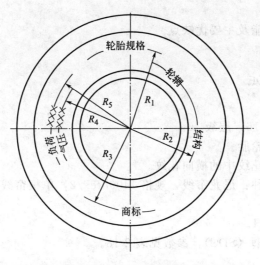

图 2-15　外胎字体排列图

二、斜交胎结构设计案例

【案例一】　8.25-16-10 结构设计。

1. 轮胎设计前的准备工作

轮胎是车辆驱动机构的主要配件，设计时应依据车辆技术性能及车辆的使用条件，并应考虑轮胎结构的合理性、经济性及发展前景，收集有关技术资料，运用先进技术，全面分析进行设计。一般包括车辆的技术性能、行驶道路情况、国内外同规格或类似规格轮胎的结构与使用情况等。

（1）车辆的技术性能

① 车辆类别、厂牌、型号、用途和外形尺寸。

② 车辆自重、载重量、整车重量在各轴上的分布和车轴所需承担的牵引负荷。

③ 车辆驱动形式、轴数、轴距；轮数和轮距。

④ 轮辋类型、代号及轮辋断面曲线。

⑤ 轮胎最大外缘尺寸及双轮间距离。

⑥ 车辆平均速度忽然最高速度。

⑦ 最小离地间隙、最小转弯半径和最大爬坡度。

⑧ 对轮胎的特殊要求。

⑨ 该车辆发展前景。

（2）道路情况

① 路面性质，包括硬基路面（水泥、柏油和碎石）、混合路面（石土或城乡间的水泥路）、软基路面（雪、砂及土路），还有特殊的作业环境，如矿山、林场、水田、沼泽等。

② 路面拱度、坡度和弯路。

③ 使用地区的年平均气温和降雨量。

（3）国内外同规格或类似规格轮胎的结构和使用情况

① 技术参数，例如轮胎的层级、内压、负荷及花纹形式等。

② 轮胎充气前后及使用过程中外缘尺寸的变化。

③ 室内试验数据。

④ 实际使用中的性能及主要优缺点。

⑤ 使用部门的要求。

2. 轮胎技术要求的确定

(1) 轮胎类型

① 轮胎规格：8.25-16，层级10。

② 轮胎结构：斜交轮胎。

③ 胎面花纹：普通花纹中的横向花纹。

④ 胎体骨架材料品种：尼龙帘线，规格1400dtex/2，单根帘线强度 $S=215.6N$/根。

(2) 轮辋的选择

① 标准轮辋：6.50H。

② 类型：半深槽轮辋（SDC），参数见表2-18。

表2-18　轮辋参数　　　　　　　　　　　　　　　　单位：mm

轮辋轮廓规格	轮辋宽度 $A\pm1.5$	轮缘高度 $G+1.2/-0.4$	标定直径 $D_R\pm0.4$
6.50H	165	34	405.6
	轮缘宽度 B	轮缘弧度（R_2）	圈座弧度（R_5）
	18	18	6.5

(3) 外胎充气外缘尺寸

① 充气外直径 $D'=855mm$。

② 充气断面宽 $B'=235mm$。

(4) 负荷能力计算

本次设计的是8.25-16-10PR轮胎，选择计算单胎负荷。

单胎负荷=1345kg；内压 $P=420kPa$；$K_1=1.1$（双胎）

单胎标准负荷 $W_{S标}=1345\times9.8\times10^{-3}=13.18$（kN）

$$B_m=B'\times\frac{180°-\sin^{-1}\dfrac{A}{B}}{141.3°}=23.5\times\frac{180°-\sin^{-1}\dfrac{16.5}{23.5}}{141.3°}=22.5（cm）$$

载重轮胎双胎负荷计算基本公式为：

$$W_{D理}=0.231K_1\times0.475\times9.8\times10^{-3}\times(1.02\times10^{-2}P)^{0.585}\times B_m{}^{1.39}(D_R+B_m)$$
$$=0.231\times1.1\times0.475\times9.8\times10^{-3}\times(1.02\times10^{-2}\times420)^{0.585}\times22.5^{1.39}(40.6+22.5)$$
$$=13.25（kN）$$

$W_{S理}=1.14W_{D理}=1.14\times13.25=15.11(kN)$（增加气压70kN）

验证：理论负荷＞标准负荷

$$\frac{W_{S理}-W_{S标}}{W_{S标}}\times100\%=\frac{15.11-13.18}{13.18}\times100\%=14.6\%\qquad 在2\%～15\%之间$$

其负荷能力符合国家设计标准。

3. 外胎外轮廓设计

外胎模型各部位尺寸代号按所在部位分为四类。

断面形状尺寸：D、B、H；

胎冠部尺寸：b、h、R_n、R'_n；

胎侧部尺寸：H_1、H_2、R_1、R_2、R_3、L；

胎圈部位尺寸：C、d、R_4、R_5、g。

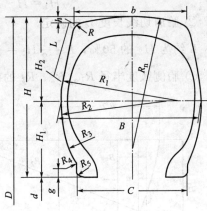

(1) 断面外形尺寸

① 断面宽 B 的确定

本次设计假设 $H/B < 1$，取 $B'/B = 1.06$

$$B = \frac{B'}{B'/B} = \frac{235}{1.06} = 222 \text{（mm）}$$

② 模型外直径 D 的确定

尼龙斜交轮胎的 H/B 值无论是大于 1 或小于 1，充气外直径均增大，一般增加 $0.1\% \sim 2.5\%$，本例取 1.5%

则
$$D = \frac{D'}{1 + 1.5\%} = \frac{855}{1 + 0.015} = 842 \text{（mm）}$$

③ 断面高 H 的确定

着合直径　$d = D_R - (1 \sim 2) = 406 - 2 = 404$ （mm）

$$H = \frac{1}{2}(D - d) = \frac{1}{2}(842 - 404) = 219 \text{（mm）}$$

验证：$H/B = \dfrac{219}{222} = 0.986 < 1$

故假设成立。

(2) 胎冠部位尺寸的确定

① 行驶面宽度 b 和弧度高 h 的确定

普通花纹：$b/B = 0.75 \sim 0.8$，取 0.8

$h/H = 0.035 \sim 0.055$，取 0.055

$$b = B \times \frac{b}{B} = 222 \times 0.8 = 178 \text{（mm）}$$

$$h = H \times \frac{h}{H} = 219 \times 0.055 = 12 \text{（mm）}$$

② 胎冠弧度半径 R_n 的确定

普通花纹的载重轮胎，弧度高较小，行使面较窄，比较平直，宜采用一个弧度半径 R_n 或由 R_n 和 R'_n 设计的胎冠。

$$R_n = \frac{b^2}{8h} + \frac{h}{2} = \frac{178^2}{8 \times 11.6} + \frac{11.6}{2} = 347 \text{（mm）}$$

行驶面弧度的夹角：

$$\alpha = 2\left(\sin^{-1}\frac{b/2}{R_n}\right) = 2\left(\sin^{-1}\frac{178/2}{347}\right) = 29.7°$$

行驶面弧长：

$$L_a = 0.01745 R_n \alpha = 0.01745 \times 347 \times 29.7° = 180 \text{（mm）}$$

$$R'_n = 10 \text{（mm）}$$

(3) 胎侧部位尺寸

① 断面水平轴位置 H_1、H_2 的确定

H_1/H_2 值在 $0.80 \sim 0.95$，取 0.95

$$H_1 + H_2 = H$$

$$H_2 = \frac{H}{1 + \left(\frac{H_1}{H_2}\right)} = \frac{210}{1 + 0.95} = 108 \text{（mm）}$$

$$H_1 = H - H_2 = 210 - 108 = 102 \ (\text{mm})$$

② 胎肩切线长度 L 的确定

L 约为 H_2 的 50%，$L = \dfrac{1}{2} H_2 = \dfrac{1}{2} \times 108 = 54 \ (\text{mm})$

③ 胎侧弧度半径 R_1、R_2、R_3 的确定

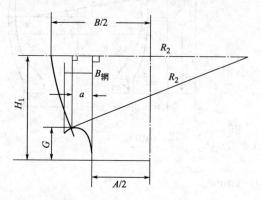
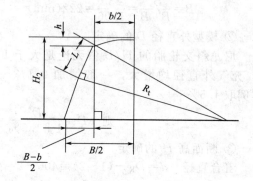

a. 上胎侧弧度半径 R_1

$$R_1 = \frac{(H_2 - h)^2 + \dfrac{1}{4}(B-b)^2 - L^2}{B-b} = \frac{(108-11.6)^2 + \dfrac{1}{4}(222-178)^2 - 54^2}{222-178}$$

$$= 156 \ (\text{mm})$$

b. 下胎侧弧度半径 R_2

$B_R \geqslant 18\text{mm}$　　取 $B_R = 20\text{mm}$

$$a = \left(\frac{2}{3} \sim \frac{3}{4}\right) B_R = \frac{3}{4} B_R = \frac{3}{4} \times 20 = 15 \ (\text{mm})$$

$$G = 34 \begin{cases} +1.2 \\ -0.4 \end{cases} \quad \text{取 } G = 34 = 1.2 = 35.2 \ (\text{mm})$$

$$R_2 = \frac{\dfrac{1}{4}(B-A-2a)^2 + (H_1-G)^2}{B-A-2a} = \frac{\dfrac{1}{4}(222-165-2\times15)^2 + (102-35.2)^2}{222-165-2\times15}$$

$$= 172 \ (\text{mm})$$

c. 下胎侧自由半径 R_3

R_3 一般约为 R_2 的 25%～40%，取 17～50mm。

$R_3 = (25\% \sim 40\%) R_2 = 25\% \times 172 = 43.0 \ (\text{mm})$

④ 胎肩轮廓的确定　切线形胎肩由直线与以 R_1 作的弧相切而成。

（4）胎圈部位尺寸的确定

① 两胎圈之间距离 C（又称胎圈着合宽度）的确定

一般胎圈着合宽度等于设计轮辋宽度 A，有时 C 可略小于 A。

本次设计取 $C = A = 165 \ (\text{mm})$

② 胎圈着合直径 d 的确定

装在 5° 斜底轮辋上的载重轮胎，

$$d = D_R - (1 \sim 2\text{mm}) = 406 - 2 = 404 \ (\text{mm})$$

③ 胎圈轮廓的确定

$$R_2 = 18(\text{mm}) \qquad R_3 \leqslant 6.5\text{mm} \qquad \text{取 } R_3 = 6\text{mm}$$

胎圈弧度半径 R_4 比 R_2 相应部位弧度半径小 0.5～1.0mm，取 1.0mm

$$R_4 = R_2 - 1.0 = 18 - 1.0 = 17.0 \,(\text{mm})$$

胎踵弧度半径 R_5 比 R_3 相应部位弧度半径大 $0.5 \sim 1.0\text{mm}$。

$$R_5 = R_3 + 1.0 = 6 + 1.0 = 7.0 \,(\text{mm})$$

④ 圆心高度 g 的确定

$$g = G - R_2 - \frac{d - D_R}{2} - (1 \sim 1.5) = 35.2 - 18 - \frac{404 - 406}{2} - 1.2 = 17.0 \,(\text{mm})$$

(5) 外轮廓曲线的绘制步骤

① 画出中心线。

② 由断面宽 B 和上下高 H_1、H_2 确定外轮廓曲线的左侧点、右侧点、上端点及下端点。

③ 根据 b 和 c 确定胎面宽及胎圈宽共四点。

④ 以 R_n 作弧绘出胎冠圆弧，其中心在纵轴上。

⑤ 以 R_1 作弧绘出上胎侧圆弧，其中心在水平轴上。

⑥ 画出胎肩切线 L。

⑦ 以 R_n' 作弧画出过渡弧。

⑧ 以 R_2 作弧绘出下胎侧圆弧。

⑨ 以 R_5 作弧绘出胎圈圆弧。

⑩ 以 R_4 作弧绘出胎圈圆弧。

⑪ 以 R_3 作弧绘出过渡连接自由半径圆弧。

⑫ 用圆滑曲线连接。

4. 外胎胎面花纹设计

(1) 花纹类型选取 本次设计采用普通花纹中的横向花纹。

普通花纹特点是花纹沟窄小，花纹胶块大，花纹饱和度 $70\% \sim 80\%$，经验证明以 78% 左右的胎面花纹耐磨性能最佳。

横向花纹有良好的耐磨和纵向防滑性能，尤其能减少花纹沟夹石子和花纹沟基部裂口现象。但此种花纹胶块较大而且又是横向排列，因而散热性能和防滑性能较差。横向花纹抓着力强、爬坡性能好，适用于一般路面。通常载重轮胎常选用横向花纹。

(2) 花纹饱和度 K 的计算

$$K = \frac{S_1}{S} \times 100\% = \left(1 - \frac{S_2}{S}\right) \times 100\%$$

$$S = 4653 \,(\text{mm}^2) \qquad S_2 = 972.835 \,(\text{mm}^2)$$

则 $K = 1 - \dfrac{S_2}{S} = 1 - \dfrac{972.835}{4653} = 79\%$

(3) 胎冠部花纹设计

① 行驶面展开弧长

$$L_a = 0.01745 R_n \alpha = 180\text{mm}$$

② 花纹沟深度

普通花纹：$h = 12.0\text{mm}$（按规格经查表得）

③ 花纹沟宽度

普通花纹：$9 \sim 16\text{mm}$　　取 $t_{沟} = 13\text{mm}$

④ 花纹沟基部胶厚度　横向普通花纹花纹沟基部厚度约为花纹沟深度的 $20\% \sim 50\%$，

取 $12.0 \times 25\% = 3.0$mm

⑤ 花纹排列角度　一般胎冠角度为 $48°\sim50°$花纹排列角度与之相差至少 $3°$ 以上，取 $\beta = 50°$，则花纹排列角度 $\theta = 60°$。

⑥ 花纹沟断面形状设计

花纹沟壁倾斜角度 α：横向花纹为 $15°\sim20°$，取 $\alpha = 15°$。

沟底圆弧半径 R：为 $1\sim3$mm，取 $R = 3$mm。

⑦ 花纹间距的确定

取 $n = 50$ 节　　a. $t_c = \dfrac{\pi D}{n} = \dfrac{3.14 \times 824}{50} = 51.7$（mm）

　　　　　　　　b. $t_块 \geqslant t_沟 = 26$mm　取 $t_块 = 38.7$mm

　　　　　　　　c. $t_c = t_沟 + t_块 = 13 + 38.7 = 51.7$（mm）

（4）胎肩部位花纹设计

① 胎肩部位花纹间距

$$t'_c = \frac{\pi(D - 2h)}{n} = \frac{3.14 \times (824 - 2 \times 11.6)}{50} = 50.3 \text{（mm）}$$

$$t''_c = \frac{\pi(D - 2h')}{n} = \frac{3.14 \times (824 - 2 \times 81.5)}{50} = 41.5 \text{（mm）}$$

（5）其他方面设计

① 上胎侧防擦线

位置：一般设在胎肩切线下端上胎侧上。

作用：用以保护胎侧免受机械损伤。

宽度：$15\sim20$mm，取 18mm。

厚度：1mm。

条数：1 条。

防擦线两端采用小弧度与胎侧轮廓线相切。

② 下胎侧防水线

位置：一般设在胎圈部位靠近轮辋边缘处。

作用：用以防止泥水进入胎圈与轮辋之间，起保护作用。

宽度：$2\sim5$mm，取 5mm。

厚度：$0.5\sim1$mm，取 1.0mm。

条数：$1\sim3$ 条，取 3 条。

防水线两端采用小弧度与胎侧轮廓线相切。

③ 排气孔：直径 $0.6\sim1.8$mm，取 1.8mm。

④ 胎面磨耗标记

位置：设在胎面主花纹沟底部。

高度：2.4mm。

长度：12mm。

5. 外胎内轮廓设计

（1）胎身结构设计

① 胶片设计

a. 缓冲胶片：2 层；厚度 $0.5\sim1.5$mm，取 1.0mm；位于胎面胶下；用以缓和、吸收路面对胎体的冲击和振动，保护帘布层。

b. 缓冲帘布：2 层；厚度 1.35mm。

c. 隔离胶片：2 层；厚度 0.4～0.6mm，取 0.5mm；通常贴在受剪切力最大胎冠部位的外帘布上。

d. 油皮胶片：1 层；厚度 0.6～0.8mm，取 0.8mm；位于第一层帘布之下，用于保护帘布层。

② 帘布的品种

尼龙 1400$D/2$，单根帘线强度 $S=215.6$N/根。

$i_{01}=10$ 根/cm

$i_{02}=7.4$ 根/cm

$i_{03}=6$ 根/cm

③ 帘布层数的确定

假设 6 层帘布层，

$$R_0=\frac{D}{2}-H_2=\frac{824}{2}-108=304\text{mm}=30.4\text{cm}$$

$$R_k=\frac{D}{2}-t_a=\frac{D}{2}-[\text{花纹沟深}+\text{基部胶厚}+(70\%\sim80\%)(\text{所有胶片厚}+\text{帘布层})]$$

$$=\frac{824}{2}-[12.0+3.0+75\%(1.0\times2+1.35\times2+0.5\times2+0.8+6\times1.05)]$$

$$=412-24.6=387.4\ (\text{mm})=38.74\ (\text{cm})$$

帘线密度的计算（包括内、外帘布层和缓冲层帘线密度的计算）

$\beta_k=48°\sim56°$，取 $\beta_k=50°$，$\alpha_0=30°$

成型机头直径　$D_c=\dfrac{D_k}{\delta}$　　δ 值为 1.30～1.65，取 1.35

胎里直径　$D_k=2R_k=2\times38.74=77.48$cm

$$D_c=\frac{D_k}{\delta}=\frac{77.48}{1.35}=57.39\ (\text{cm})$$

$$2r_0=d_0=\frac{D_C}{1.05\sim1.15}=\frac{57.39}{1.10}=52.17\ (\text{cm})$$

则　$r_0=\dfrac{52.17}{2}=26.09\ (\text{cm})$

$$i_{k1}=i_{01}\frac{r_0}{R_k}\times\frac{\cos\alpha_0}{\cos\beta_k}=10\times\frac{26.09}{38.74}\times\frac{\cos30°}{\cos50°}=10\times0.67\times1.35=9.05\ (\text{根/cm})$$

$$i_{k2}=i_{02}\frac{r_0}{R_k}\times\frac{\cos\alpha_0}{\cos\beta_k}=7.4\times\frac{26.09}{38.74}\times\frac{\cos30°}{\cos50°}=7.4\times0.67\times1.35=6.69\ (\text{根/cm})$$

$$i_{k3}=i_{03}\frac{r_0}{R_k}\times\frac{\cos\alpha_0}{\cos\beta_k}=6\times\frac{26.09}{38.74}\times\frac{\cos30°}{\cos50°}=6\times0.67\times1.35=5.43\ (\text{根/cm})$$

规格转换：5.43 根/cm 相当于 $5.43\times\dfrac{137}{215.6}=3.45$ （根/cm）

设 $n_1=4$，$n_2=2$ 代入式中：

则 $\sum ni_k=n_1i_{k1}+n_2i_{k2}+2i_{k3}$

$$=4\times9.05+2\times6.69+3.45$$

$$=50.03\ （\text{根/cm}）$$

④ 单根帘线所受张力

$$N=\frac{0.1P(R_k^2-R_0^2)}{2R_k\sum ni_k}\times\frac{1}{\cos^2\beta_k}=\frac{0.1\times420\times(38.74^2-26.09^2)}{2\times38.74\times55.01}\times\frac{1}{\cos^250°}=20.29\ （\text{N/根}）$$

⑤ 帘线安全倍数确定

$$K = \frac{S}{N} = \frac{215.6}{20.29} = 10.63 \text{（倍）}$$

安全倍数 K 在 $10 \sim 12$ 之间，故符合要求。

（2）胎圈结构设计

钢丝根数的确定

$$r_n = \frac{D_R}{2} + G = \frac{406}{2} + 35.2 = 238.2 \text{（mm）} = 23.82 \text{（cm）}$$

$$\sin\alpha_n = \frac{r_n}{R_k}\cos\beta_k = \frac{23.82}{38.74} \times \sin50° = 0.471$$

则 $\alpha_n = 28.10°$ $\qquad \cos\alpha_n = 0.88$

$$T = \frac{10^{-4}P(R_k^2 - R_0^2)}{2\cos\alpha_n} \cdot \cos\beta_k = \frac{10^{-4} \times 420 \times (38.74^2 - 30.4^2)}{2 \times 0.88} \times \cos50° = 8.85\text{kN}$$

$$n = \frac{TK}{S_1} = \frac{8.85 \times 6}{1.372} = 38.7 \text{（根）}$$

设 $n = 36$ 根

$$K = \frac{nS_1}{T} = \frac{36 \times 1.372}{8.85} = 5.6 \text{ 倍}$$

K 在 $5 \sim 7$ 倍之间，符合要求。

因此，钢丝圈断面形状采用正方形，6×6 结构。

本次设计采用单钢丝圈。

（3）外胎各部位特征点厚度确定

① 胎冠厚度 胎冠部帘布层压缩率为 $20\% \sim 30\%$，取 $K_a = 25\%$。

$t_a = $ 花纹沟深 + 基部胶厚度 + $(1 - K_a) \times ($油皮胶厚 + 帘布层厚 + 缓冲帘布 + 缓冲胶片 + 隔离胶$)$

$\quad = 12.0 + 3.0 + (1 - 25\%) \times (1.0 \times 2 + 1.35 \times 2 + 0.5 \times 2 + 0.8 + 6 \times 1.05)$

$\quad = 24.6 \text{（mm）}$

② 胎侧厚度

胎侧部帘布层压缩率为 $20\% \sim 25\%$，取 $K_b = 25\%$。

胎侧胶厚度为 $2.5 \sim 3.5\text{mm}$，取 3.5mm。

$\qquad t_b = (1 - K_b) \times ($油皮胶厚度 + 帘布层厚度$) + $胎侧胶厚度

$\qquad\quad = (1 - 25\%) \times (0.8 + 6 \times 1.05) + 3.5$

$\qquad\quad = 8.8 \text{（mm）}$

③ 胎圈厚度

胎圈宽部位压缩率为 $10\% \sim 15\%$，取 $K_c = 15\%$。

胎圈包布为 $0.7 \sim 1.0\text{mm}$，取 1.0mm。

$t_c = (1 - K_c) \times (2 \times$ 胎圈包布 + 正包帘布厚度 + 2 反包帘布厚 + 钢圈包布 $\times 2 \times$ 钢圈个数 + 钢丝圈宽度 $\times$ 钢丝圈个数$)$

$\quad = (1 - 15\%) \times 2 \times 1.0 + 2 \times 1.05 + 2 \times 4 \times 1.05 + 1.05 \times 2 \times 2 \times 1 + 1.0 \times 6 \times 1$

$\quad = 19.3 \text{(mm)}$

$t_c = 2.19 t_b$

满足 $t_c = (2 \sim 3) t_b$，故符合要求。

（4）内轮廓曲线数据确定（5 弧 2 线）

① $R'_n = R_n - t_a - (20 \sim 40) = 347 - 24.6 - 30 = 292.4 \text{（mm）}$

② $R'_c = 40 \sim 80$ mm，取 $R'_c = 60$ mm。

③ $R'_1 = R_1 - t_b - (30 \sim 50) = 156 - 8.8 - 40 = 107.2$ （mm）

④ $R'_2 = \dfrac{B}{2} - t_b - (5 \sim 15) = 222/2 - 8.8 - 10 = 92.2$ （mm）

⑤ $R_0 = t_c - (0 \sim 10) = 19.3 - 4.3 = 15$ （mm）

【案例二】 6.50-16-8 轮胎结构设计

1. 轮胎设计前的准备工作同案例一

2. 轮胎技术性能的确定

（1）轮胎类型的确定

轮胎规格：6.50-16-8。

轮胎结构：斜胶胎。

胎面花纹：普通花纹。

骨架材料品种：尼龙胎体。

尼龙帘布规格和基本技术性能如下：

帘布品种	挂胶线径/mm	帘线密度/（根/10cm）		帘线强度/（N/根）
1400dtex/2	1.00±0.02	V_1	100	200.9
		V_2	74	
1840dtex/2	1.05±0.02	V_1	88	254.8
		V_2	74	
1870dtex/2	1.17±0.02	V_1	88	298.9
		V_2	74	
930dtex/2	1.35±0.02	V_1	126	137.2
		V_2	96	
		V_3	60	

（2）轮辋选择

断面形状：深槽式

标准轮辋：5.50F

类型：半深槽轮辋

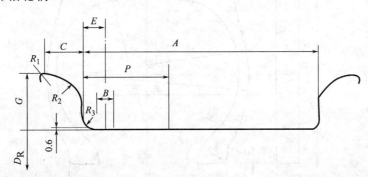

A—轮辋宽度；B—轮缘宽度；G—轮缘高度；P—轮缘圈座宽度；D_R——轮辋直径

轮辋宽度：$A = (140 \pm 1.5)$ mm

轮辋高度：$G = (22 \pm 1.2)$ mm

73

轮缘宽度:$B \geqslant 12mm$

轮缘弧度半径:$R_2 = 15.5mm$

圈座弧度半径:$R_3 \leqslant 6.5mm$

轮辋直径:$D_R = (405.6 \pm 0.4)mm$

(3) 外胎充气外缘尺寸的确定及负荷计算

① 外胎充气外缘尺寸的确定

新轮胎充气外直径 $D' = 750mm$。

新轮胎充气断面宽 $B' = 185mm$。

② 负荷计算

$$Q = 0.231 K_1 K_2 9.8 \times 10^{-3} (1.01 \times 10^{-2} P)^{0.585} \times B_m^{1.39} (B_m + D_R)$$

$$B_m = B' \times [180° - \sin^{-1}(A/B')]/141.3°$$

$$\sin^{-1}x = \arcsin x$$

K_2——尼龙结构系数 0.476,

K_1——单胎 1.14,双胎 1.1,

$B' = 185mm$,$B_m = 17.13cm$

$W_D = 8.26kN$

$W_S = 1.14 W_D = 1.14 \times 8.26 = 9.41kN$

验证:$\dfrac{W_{S理} - W_{S标}}{W_{标S}} \times 100\% = 2\% \sim 15\%$

③ 标准气压和标准负荷如下:

层级	气压/kPa		负荷/kg	
	S	D	S	D
6	420	420	855	755

3. 外胎外轮廓设计

(1) 外胎模型各部位尺寸代号及其他设计参数代号

外胎模型各部位尺寸代号采用英文字母表示(单位 mm)。可按所在部位分为四类:

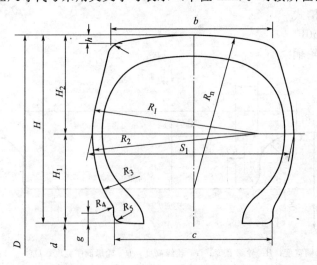

断面形状尺寸:D、B、H;

胎冠部尺寸:b、h、R_n、R_n'';

胎侧部尺寸：H_1、H_2、R_1、R_2、R_3、L；

胎圈部尺寸：c、d、R_4、R_5、g、α。

其中，D 为外直径；B 为断面宽；H 为断面高；d 为胎圈着合直径；c 为两胎圈间距离；b 为行驶面弧度宽度；h 为行驶面弧度高度；H_1 为断面中心以下断面高；H_2 为断面中心线以上断面高；L 为胎肩切线长度。

（2）各部位尺寸确定

① 断面外形尺寸

a. 断面宽 B 的确定

假设 $H/B<1$，B'/B 取 1.02，则 $B=B'/B'/B=185/1.02=181.4\text{mm}$。

b. 外直径 D 和断面高 H 的确定

一般情况下，D'/D 在 1.001～1.025 之间，取 $D'/D=1.010$，

则 $D=750/1.010=742.6\text{mm}$。

模型断面高 H 根据轮胎外直径 D 和着合直径 d 计算求得。

$$H=\frac{1}{2}(D-d)=1/2(742.6-404.1)=169.25\text{mm}$$

验证：$H/B=169.25/181.4=0.93<1$ 成立，故所得数据可用。

② 胎冠部位尺寸的确定

a. 行驶面宽度和弧度高的确定

a、b 值确定应根据轮胎断面宽，用 b/B 值控制其一定范围。一般载重轮胎普通花纹的 b/B 值在 0.75～0.80 范围之间。取 $b/B=0.76$，则：

$$b=B\times b/B=181.4\times 0.76=137.86\text{mm}$$

b、h 值确定应根据轮胎断面高，用 h/H 值控制其一定范围。一般载重轮胎普通花纹的 h/H 值在 0.035～0.055 范围之间。取 $h/H=0.04$，则：

$$h=H\times h/H=169.25\times 0.04=6.77\text{mm}$$

b. 胎冠弧度半径

正弧形胎冠弧度可用 1～3 个正弧度进行设计，其弧度半径 R_n 根据行驶面宽度 b 和弧度高 h 计算，计算方法如下：

$$R_n=\frac{b^2}{8h}+\frac{h}{2}=137.862/8\times 6.77+6.77/2=354.315\text{mm}$$

行驶面弧度的夹角

$$\alpha=2(\sin^{-1}b/2/R_n)=2(\sin^{-1}137.86/2/354.315)=22.44°$$

行驶面弧长

$$L_a=0.01745R_n\alpha=0.01745\times 354.315\times 22.44°=138.78\text{mm}$$

③ 胎侧部位尺寸确定

a. 断面水平轴位置 H_1、H_2 的确定一般 H_1/H_2 值在 0.80～0.95，H_1 和 H_2 值可通过 H_1/H_2 值计算求得。计算式为：

$$H_2=\frac{H}{1+\left(\dfrac{H_1}{H_2}\right)}$$

取 $H_1/H_2=0.9$，则 $H_2=169.25/(1+0.9)=89.08\text{mm}$

$$H_1=H-H_2=169.25-89.08=80.17\text{mm}$$

b. 胎侧弧度半径 R_1、R_2、R_3 的确定

计算上胎侧弧度半径 R_1

$$L = \frac{1}{2}H_2 = 89.08/2 = 44.54\text{mm}$$

代入 $R_1 = \dfrac{(H_2 - h)^2 + \dfrac{1}{4}(B - b)^2 - L^2}{B - b}$

$\qquad = [(89.08 - 6.77)^2 + (181.4 - 137.86)^2/4 - 44.54^2]/(181.4 - 137.86)$

$\qquad = 120.93\text{mm}$

下胎侧弧度半径 R_2 的确定

$$R_2 = \frac{\dfrac{1}{4}(B - A - 2a)^2 + (H_1 - G)^2}{B - A - 2a}$$

$\qquad = [(181.4 - 140 - 2 \times 8.75)^2 + (80.17 - 22)^2]/4/(181.4 - 140 - 2 \times 8.75)$

$\qquad = 147.55\text{mm}$

下胎侧自由半径 R_3 一般为 R_2 的 $25\% \sim 40\%$，取 $17 \sim 50\text{mm}$，取 $R_3 = 30\text{mm}$。

④ 胎圈部位尺寸的确定

a. 两胎圈之间距离 C，一般胎圈着合宽度等于设计轮辋宽度 A，有时 C 可略小于 A，则 $C = A = 140\text{mm}$。

b. 胎圈着合直径 d，装于平底式轮辋的载重轮胎，为便于装卸，胎圈着合直径 d 比轮辋直径应大 $0.5 \sim 1.5\text{mm}$。则 $d = D_R + (1 \sim 2) = 405.6 - 1.5 = 404.1\text{mm}$。

c. 胎圈轮廓曲线

胎锺弧度半径 R_5 比轮辋相应部位弧度半径大 $0.5 \sim 1.0\text{mm}$。则

$$R_5 = R_3 + (0.5 \sim 1.0) = 6 + 0.8 = 6.8\text{mm}$$

胎圈弧度半径 R_4 比轮辋轮缘相应部位弧度半径小 $0.5 \sim 1.0\text{mm}$，

则 $\qquad\qquad R_4 = R_2 - (0.5 \sim 1.0) = 15.5 - 0.8 = 14.7\text{mm}$

4. 外胎胎面花纹设计

(1) 行驶面弧度的确定

$$\alpha = 2\left(\sin^{-1}\frac{b/2}{R_n}\right) = 2(\sin^{-1}137.86/2/354.315) = 22.44°$$

则 $\qquad L_a = 0.01745 R_n \alpha = 0.01745 \times 354.315 \times 22.44 = 138.74\text{mm}$

则 $\qquad\qquad g = G - R_2 - (d_R - d_{着})/2 - (1 - 1.5)$

$\qquad\qquad\qquad = 22 - 15.5 - (405.6 - 404.1)/2 - 1.2$

$\qquad\qquad\qquad = 4.55\text{mm}$

(2) 花纹饱和度的计算

花纹块面积占轮胎行驶面面积的百分比叫花纹饱和度。其计算公式为：

$$K = \frac{S_1}{S} \times 100\% = \left(1 - \frac{S_2}{S}\right) \times 100\%$$

式中　S_1——花纹块面积；

$\qquad S_2$——花纹沟面积；

$\qquad S$——胎面行驶面面积。

(3) 胎面花纹设计

① 花纹类型：普通花纹。

② 分布形式：纵向。

③ 花纹沟深度的确定　载重轮胎普通花纹深度一般为 $11 \sim 15\text{mm}$，6.50 的轮胎花纹深

度为 10.5mm。

④ 花纹沟宽度的确定　一般载重轮胎普通花纹沟宽度为 9～16mm，花纹块宽度不得小于花纹沟宽度的 2 倍，分布大小不宜差异太大，则花纹沟宽取 12mm，花纹块宽大于 24mm。

⑤ 花纹沟基部胶厚度的确定　一般花纹沟基部胶厚度占普通花纹深度的 25%～40%，则 $10.5 \times 0.3 = 4.5$mm。

⑥ 花纹排列角度　纵向花纹排列角度一般取 30°。

⑦ 花纹沟的断面形状如下。

花纹沟断面设计原则是花纹沟具有良好自洁性，不易夹石子和基部不裂口。花纹沟壁倾斜角度 α，纵向花纹为 15°～20°，取 15°，沟底圆弧半径 R 为 1～3mm，取 3mm。

⑧ 花纹间距的确定

$$t_c = \frac{\pi D}{n} = 3.14 \times 742.6/50 = 46.63 \text{mm}$$

⑨ 胎肩部花纹间距设计

$$t_c' = \frac{\pi(D - 2h)}{n} = 3.14 \times (742.6 - 2 \times 6.77)/50 = 45.78 \text{mm}$$

$$t_c'' = \frac{\pi(D - 2l')}{n} = 3.14 \times (742.6 - 2 \times 51)/50 = 41.33 \text{mm}$$

5. 其他设计内容

① 上胎侧防擦线一般设在胎肩切线下端，中型载重轮胎防擦线宽度为 15～20mm，厚度为 1mm 左右。取宽度为 20mm，厚度为 1mm，两条。

② 下胎侧防水线设于胎圈部位靠近轮辋边缘处，根据轮胎规格大小，可设 1～3 条防水线，其宽度为 2～5mm，厚度为 0.5～1.5mm。取宽度为 3mm，厚度为 1mm，两条。

③ 排气孔和排气线，一般设在胎面及胎侧部位，排气孔直径为 0.6～1.8mm，取 1.8mm，一般在胎肩、胎侧、下胎侧防水线、上胎侧防擦线和花纹块斜角端部等位置处设计排气孔，在防擦线和防水线上一般可按 8～16 等分钻孔。取 16 等分。

④ 胎面磨耗标记，一般设在胎面主花纹沟底部。沿轮胎圆周共设 6 个或 8 个间隔均匀的胶台作为磨耗标记，取 6 等分。载重轮胎磨耗标记高度为 2.4mm。

6. 外胎内轮廓设计

（1）各种胶片的设计

① 油皮胶　位于第一层帘布之下，用以保护帘布层。油皮胶厚度为 0.6～1.0mm，取厚度 0.8mm，层数为一层。

② 缓冲胶　缓冲层位于胎面胶下缓冲层上。一般厚度为 0.5～1.5mm，层数为 1～2 层，取厚度为 0.8mm，因帘线的安全倍数 $K = 10～12$，则缓冲层为零层。

（2）胎面胶和胎侧胶厚度

胎冠胶厚度等于花纹沟深加基部胶厚度，则为 $10.5 + 3.15 = 13.65$mm。

胎肩胶厚度一般为胎冠胶厚度的 1.3～1.4 倍，以不超过 1.5 倍为宜，则 $13.65 \times 1.5 = 20.475$mm。

胎侧胶厚度：载重轮胎一般为 4.0～5.0，取 4.0mm。

(3) 各部位特征点半成品帘布厚度确定

$$冠部最高点厚度＝帘布厚度＋油皮胶厚度＝1.1\times6＋0.8＝7.4mm$$
$$胎侧点帘布层厚＝帘布厚度＋油皮胶厚度＝1.1\times6＋0.8＝7.4mm$$

(4) 各特征部位点胶厚厚度

$$胎冠部位厚度＝胎冠胶厚＋胎冠部成品帘布厚＝13.65＋7.4\times75\%＝19.2mm$$
$$胎肩部位厚度＝1.5\times胎冠部位厚度＝1.5\times19.2＝28.8mm$$
$$胎侧部位厚度＝胎侧胶厚＋胎侧部成品帘布厚＝4.0＋7.4\times75\%＝9.55mm$$

(5) 胎身结构设计（即帘布层数及其安全倍数计算）

① 帘线密度 ni_k 的计算 帘线密度 ni_k 的计算包括内、外帘布层和缓冲层帘线密度的计算
帘线品种选 930dtex/2，内帘布层密度为 12.6 根/cm，外帘布层密度为 9.6 根/cm，帘线强度 $S＝137.2N/根$

则
$$i_{k1}＝(12.6\times22.57/35.2)\times(\cos30°/\cos50°)＝8.3\ 根/cm$$
$$i_{k2}＝(9.6\times22.57/35.2)\times(\cos30°/\cos50°)＝10.9\ 根/cm$$
$$\sum ni_k＝n_1i_{k1}＋n_2i_{k2}＝2\times10.9＋4\times8.3＝55\ 根/cm$$

② 单根帘线所受张力计算
$$R_k＝D/2－t_a＝742.6/2－19.2＝35.2cm$$
$$R_0＝R_k－(H_2－t_a)＝28.2cm$$
$$\sin t_0＝n_1r_0/R_k$$
$$r_0＝176.05/1.02\sin50°＝22.57mm$$
$$N＝0.1P(R_k^2－R_0^2)/2R_k\sum ni_k\times(1/\cos^2\alpha_k)$$
$$＝0.1\times420(35.2^2－28.2^2)/(2\times35.2\times55)\times(1/\cos^250°)$$
$$＝11.65N/根$$

③ 帘线安全倍数确定
载重轮胎在良好路面的安全倍数 K 取值为 10～12。
验证 $K＝S/N＝137.2/11.65＝11.8$，符合范围。

(6) 绘制内轮廓曲线必须与外胎断面材料分布结合调整，绘制断面材料分布图时，既要考虑各部件结构、层数和厚度，并应合理设计布层之间的差级分布，使各部位厚度均匀过渡，保证内轮廓的合理性。

三、斜交胎外胎施工设计

外胎施工设计包括外胎成型机头类型确定，成型机头直径确定及肩部轮廓曲线设计及绘制的确定，成型机头宽度计算，外胎断面材料分布图绘制和外胎施工表设计等。

1. 成型机头类型的确定（任务八）

用于轮胎的成型机头类型较多，有鼓式、半鼓式、芯轮式和半芯轮式等 4 种。
常用的为半鼓式和半芯轮式两种。
半鼓式成型机头机头肩部轮廓曲线与外胎胎圈形状差异较大，如图 2-16(a) 所示。半鼓式机头成型的半成品外胎，在定型过程中，胎圈部位帘布层必须围绕钢丝圈转动，使胎圈形状改变，一般适宜成型单钢圈和胎体帘布层数较少的外胎。如 2-2 轮胎、4-2 等轮胎。
半芯轮式成型机头其肩部近似外胎胎圈轮廓，如图 2-16（b）所示。用半芯轮式成型机头成型的半成品外胎，在定型及硫化过程中，胎圈部位基本不变，适宜成型双钢丝圈或多钢丝圈的中、大型载重轮胎。如 2-2-2 轮胎、3-3-2 轮胎等。

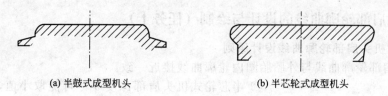

(a) 半鼓式成型机头　　　　　(b) 半芯轮式成型机头

图 2-16　常用成型机头形式

2. 成型机头直径的确定（任务九）

成型机头直径必须满足以下三个关系。

（1）成型机头直径和胎里直径之间的关系

$$\delta_1 = \frac{D_k}{D_c}$$

式中　D_c——成型机头直径 mm；

D_k——胎里直径 mm；

δ_1——成型胎坯冠部伸张值。半鼓式成型机头的 δ_1 值取 $1.30\sim1.65$；半芯轮式成型机头的 δ_1 值取 $1.30\sim1.55$。

（2）成型机头直径和胎坯胎圈直径之间的关系

$$\delta_2 = \frac{D_c}{D_b}$$

式中　D_b——半成品胎圈直径，mm；

δ_2——成型机头直径与胎坯胎圈直径的比值。半鼓式成型机头的 δ_2 值取 $1.05\sim1.25$；半芯轮式成型机头的 δ_2 值取 $1.30\sim1.50$。

（3）成型机头直径与第一帘布筒直径的关系

$$\delta_3 = \frac{D_c}{D_0}$$

式中　D_0——第一帘布筒直径，mm；

δ_3——成型机头直径与第一帘布筒直径的比值。δ_3 值取 $1.05\sim1.15$。

一般通过成型机头直径和胎里直径之间的关系，确定成型机头直径，再通过成型机头直径和胎坯胎圈直径之间的关系以及成型机头直径与第一帘布筒直径的关系来进行验证，确定的成型机头直径必须满足三个关系。另外也可以通过经验数据来进行验证是否满足三方面的关系来进行确定。

各种规格成型机头直径见表 2-19 所列。

表 2-19　各种规格成型机头直径

轮胎规格	机头直径/mm	轮胎规格	机头直径/mm	轮胎规格	机头直径/mm
6.00-12	386	12.00-18	700	20.5-25,23.5-25	922
7.00-12,8.25-12	415	6.50-20,7.50-20	635	10-28	825
7.50-15	525	8.25-20,9.00-20	660	13.00-28	875
8.25-15	540	10.00-20,11.00-20	690	14-28	900
6.00-16	465,445	12.00-20	690,740	13.6-32,11-32	985
6.50-16	500	13.00-20,14.00-20	740	9.00-36	1090
7.00-16,7.50-16	525	12.00-24,11.25-24	790	11-38,12-38	1090
9.75-18	600	14.00-24	830	13.6-38	1093

3. 成型机头肩部轮廓曲线的设计与绘制（任务十）

（1）成型机头肩部轮廓曲线设计原则

① 机头肩部轮廓曲线与外胎胎圈内轮廓曲线接近一致。

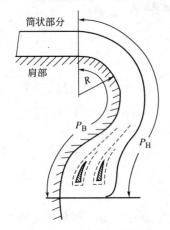

图 2-17　半芯轮式成型
机头胎圈示意图

② 半芯轮式机头肩部深度 b 尽可能取小值，便于成型操作，保证成型质量。

③ 机头肩部轮廓曲线展开长度 P_B 与成型后的坯胎最外层帘布展开长度 P_H 之差尽可能为小值，即 $P_H - P_B < 20$mm 为宜。图 2-17 为半芯轮式机头肩部胎圈示意图。若 P_H 与 P_B 之差值过大，在定型和硫化过程中，容易造成胎圈外层帘布打折，影响产品质量。

（2）成型机头肩部轮廓曲线设计及绘制

① 半鼓式成型机头肩部轮廓曲线设计及绘制

a. 半鼓式成型机头肩部轮廓曲线设计参数

三直径：成型机头直径 D_c、钢丝圈直径 D_g、成型机头内径 d_b。

两宽度：成型机头宽度 B_s、机头肩部宽度 C。

三弧度：半鼓式成型机头肩部弧度半径 R_1、R_2、R_3。

b. 半鼓式成型机头肩部轮廓曲线绘制　图 2-18 为半鼓式成型机头肩部轮廓曲线，其绘制步骤如下：

绘一条水平直线Ⅰ-Ⅰ线，代表成型机头直径 D_c 所在直线；

平行于Ⅰ-Ⅰ线，绘Ⅱ-Ⅱ线，代表钢丝圈直径 D_g 所在直线；

绘Ⅲ-Ⅲ线垂直于Ⅰ-Ⅰ与Ⅱ-Ⅱ线；

通过Ⅱ-Ⅱ线与Ⅲ-Ⅲ线的交点，作一向右偏斜 5°的Ⅳ-Ⅳ线；

圆心在Ⅱ-Ⅱ线上，以 R_3（约 6mm）作圆弧切于Ⅳ-Ⅳ线；

向右平行于Ⅲ-Ⅲ线，绘Ⅴ-Ⅴ线，其与Ⅲ-Ⅲ线之间的距离为机头肩部宽度 C；

圆心在Ⅴ-Ⅴ线上，以 R_1（25～35mm）作弧，与Ⅰ-Ⅰ线相切，Ⅳ-Ⅳ相交；

以 R_2（10mm 左右）作弧，切于 R_1 与Ⅳ-Ⅳ线；

为便于成型操作，在曲线下端作与Ⅱ-Ⅱ线成 26°并切于以 R_3 作的弧的切线，此切线投影长度 a 约为 30mm，从而确定成型机头内径 d_b。

② 半芯轮式成型机头肩部轮廓曲线设计与绘制

a. 半芯轮式成型机头肩部轮廓曲线设计参数

三直径：成型机头直径 D_c、钢丝圈直径 D_g、成型机头内径 d_b。

三宽度：成型机头宽度 B_s、机头肩部宽度 C、机头肩部深度 b。

三弧度：半芯轮式成型机头肩部弧度半径 R_1、R_2、R_3。

b. 半芯轮式成型机头肩部轮廓曲线绘制　图 2-19 为半芯轮式成型机头肩部轮廓曲线图，其绘制步骤如下：

绘一条水平直线Ⅰ-Ⅰ线，代表成型机头直径 D_c 所在直线，若机头上有盖板，应减去盖板厚度（3mm），则鼓肩直径 $D_1 = D_c - 2 \times 3$（mm）；

平行于Ⅰ-Ⅰ线，绘Ⅱ-Ⅱ线，代表钢丝圈直径 D_g 所在直线；

绘一垂直于Ⅰ-Ⅰ和Ⅱ-Ⅱ线的Ⅲ-Ⅲ线；

绘一平行于Ⅲ-Ⅲ线的Ⅳ-Ⅳ线，两线之距离为机头肩部深度 b，b 取 20～30mm；

绘一平行于Ⅲ-Ⅲ线的Ⅴ-Ⅴ线，两线之距离为机头肩部宽度 c，c 值较肩部深度 b 大 10～

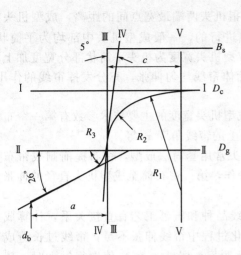

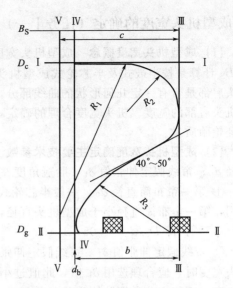

图 2-18 半鼓式成型机头肩部轮廓曲线图   图 2-19 半芯轮式成型机头肩部轮廓曲线图

30mm；

圆心在 V-V 线上，以 R_1 作弧切于 Ⅰ-Ⅰ 线，R_1 为 100～200mm；

取 R_2 为 15～30mm，分别切于以 R_1 作的弧和 Ⅲ-Ⅲ 线上；

圆心在 Ⅱ-Ⅱ 线上，以 R_3 作弧切于 Ⅳ-Ⅳ 线，R_3 与胎圈相应部位尺寸接近，为 18～25mm；

以 R_2 与 R_3 作的两个弧不应彼此相切，以免该处曲线凹陷，不利于成型操作，影响成型质量。取一段公切线与以 R_2、R_3 作的弧相切，切线与水平线的夹角为 40°～50°；

成型机头内径 d_b 应小于胎坯内径，以保证成型质量，但此值过小则增大鼓肩高度，增大卸胎困难，一般内径为 20in 的轮胎，成型机头内径 d_b 为 495～500mm。

(3) 成型机头肩部轮廓曲线设计参数优选 成型机头肩部轮廓曲线设计完毕，应将半成品按各部件厚度和布层差级分布位置在机头肩部上绘制胎坯断面图，如图 2-17 所示，测量 P_H 和 P_B 值，便于从多种机头肩部设计方案中优选最佳方案。

轮胎成型机头有十余种规格统一设计，形成标准。新设计的半芯轮式成型机头均为不设盖板的腰带式机头，传统沿用的带盖板机头，盖板厚度一般为 3mm。各种机头肩部曲线设计参数见表 2-20 所列。

表 2-20   各种成型机头肩部曲线统一设计参数单位：mm

轮胎规格	32×6	7.50-20	8.25-20	9.00-20	10.00-20	11.00-20	11.00-20
D_c	635	635	650	692	692	692	715
D_1	629	629	644	686	686	686	709
D_g	528	528	530	531	533	535	537
d_b	495	495	495	495	495	495	495
c	30	30	40	50	50	50	50
b	25	25	26	29	31	33	34
R_1	95	95	100	120	120	130	135
R_2	13	13	15	24	22	22	27
R_3	16	16	19	25	25	23	27
B_s	270～340	340～420	385～470	415～505	465～560	540～600	470～570
盖板宽度	200	250	280	300	320	350	350

4. 成型机头宽度的确定（任务十一）

（1）成型机头宽度概念 成型机头宽度 B_S 是指机头两端最宽点间的距离，成型机头宽度 B_S 计算是按半鼓式及半芯轮式成型机头的特点进行的，一般成型机头中部均为平筒状，机头肩部是带有一定几何形状的曲线部分，因此成型机头宽度为机头平筒状部分宽度加上两倍机头肩部的宽度。机头宽度合理的确定，能使胎体帘线均匀伸张，充分发挥帘线的作用，保证轮胎质量。

（2）成型机头宽度确定主要技术参数 影响成型机头宽度的主要技术参数有第一帘布筒直径 d_0、帘线假定伸张值 δ_1，胎冠角度 β_k 和机头上的帘线角度 α_c 等。

① 第一帘布筒直径 d_0 一般半芯轮式成型机头常用套筒法成型，帘布提前制成帘布筒备用，第一帘布筒直径小于成型机头直径，便于操作，第一帘布筒至成型机头直径的伸张为 $5\%\sim15\%$，即 $D_c/d_0=1.05\sim1.15$。

② 帘线假定伸张值 δ_1 帘线假定伸张值与帘线品种和压延工艺有直接关系。计算成型机头宽度时，应合理选用 δ_1 值，此值过小时，硫化过程中帘线伸张不足，帘线过长造成帘线打弯，不能充分发挥胎体帘线的作用，以致胎体脱层、爆破；若 δ_1 值取得过大时，硫化过程中，帘线伸张过大，帘线长度不足易造成帘线上抽、胎圈变形，影响轮胎的使用寿命。各种不同帘线假定伸张值 δ_1 的取值范围见表 2-21 所列。

表 2-21　各种骨架材料帘线假定伸张值 δ_1 的取值范围

帘布品种	帘布假定伸张值（δ_1）	帘布品种	帘布假定伸张值（δ_1）
棉帘线	$1.08\sim1.10$	聚酯帘线	$1.02\sim1.04$
人造丝帘线	$1.03\sim1.04$	钢丝帘线	1.01
尼龙帘线	$1.01\sim1.03$		

③ 胎冠角度 β_k 斜交轮胎胎冠角度 β_k 取值范围为 $48°\sim56°$，载重轮胎一般偏高，为 $50°\sim56°$。

④ 成型机头的帘线角度 α_c 计算公式为：$\sin\alpha_c=\dfrac{D_C}{d_0}\sin\alpha_0$

（3）成型机头宽度计算

① 机头宽度 B_s 计算公式

$$B_s=2L_c-\cos\alpha_c-2L'\cos\alpha_c+2c$$

换算为

$$B_s=\frac{2L}{\delta_1}\cos\alpha_c-2(L'\cos\alpha_c-c)$$

$$L=\Delta S\sum_{i=1}^{n-1}K_i+\Delta S_nK_n$$

$$K_i=\frac{1}{\cos\beta_i}$$

$$\sin\beta_i=\frac{D_i}{D_K}\cdot\sin\beta_k$$

$$L'=\Delta S\sum_{i=1}^{n-1}K'_i+\Delta S'_nK'_n$$

$$K_1=\frac{1}{\cos\beta'_i}$$

$$\sin\beta_i' = \frac{D_i'}{d_0}\sin\alpha_0$$

式中　B_s——成型机头宽度，mm；

　　L——胎冠中心至钢丝圈底部帘线长度，mm；

　　L_c——成型机头上半成品外胎胎冠由中心至钢丝圈底部帘线长度，mm；

　　L'——成型机头肩部曲线部分的帘线长度，mm；

　　c——机头肩部宽度，mm；

　　D_k——外胎胎里直径，mm；

　　D_i——胎里等分段平均直径，mm；

　　D_i'——机头曲线部分每等分段平均直径，mm；

　　d_0——第一层帘布筒直径，mm；

　　β_k——胎冠角度，(°)；

　　α_0——帘布裁断角度，(°)；

　　α_c——成型机头上的帘线角度，(°)；

　　β_i——胎里每等分段帘线角度，(°)；

　　K_i——胎里每等分段帘线长度，mm；

　　K_i'——机头肩部曲线部分每等分段帘线长度，mm；

　　ΔS——胎里每等分段长度，mm；

　　$\Delta S'$——机头肩部曲线部分每等分段的长度，mm。

② 计算过程及设计步骤　成型机头宽度 B_s 是以成品外胎两钢丝圈底线间的帘线长度 $2L$ 换算为机头轴线上的帘线投影长度，减去成型机头肩部曲线部分帘线对机头的投影长度，再加上两端机头肩部宽度计算求得。

a. $2L$ 为成品外胎从一侧钢丝圈底部至另一侧钢丝圈底部的帘线长度，它等于外胎内轮廓每等分段 ΔS 所对应的小段帘线长度 L_i 之和，即 $2L = 2\sum L_i$。

$2L$ 计算步骤如下。

ⅰ. 在成品外胎 $\frac{1}{2}$ 断面内轮廓图上，从胎冠起点至钢丝圈底部，划分长度为 ΔS 的等分小段，一般 $\Delta S = 10\text{mm}$，小规格轮胎断面较小，ΔS 值可设为 5mm，最后一小段 ΔS_n 若不足 10mm（或 5mm）时，可直接从图纸上量取实数。此外，为了简化计算，可把 $\frac{1}{2}$ 断面内轮廓划分为四等分计算。

ⅱ. 绘制外胎内轮廓小段等分。从每小段中点引出各小段的平均直径 D_i，用实测法求出，最后的 n 段平均直径为 D_n，然后再将 D_i 取对数，求出每小段的 $\lg D_i$ 值。

ⅲ. 求每小段中点的帘线角度 β_i，计算公式为：

$$\sin\beta_i = \frac{D_i}{D_k}\sin\beta_k$$

为便于计算，将上式取对数为：

$$\lg\sin\beta_i = (\lg\sin\beta_k - \lg D_k) + \lg D_i$$

$\lg\sin\beta_k - \lg D_k$ 为一定值，可简便运算。

ⅳ. 求每小段中点的 K_i 值，算式为：

$$K_i = \frac{1}{\cos\beta_i}$$

每小段的 K_i 值可从表 2-22 中查得，此表表示角度 β_i 与 K_i 值的关系，从 $\lg\sin\beta_i$ 项中可查出对应的 K_i 值。

ⅴ．将计算过程中每小段的 D_i、$\lg D_i$、$\lg\sin\beta_i$、K_i 代入下式中求 $2L$ 值。

$$2L = 2\left[\Delta S\sum_{i=1}^{n-1}K_i + \Delta S_n K_n\right]$$

b．L' 为机头肩部轮廓曲线的帘线长度，从肩部曲线起点至钢丝圈底部计算，L' 等于机头肩部曲线每等分段 $\Delta S'$ 所对应的小段帘线长度 L'_i 之和。L'_i 与 $\Delta S'$ 和 β'_i 的关系为：

$$L'_i = \Delta S'\frac{1}{\cos\beta'_i} = \Delta S' K'_i$$

L' 计算步骤如下。

ⅰ．绘出成型机头肩部轮廓曲线图，从肩部曲线处为起点至钢丝圈底部间，划分长度为 $\Delta S'$ 的等分小段，设 $\Delta S'$ 为 5mm 或 10mm。最后一小段若小于 $\Delta S'$ 时，可从图中量取实数为 $\Delta S'_n$ 值。

ⅱ．从机头肩部曲线小段等分图中，引出各小段的平均直径 D'_i，求出每小段的 $\lg D'_i$ 值。

ⅲ．求每小段中点的帘线角度 β'_i，计算公式为：

$$\sin\beta'_i = \delta_1\frac{D'_i}{D_K}\sin\beta_k$$

或

$$\sin\beta'_i = \frac{D'_i}{d_0}\sin\alpha_0$$

取对数　　$$\lg\sin\beta'_i = \lg D'_i - \lg d_0 + \lg\sin\alpha_0 = \lg D'_i + \lg(\sin\alpha_0 - \lg d_0)$$

ⅳ．求每小段中点的 K_i 值，计算公式为：

$$K'_i = \frac{1}{\cos\beta'_i}$$

亦可从表 2-22 中查出 $\lg\sin\beta'_i$ 所对应的 K'_i 值。

表 2-22　角度 β_i 与 K_i 数值关系

	0′	6′	12′	18′	24′	30′	36′	42′	48′	54′	60′	
25°	$\overline{1}$.6259	6276	6292	6308	6324	6340	6356	6371	6387	6403	6418	1 $\lg\sin\beta_i$
	1.103	1.104	1.105	1.106	1.107	1.108	1.109	1.110	1.111	1.112	1.113	K_i^2
26°	6418	6434	6449	6465	6480	6495	6510	6526	6541	6556	6570	1
	1.113	1.114	1.114	1.115	1.117	1.117	1.118	1.119	1.120	1.121	1.122	2
27°	6570	6585	6600	6615	6629	6644	6659	6673	6687	6702	6716	1
	1.122	1.123	1.124	1.125	1.126	1.127	1.128	1.129	1.130	1.131	1.132	2
28°	6716	6730	6744	6759	6773	6787	6801	6814	6828	6842	6856	1
	1.132	1.133	1.134	1.136	1.137	1.138	1.139	1.140	1.141	1.142	1.143	2
29°	6856	6869	6883	6896	6910	6923	6937	6950	6963	6977	6990	1
	1.143	1.144	1.145	1.147	1.148	1.149	1.150	1.151	1.152	1.153	1.155	2
30°	6690	7003	7016	7029	7042	7055	7068	7080	7093	7106	7118	1
	1.155	1.156	1.157	1.158	1.159	1.160	1.162	1.163	1.164	1.165	1.166	2
31°	7118	7131	7144	7156	7168	7181	7193	7205	7218	7230	7242	1
	1.166	1.168	1.169	1.170	1.172	1.173	1.174	1.175	1.177	1.178	1.179	2
32°	7242	7254	7266	7278	7290	7302	7314	7326	7338	7349	7361	1
	1.179	1.180	1.182	1.183	1.184	1.186	1.187	1.188	1.189	1.190	1.192	2

	0′	6′	12′	18′	24′	30′	36′	42′	48′	54′	60′	
33°	7361	7373	7384	7396	7407	7419	7430	7442	7453	7464	7476	1
	1.192	1.194	1.195	1.197	1.198	1.199	1.201	1.202	1.203	1.205	1.206	2
34°	.7476	7487	7498	7509	7520	7531	7542	7553	7564	7575	7586	1
	1.206	1.208	1.209	1.211	1.212	1.213	1.215	1.216	1.218	1.219	1.221	2
35°	7586	7597	7607	7618	7629	7640	7650	7661	7671	7682	7692	1
	1.221	1.222	1.224	1.225	1.227	1.228	1.231	1.232	1.233	1.235	1.236	2
36°	7692	7703	7713	7723	7734	7744	7754	7764	7774	7785	7795	1
	1.236	1.238	1.239	1.241	1.242	1.244	1.245	1.247	1.248	1.250	1.252	2
37°	7795	7805	7815	7825	7835	7844	7854	7864	7874	7884	7892	1
	1.252	1.254	1.255	1.257	1.259	1.260	1.262	1.264	1.265	1.267	1.269	2
38°	7893	7903	7913	7922	7932	7941	7951	7960	7970	7979	7989	1
	1.269	1.271	1.272	1.274	1.276	1.278	1.280	1.281	1.283	1.285	1.287	2
39°	7989	7998	8007	8017	8026	8035	8044	8053	8063	8072	8081	1
	1.287	1.289	1.291	1.293	1.294	1.296	1.298	1.299	1.301	1.304	1.305	2
40°	8081	8090	8099	8108	8117	8125	8134	8143	8152	8164	8169	1
	1.305	1.307	1.310	1.311	1.313	1.315	1.317	1.319	1.321	1.323	1.325	2
41°	8169	8178	8187	8195	8204	8213	8221	8230	8238	8247	8255	1
	1.325	1.327	1.329	1.331	1.333	1.335	1.338	1.339	1.341	1.343	1.346	2
42°	8255	8264	8272	8280	8289	8297	8305	8313	8322	8330	8338	1
	1.346	1.348	1.350	1.352	1.354	1.356	1.359	1.360	1.363	1.365	1.367	2
43°	8338	8346	8354	8362	8370	8378	8386	8394	8420	8410	8418	1
	1.367	1.370	1.372	1.374	1.370	1.378	1.381	1.383	1.385	1.388	1.390	2
44°	8418	8426	8433	8441	8449	8457	8464	8472	8480	8487	8495	1
	1.390	1.393	1.395	1.398	1.400	1.402	1.404	1.406	1.408	1.411	1.414	2
45°	.8495	8502	8510	8517	8525	8532	8540	8547	8555	8562	8569	1
	1.414	1.416	1.419	1.421	1.425	1.427	1.429	1.432	1.435	1.437	1.439	2
46°	8569	8577	8584	8591	8598	8602	8613	8620	8627	8634	8641	1
	1.439	1.442	1.445	1.447	1.450	1.452	1.456	1.458	1.461	1.463	1.466	2
47°	8641	8648	8655	8662	8669	8676	8683	8690	8697	8704	8711	1
	1.466	1.469	1.472	1.475	1.477	1.480	1.483	1.486	1.488	1.492	1.495	2
48°	8711	8718	8724	8731	8738	8745	8751	8758	8765	8771	8778	1
	1.495	1.497	1.501	1.504	1.506	1.510	1.512	1.515	1.518	1.521	1.524	2
49°	8778	8784	8791	8797	8804	8810	8817	8823	8830	8836	8843	1
	1.524	1.527	1.530	1.534	1.536	1.540	1.543	1.546	1.549	1.553	1.556	2
50°	8843	8849	8855	8862	8868	8874	8880	8887	8893	8899	8905	1
	1.560	1.561	1.562	1.565	1.569	1.572	1.575	1.579	1.582	1.585	1.58	2
51°	8905	8911	8917	8923	8929	8935	8941	8947	8953	8959	8965	1
	1.591	1.592	1.595	1.599	1.603	1.607	1.610	1.614	1.617	1.621	1.624	2

	0′	6′	12′	18′	24′	30′	36′	42′	48′	54′	60′	
52°	8965	8971	8977	8983	8989	8995	9000	9006	9012	9018	9023	1
	1.628	1.630	1.632	1.636	1.639	1.643	1.645	1.650	1.654	1.657	1.662	2
53°	9023	9029	9035	9041	9046	9052	9057	9063	9069	9074	9080	1
	1.666	1.668	1.669	1.673	1.677	1.682	1.685	1.689	1.693	1.697	1.702	2
54°	9080	9085	9091	9096	9101	9107	9112	9118	9123	9128	9134	1
	1.706	1.707	1.709	1.714	1.718	1.722	1.726	1.730	1.735	1.739	1.743	2
55°	9134	9139	9144	9149	9155	9160	9165	9170	9175	9181	9186	1
	1.747	1.751	1.756	1.758	1.761	1.766	1.770	1.774	1.779	1.784	1.788	2
56°	9186	9191	9196	9201	9206	9211	9216	9221	9226	9231	9236	1
	1.788	1.793	1.798	1.802	1.807	1.812	1.816	1.821	1.826	1.832	1.836	2
57°	9236	9241	9246	9251	9255	9260	9265	9270	9275	9279	9284	1
	1.836	1.841	1.846	1.851	1.856	1.861	1.866	1.872	1.877	1.882	1.887	2
58°	9284	9289	9294	9298	9303	9308	9312	9317	9322	9326	9331	1
	1.887	1.893	1.898	1.903	1.908	1.914	1.919	1.925	1.931	1.936	1.942	2
59°	9331	9335	9340	9344	9349	9353	9358	9362	9367	9371	9375	1
	1.942	1.947	1.953	1.959	1.965	1.970	1.976	1.982	1.988	1.994	2.000	2

Ⅴ. 最后将所计算得出的每小段 D_i'、$\lg D_i'$、$\lg\sin\beta_i'$、K_i' 等数值分别带入公式求 L'，应用公式为：

$$L' = \Delta S' \sum_{i=1}^{n-1} K_i' + \Delta S_n' K_n'$$

【案例】 $9.00\text{-}20B_S$ 计算实例。

9.00-20 尼龙轮胎 $D_k = 954\text{mm}$，$D_c = 692\text{mm}$，$d_0 = 650\text{mm}$，$c = 45.3\text{mm}$，$\delta_1 = 1.04$，$\alpha_0 = 33°$，$\beta_k = 50°14'$（由计算求得）。内轮廓断面分为 30 小段（以 $\frac{1}{2}$ 断面计算），$\Delta S_{1\sim29} = 10\text{mm}$，$\Delta S_{30} = 7\text{mm}$（实测）。成型机头肩部曲线分为 13 段，$\Delta S_{1\sim12}' = 10\text{mm}$，$\Delta S_{13}' = 2.5\text{mm}$（实测）。

① 计算 L 值： $$L = \sum_{i=1}^{n} L_i = \Delta S \sum_{i=1}^{n} K_i$$

求每小段的 K_i：

$$\sin\beta_i = \frac{D_i}{D_k}\sin\beta_k$$

$$\lg\sin\beta_i = (\lg\sin\beta_k - \lg D_k) + \lg D_i$$

$(\lg\sin\beta_k - \lg D_k)$ 为一定值

$$(\lg\sin\beta_k - \lg D_k) = \lg\sin50°14' - \lg954 = \overline{4}.9062$$

则 $$\lg\beta_i = \overline{4}.9062 + \lg D_i$$

列表计算（见表 2-23）：

表 2-23 成型机头宽度计算表之一

小段号	D_i	$\lg D_i$	$\lg\sin\beta_i$	K_i
1	954.0	2.9795	.8857	1.563
2	952.4	2.9783	.8850	1.561
3	950.4	2.9779	.8841	1.555
4	947.4	2.9765	.8827	1.547
5	943.4	2.9747	.8809	1.540
6	937.8	2.9721	.8783	1.527
:				
:				
29	551.6	2.7417	.6479	1.117
30	533.6	2.7272	.6334	1.108
合计				$\sum K_{i1\sim29}=38.41\text{m}$
				$K_{30}=1.11\text{mm}$

$$L=\Delta S\sum_{i=1}^{n}K_i=10\times38.41+7\times1.108=391.836(\text{mm})$$

② 计算 L'：

$$L'=\sum_{i=1}^{n}L'_i=\Delta S'\sum_{i=1}^{n}K'_i$$

求每小段的 K'_i 值：
$$\sin\beta_i=\frac{D'_i}{d_0}\sin\alpha_0$$

取对数
$$\lg\sin\beta'_i=\lg D'_i-\lg d_0+\lg\sin\alpha_0=\lg D'_i+\lg(\sin\alpha_0-\lg d_0)$$

$$\lg\sin\alpha_0-\lg d_0=\lg\sin33°-\lg650=\overline{4}.9232=\text{定值}$$

则
$$\lg\sin\beta_i=\overline{4}.9232+\lg D'_i$$

列表计算（见表 2-24）：

表 2-24 成型机头宽度计算表之二

段号	D_i	$\lg D'_i$	$\lg\sin\beta'_i$	K'_i
1	687.6	2.8347	.7606	1.224
2	683.6	2.8348	.7580	1.220
3	678.0	2.8312	.7544	1.215
4	669.0	2.8254	.7486	1.207
:				
:				
12	542.0	2.7340	.6572	1.122
13	529.5	2.7238	.6471	1.116
合计				$\sum K'_{i1\sim12}=14.111\text{mm}$
				$K'_{i13}=1.116\text{mm}$

$$L'=\Delta S'\sum_{i=1}^{n}K'_i=10\times14.111+2.5\times1.116=143.387\ (\text{mm})$$

③ 计算 B_s：

$$B_s=\frac{2L}{\delta_1}\cos\alpha_c-2(L'\cos\alpha_c-c)$$

$$\sin\alpha_c = \frac{D_c}{d_0}\sin\alpha_0 = \frac{692}{650} \times \sin33° = 1.065 \times 0.5446 = 0.5800$$

$$\alpha_c = 35°27'$$

则
$$B_s = \frac{2 \times 391.836}{1.04}\cos35°27' - 2(143.387 \times \cos35°27' - 45.3)$$
$$= 613.826 - 142.932 = 470.8 \ (mm)$$

5. 外胎材料分布图（任务十二）

（1）外胎材料分布图组成 外胎材料分布图包括成品外胎断面材料分布、成型机头上材料分布和半成品胎面胶断面形状及尺寸三个部分，如图2-20(a) 所示。

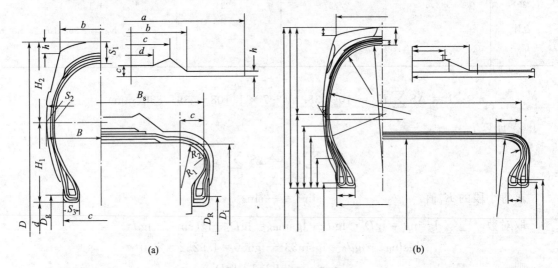

图2-20　外胎材料分布图

成品外胎断面材料分布图在外胎技术设计阶段完成，绘制出外胎断面外轮廓、内轮廓和各部件的结构、分布及帘布包边差级位置。成品外胎断面材料分布图是绘制机头上半成品材料分布图的基础，而半成品材料分布及半成品胎面胶断面尺寸又是制定外胎施工表的依据。在绘制半成品外胎材料分布图时，必须完成成型机头肩部曲线设计及机头宽度的计算。由此可见，外胎材料分布图是轮胎设计的重要技术图。

（2）半成品外胎材料分布图绘制方法

① 在外胎材料分布图垂直中心线的右侧绘制成品外胎断面材料分布图；左侧图面，首先依据机头直径和机头宽度，绘出机头断面轮廓曲线，然后在机头曲线上绘制半成品外胎材料分布图。

② 在机头轮廓曲线上，按成品材料分布图中的结构、厚度和宽度，绘制半成品外胎材料的分布，半成品帘布厚度均为未经压缩的实际挂胶厚度。

③ 各部件帘布层差级及油皮胶、胎面胶端点位置，根据成品外胎材料分布图等分小段所对应位置绘制。各层帘布包边，钢圈包布胎圈包布的高度位置，应以钢丝圈底线为起点向上实测，再移绘至成型机头曲线相应部位上。

④ 缓冲层宽度一般可采用直接移绘方法绘制。规格大、层数多的轮胎，为了准确确定缓冲层宽度，可通过公式计算后，再移绘在半成品材料分布图上。计算方法是，首先在成品外胎缓冲层底线上重新分小段，每段 $\Delta S = 10mm$，求出半成品缓冲层在机头上相应各小段的长度 $\Delta S'$。

$$\Delta S' = \frac{1}{\delta_1} \cdot \Delta S K_i \cos\alpha_0$$

$K_i = \frac{1}{\cos\beta_i}$ 可取帘布层计算的数值；$\frac{\Delta S}{\delta_1}\cos\alpha_0$ 为定值。

举例说明，在成型机头上缓冲层的移绘。

首先将成品材料分布图上的缓冲层底线分为若干等分小段，每段 $\Delta S=10\text{mm}$，共分为六小段，列表求出各小段 $\Delta S'$ 之和，即为半成品缓冲层宽度，见表 2-25。

表 2-25　$\Delta S'$ 计算

段号	K_i	$\Delta S'/\text{mm}$	备　　注
1	1.546	12.8	
2	1.536	12.7	$\frac{\Delta S}{\delta_1}\cos\alpha_0 = \frac{10}{1.04} \times 0.862 = 8.29\text{mm}$
3	1.524	12.6	
4	1.501	12.4	$\Delta S' = 8.29 K_i$
5	1.469	12.1	
6	1.430	11.83	
合计		74.43	$\sum \Delta S' = 74.43\text{mm}$

⑤ 半成品胎面胶可根据成品外胎胎面胶断面厚度和宽度的近似轮廓，移绘至机头半成品外胎材料分布图上。

半成品胎面胶的断面形状尺寸图，应本着半成品胎面胶与成品胎面胶体积相等的原则，经计算后进行半成品胎面胶断面各部位厚度及宽度设计，绘出断面形状图如图 2-20（b）所示。

6. 外胎施工表的设计（任务十三）

（1）半成品外胎胎面胶形状及尺寸

① 实心胎面胶体积计算　在成品外胎材料分布图上，运用几何法计算出胎面胶实心体积。如图 2-21 所示，将成品胎面胶分成各种不同的几何形状，如三角形、平行四边形、长方形和梯形，求出各几何图形面积 A 及其重心直径 D，再应用公式求出各几何形状所需胶料的体积 V（$V=\pi DA$），则胎面胶实心体积 $=2\sum V$。

② 胎面花纹沟体积计算　运用几何法计算出胎面花纹沟所占的总体积，利用外胎断面材料分布图及外胎总图中胎面花纹展开图为计算依据。

a. 花纹沟体积计算方法是采用外胎 $\frac{1}{2}$ 断面计算一周节的花纹沟体积。花纹沟体积 V' 等于花纹沟宽度、花纹沟长度和花纹沟深度的乘积，或等于花纹沟面积与花纹沟深度的乘积。也可将花纹沟截断面分成梯形和半圆形或长方形计算花纹沟断面面积，乘以花纹沟长度即求出相应的体积 V'。

b. 花纹沟总体积计算方法是将上述计算的一周节花纹沟体积之和乘以花纹周节数，计算公式如 $2\sum V' = 2[$ 周节数 $\times (A_1 + A_2 + A_3 + \cdots + A_n) \times$ 花纹沟深度 $]$。

c. 成品胎面胶实际体积计算　将实心胎面胶体积减去花纹沟总体积，即为成品胎面胶实际体积，用公式表示为 $2\sum V - 2\sum V'$。

③ 半成品胎面胶体积计算

a. 半成品胎面胶断面形状及尺寸应根据成品胎面胶断面而定。

89

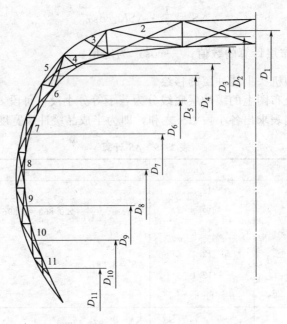

图 2-21　胎面胶实心体积计算图

如图 2-22 所示，一般半成品胎面胶冠部宽度 c 应小于成品行驶面宽度 b 以保证在硫化时冠部胶料向两侧胎肩流动。此值的确定应视轮胎花纹类型和断面形状的不同而异，比如普通花纹轮胎的半成品胎面胶冠部宽度 c 约为成品行驶面宽度 b 的 $88\%\sim99\%$。若断面高宽比小于 1 的轮胎，半成品胎面胶冠部宽度 c 与成品行驶面 b 值可接近相等。半成品胎面胶总宽度等于成型机头宽度 B_s 减去两倍的机头肩部宽度 c 加上两倍的肩部相应曲线 P_H，再加上成型割边宽度 $15\sim50\text{mm}$。

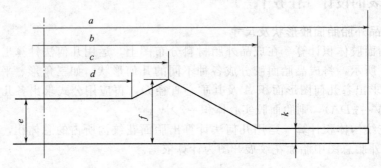

图 2-22　半成品胎面胶断面各部位尺寸

半成品胎面胶厚度分为中部、肩部和侧部 3 个部分，为避免硫化时胶料由胎肩部位向冠部倒流，造成缓冲层边部弯曲上卷和胎面花纹缺陷，因此半成品胎面胶中部厚度应稍大于成品胎面胶的冠部厚度，宽度略小于行驶面宽度，便于冠部胎面胶向肩部位置顺利流动。肩部厚度应根据轮胎花纹类型不同而定，普通花纹轮胎半成品胎肩部厚度一般稍大于中部厚度，越野花纹轮胎肩部与中部厚度可取相等数值。半成品胎侧胶厚度与成品相应部位厚度接近，略比成品胎侧厚度大 $0.5\sim1.5\text{mm}$。

b. 半成品胎面胶成型长度应根据胎面胶成型方法而定。例如套筒法成型的胎面胶，为了便于成型操作和增大胎面胶与胎体的黏合力；胎面胶成型长度对机头上缓冲层外层周长应有一定的伸张值，其伸张值为 $1.08\sim1.15$。

c. 半成品胎面胶体积计算应用几何图形法，将半成品胎面胶断面划分成不同形状的几何图形，求出其断面面积 A，再乘以半成品胎面胶的成型长度 L，等于半成品胎面胶体积，即 $V=AL$。半成品胎面胶在成型时需要割边，以保证成品外观质量。半成品胎面胶体积应大于成品胎面胶体积，约增大 2%。

（2）胎体帘布层宽度和长度的确定

① 宽度　在机头上半成品材料分配图上实测出各层帘布宽度，即各层帘布宽度等于成型机头宽度 B_S 减去两倍的机头肩部宽度 c，加上两倍机头肩部曲线起点至帘布差级端点的实测宽度，另再加上帘布层在制作过程中伸张变形需要的变化量 $5\sim25mm$，此值大小可视轮胎规格和成型方法确定，帘布宽度数值不宜取小数，末位数可为 0 或 5 便于工艺管理。

② 长度　胎体帘布层有套筒法和层贴法两种成型方法。套筒法成型的帘布需预先定长，可按帘布筒至成型机头直径 $5\%\sim15\%$ 的伸张取值。成型前将两层或两层以上帘布贴合成帘布筒备用，第一帘布筒至最后一层帘布的帘布筒长度，根据帘布筒至机头的伸张求得。例如：第一帘布筒长度 $=\dfrac{\pi D_c}{\delta'}=\pi D_1$

式中　D_c——成型机头直径，mm；

$\quad\quad D_1$——第一帘布筒直径，mm；

$\quad\quad \delta'$——帘布筒成型工艺伸张值（$1.05\sim1.15$）。

如此类推，计算其他各层帘布筒长度均应采用相同的伸张值 δ'、机头直径 D_c 应加上前一层帘布筒两倍的厚度。为简化计算，可采用各层的长度按一定数量递增确定，以第一层帘布筒为基准，每增加一个帘布筒，无隔离胶层的帘布层长度递增 $3\sim5mm$，有隔离胶层的帘布层长度递增 $5\sim8mm$。

层贴法成型的帘布是通过供料装置，将帘布逐层直接送到成型机头上成型，此种成型法帘布对机头的伸张较小，约为 2%，帘布层不必预先定长。

（3）缓冲层帘布宽度和长度的确定

① 宽度　缓冲层位于胎冠部位，从半成品布筒变为成品缓冲层，宽度不受胎圈拉伸变化，不必考虑 δ_1 值，其伸张变化只是帘布角度的变化，由帘线裁断角度 α_0 变成胎冠角度 β_k。角度的增大导致缓冲层帘布宽度的缩小，计算公式为：

$$半成品缓冲帘布宽度 = 成品缓冲帘布宽度 \times \frac{\cos\alpha_0}{\cos\beta_k}$$

此外，可在成型机头上根据成品外胎材料分布图缓冲层的等分段，求得半成品缓冲层相应各小段长度 $\Delta S'$ 之和，再乘以 2，即为缓冲层帘布的宽度，缓冲层帘布差级为 $5\sim15mm$。

② 长度　可采用计算帘布筒长度的方法求缓冲层帘布长度，也可用递增法确定，每层缓冲层帘布长度增加 $10\sim15mm$。例如：

第一层缓冲层帘布长度 = 胎体最外一层帘布长度 $+10\sim15mm$；

第二层缓冲层帘布长度 = 第一层缓冲层帘布长度 $+10\sim15mm$。

若再增加缓冲层帘布，其长度则按上述规律递增计算。

缓冲层帘布上下胶片长度与缓冲层帘布相同，但宽度应将缓冲层帘布覆盖住，一般下缓冲胶片较第一层缓冲帘布宽 $30\sim50mm$；上缓冲胶片较第一层缓冲帘布宽 $15\sim30mm$。

（4）钢圈包布、胎圈包布（或密封胶）宽度和长度的确定　胎圈包布与钢圈包布裁断角度均为 $45°\sim60°$，宽度可从材料分布图上实测求得，再加上 $3\sim5mm$。胎圈包布（或密封胶）的长度，按其差级高度的平均直径计算。钢圈包布长度则按钢圈内直径计算。

上述半成品外胎各部件尺寸确定后，分别列入外胎施工表中，便于生产管理及统一加工标准。

四、斜交胎外胎施工设计实例

【案例一】 6.50-16-8/10PR 施工表

——某轮胎有限公司 1——

施工表编号：11-Q6516-D/E-1

规格：6.50-16-8/10PR-4N 花纹：B1 成型法：2-2						制表日期 2011.5 日期止 原始根据				
体	层数	胶料代号	帘布代号	厚度 ±0/0.03	宽度 ±5	长度 ±5/10	厚度 ±0.05	宽度 ±5	位置	胶代号	附
裁	1	3601	V1	1.08	625	1425	0.6	410	第一层下	1801	油皮胶
断	2				600						
角	3	3601	V2	1.08	530	1435					
±1/2°	4				520						
	5										
	6										
	7										
	8										

缓冲层

							绕盘直径 416(1307±1) 碰盘直径 413 每层根数 7 钢丝层数 7 搭头长度 100±10 A= B=			
裁	1									
断	2									
角	3									
±1/2°	4									

胎圈略图

缓冲胶片	1401			0.8		190				

子口包布

维纶 120　1.05　75　1300

裁断角 45°

钢圈包布

维纶 75　0.75　70　1340

裁断角 45°

胎面

胶料代号　2001
质量/kg　6.6±0.2
净长度　1560±10
口型板编号　Q6516-1
断面尺寸

三角胶条　a=　b=

机头：　直径=　宽度=

A=120　B=425　C=16　H=　h=

备注：1. 单位 mm
2. 四立柱硫化用
3. 胎体为 1680D/2 尼龙帘布
4. 胎面采用套筒法
5. 半成品理论质量 12kg。
6. 割边高度 20±5

批准：　　　审核：　　　制表：

【案例二】 9.00-20-14PR 施工表

——某轮胎有限公司 2——

施工表编号：11-9020-G-1

| 规格：9.00-20-14PR-8N |
| 花纹：B2 |
| 成型法 3-3-2 |

| 制表日期 2011.6 |
| 日期止 |
| 原始根据 |

胎体	层数	胶料代号	帘布代号	厚度 +0/-0.03	宽度 ±5	长度 ±10	厚度 ±0.05	宽度 ±5	位置	胶代号	附
	1	1701	V1	0.94	895	1885	0.8	640	第一层下	1801	油皮胶
	2				865	1890					
裁	3				835	1895					
断	4				930	1900					
角	5				900	1905					
30	6				870	1910					
±1/2°	7	1601	V2	0.94	780	1915	0.5	340	第七层上	1601	隔离胶
	8				750	1920					
	9										
	10										

缓冲层

	层数	胶料代号	帘布代号	厚度	宽度	长度
裁	1	1501	V3	1.3	390	1925
断	2				180	1930
角	3					
35±1/2°	4					
缓冲胶片		1401		1.0	220	

胎圈略图

绕盘直径 524.5
(1647.5±1)
碰盘直径 521.5
每层根数 8　8
钢丝层数 8　8
搭头长度 200±10

A＝98　　B＝50　　C＝　　D＝113

子口包布
裁断角 45°

		胶料	帘布	厚度	宽度	长度
	1	尼帆		1.0	110	1650
	2					

钢圈包布
裁断角 45°

	1	1260D/2	V2	1.0	90

三角胶条　$a=10$　$b=18$

机头　直径＝660　　宽度＝510

胎面	冠＋基部	侧
胶料代号	1101＋1201	1301
质量/kg	8.5＋5.3±0.4	2.1×2＋0.2/-0.3
净长度	2060	2060
口型板编号	专用	11.00-20 侧代
断面尺寸		

胎坯重量：(38.0±1)kg

备注：1. 单位 mm
　　2. 胎面三方四块胎面，采用套筒法
　　3. 胎体为 1260D/2 尼龙帘布
　　4. 缓冲层为 840D/2 尼龙帘布

批准：　　　　审核：　　　　制表：

项目三 ‹‹‹

内胎、垫带的设计

◀ 一、内胎设计

内胎断面轮廓设计以成品外胎断面内轮廓为设计依据，要求内胎在使用过程中，断面各部位得以充分舒展伸张，保证内胎的使用寿命。

内胎充气时，外直径及断面均处于伸张状态，内直径部位受压缩而变形，装配在外胎上使用时，若伸张变形过大，会因胎壁过薄而降低内胎的使用寿命；若伸张变形过小，胎壁得不到充分伸张，会出现局部打折现象。因此，内胎的外直径、断面直径和内直径等主要设计参数，应在各部位对胎里相应部位的最佳伸张或压缩范围内选值。

1. 内胎外直径的确定

内胎外直径 D_T 可通过外胎胎里直径 D_K 和内胎外直径 D_T 的比值即伸张值 D_K/D_T 求取，$D_K/D_T = 1.02 \sim 1.05$。计算公式为：

$$D_T = \frac{D_K}{D_K/D_T}$$

2. 内胎内直径 D_t 的确定

断面形状呈圆形的内胎居于外胎断面内腔中，内胎内直径大于胎趾直径至少 2mm，以免装配内胎时，被轮辋与胎圈接合处夹住。

内胎内直径 D_t 可通过外胎着合直径 D_F 和内胎内径收缩值 D_t/D_F 求取。装配在平底式轮辋的 $D_t/D_F = 1.02 \sim 1.05$，平底式轮辋的 D_F 应为外贴着合直径 d 加上两倍的垫带厚度；装配在深槽式轮辋的 $D_t/D_F = 1.06 \sim 1.20$，深槽式轮辋不必使用垫带，D_F 应为轮辋底槽直径。应用公式为：

$$D_t = D_F \times D_t/D_F$$

3. 内胎断面直径 ϕ 的确定

内胎断面直径 ϕ 用内胎外直径 D_T 减去内胎内直径 D_t，再除以 2 求得。计算公式为：

$$\phi = \frac{D_T - D_t}{2}$$

94

内胎断面直径应通过内胎充气后断面周长伸张值 L_K/L_T 验证，$L_T = \pi\phi$

$$L_K/L_T = 1.10 \sim 1.20$$

式中　L_K——外胎断面内轮廓周长，mm；

　　　L_T——内胎断面外轮廓周长，mm。

此值不宜超过 1.25，可根据内胎断面周长伸张范围调整内胎断面直径。

各种规格轮胎的内胎断面轮廓尺寸见表 2-26 所列。

表 2-26　内胎断面轮廓尺寸举例

轮胎规格	外直径 /mm	内直径 /mm	断面直径 /mm	外直径 伸张值	内直径 伸张值	断面周长 伸张值
6.50-16	684	404	146	1.031	1.040	1.206
7.50-20	848	537	155.6	1.037	1.029	1.149
8.25-20	868	540	164	1.049	1.027	1.131
9.00-20	920	544	188	1.047	1.034	1.157
10.00-20	818	408	205	1.050	1.023	1.123
11.00-20	965	549	209	1.050	1.040	1.118
11.00-18	906	486	210	1.050	1.040	1.118
12.00-20	1009	551	229	1.050	1.044	1.113
12.00-22	1065	605	231	1.050	1.045	1.125
12.00-24	1085	650	215	1.050	1.032	1.183

4. 内胎胎壁厚度的确定

内胎壁厚度应根据轮胎规格大小和用途而选定，胎壁厚度增大虽然有利于提高胎体强度和气密性，但耗胶量增加而且生热量随之升高，影响内胎的使用寿命。一般控制内胎双层胎壁厚度的取值范围为：摩托车轮胎 3.0～5.0mm；轿车轮胎 3.0～5.0mm；中型载重轮胎 4.0～6.0mm；重型载重轮胎 6.0～8.0mm。

5. 气门嘴贴合位置

内胎所用气门嘴型号主要有 TZ_1 型和 TZ_2 型两种。根据轮胎规格和轮辋的结构不同选用。TZ_1 型气门嘴用于平底式轮辋载重轮胎和工程轮胎的内胎上；TZ_2 型气门嘴用于深槽式轿车轮胎、机动三轮车胎和拖拉机轮胎的内胎上。

平底式轮辋气门嘴孔位设于轮辋中心，因此内胎气门嘴贴合位置应位于内胎断面纵轴上。深槽式轮辋气门嘴孔位一般设在轮辋胎圈座拐弯处，气门嘴也应位于内胎的相应位置上。

6. 内胎排气线设计

因内胎为薄壁制品，只能采用排气线分布的设计方法，而不宜选用排气孔设计。排气线通常分布在内胎表面冠部圆周、着合面及断面方向上。不应设计过多、过密的排气线，以免使该处的内胎壁变薄，降低使用寿命，同时也给模型加工和清洁带来不便。排气线为宽 1～3mm，深 0.2～0.5mm 的沟纹，用以排除模型与内胎间残余的空气，防止内胎表面缺胶或疤痕的产生，同时在使用过程中，有助于排除外胎与内胎之间的空气，使内胎紧贴于胎里的表面。

7. 内胎模型内缘合缝位置的确定

内胎模型内缘合缝位置，又称合模线位置。因内胎胎壁较薄，为防止硫化合模时内胎内周

95

发生打折现象，用于平底式轮辋上的内胎模型内缘合模线位置不宜设计在内胎断面内侧纵轴线上，内胎硫化模型内缘合缝位置上升点高度与模腔断面圆心位置呈 25°～35°夹角或与水平线上升的 AB 弧度长为 30～50mm，可根据轮胎规格而定，上升弧度过大会使操作不便。

　　使用探式轮辋的内胎，模型内缘合模线位置可设在气门嘴位置上，因其气门嘴不设在内胎断面纵轴位置上。

8. 绘制内胎总图

　　内胎总图包括内胎断面轮廓与外胎的装配关系图，并标示出内胎各部位设计参数，内胎的外直径、内直径、气门嘴型号、排气线尺寸及分布位置等。

9. 内胎施工设计

　　(1) 内胎成型长度　半成品内胎成型长度应以成品内胎断面中心直径及其直径伸张值计算确定，应用公式为：

$$L = \frac{(D_\mathrm{T} - \phi)\pi}{内胎直径伸张值}$$

式中　L——内胎成型长度，mm；
　　　D_T——成品内胎外直径，mm；
　　　ϕ——成品内胎断面直径，mm。

　　内胎直径伸张值即半成品内胎至成品内胎直径的伸张值，大小为：大型载重轮胎1.20～1.30，中型载重轮胎及轿车轮胎 1.15～1.20；摩托车轮胎 1.05～1.10。该值应视轮胎断面和内径的大小而选取，断面大、内径小的轮胎宜选大值；断面小、内径大的轮胎宜选小值。常用规格举例见表 2-27。

表 2-27　内胎成型长度伸张值举例

轮胎规格	直径伸张值	轮胎规格	直径伸张值
7.50-20	1.175	12.00-22	1.223
9.00-20	1.200	12.00-24	1.174
11.00-20	1.216	10.00-15	1.280
12.00-20	1.241	9.75-18	1.235

　　(2) 半成品内胎平叠宽度　应以内胎断面直径及其断面周长伸张值计算确定，应用公式为：

$$B_\mathrm{P} = \frac{\pi\phi}{2 \times 断面周长伸张值}$$

式中　B_P——半成品内胎平叠宽度，mm；
　　　ϕ——成品内胎断面直径，mm。

　　断面周长伸张值（半成品内胎至成品断面周长的伸张值）一般为 1.10～1.20，见表 2-28 示例。

表 2-28　内胎断面平叠宽度伸张值举例

轮胎规格	断面周长伸张值	轮胎规格	断面周长伸张值
10.00-15	1.193	12.00-20	1.149
6.50-16	1.158	9.00-20	1.149
9.75-18	1.152	7.50-20	1.140
32×6	1.141	9.50-24	1.129

(3) 半成品内胎厚度 为保证成品内胎各部位厚度均匀一致，半成品内胎的冠部、着合部和侧部厚度均不相同。

① 半成品内胎冠部厚度 $t_{外}$（又称上厚），为半成品内胎双层总厚度 T 的 $58\% \sim 62\%$。首先应求出其双层厚度 t。计算公式为：

$$t = \frac{V}{S} = \frac{V}{LB_P}$$

$$V = \pi^2 D_m (r_1^2 - r_2^2)$$

$$D = \frac{D_T + D_t}{2}$$

式中　t——半成品内胎双层厚度，mm；

S——半成品内胎平叠截面积，mm；

L——半成品内胎成型长度，mm；

B_P——半成品内胎平叠宽度，mm；

V——半成品内胎体积（与成品内胎体积相等），mm

D_m——成品内胎平均直径，mm；

D_T——成品内胎外直径，mm；

D_t——成品内胎内直径，mm；

r_1——成品内胎断面外圆半径（$\phi_1/2$），mm；

r_2——成品内胎断面内圆半径（$\phi_2/2$），mm。

求出内胎双层厚度 t 后，应乘以胎壁厚度不均匀系数 K，即为半成品内胎双层总厚度 T。

因半成品内胎冠部厚度占总厚度 $58\% \sim 62\%$，所以

$$t_{外} = T \times (58\% \sim 62\%) \qquad (mm)$$

② 半成品内胎着合面厚度 $t_{内}$（又称下厚），等于总厚度 T 减去半成品内胎冠部厚度 $t_{外}$，即：

$$t_{内} = T - t_{外} \qquad (mm)$$

半成品内胎侧部厚度介于冠部与着合部之间，可取冠部厚度和着合面厚度之和除以 2 计算确定，即：

$$t_{侧} = \frac{t_{外} + t_{内}}{2} \qquad (mm)$$

(4) 半成品内胎质量 G_T 计算公式为：

$$G_T = \frac{Vr}{1000}$$

式中　r——内胎胶料密度；

V——内胎体积；

G_T——半成品内胎质量。

(5) 内胎气门嘴贴合位置 一般设在距离半成品内胎接头端部 $200 \sim 250$mm 处，其具体尺寸应根据轮胎类型、规格和生产操作而定。

(6) 内胎定型圈设计 内胎定型圈是在内胎硫化前、用以充入压缩空气，使半成品内胎得以舒展定型的一种附属生产工具。内胎定型圈设计，关键在于定型圈着合直径及曲线形状的正确设计，它直接关系到内胎的硫化质量，设计不当，会造成内胎硫化打折和厚薄伸张不均等毛病。

① 内胎定型圈着合直径一般较内胎模型着合直径大 $1\% \sim 2\%$，其直径伸张值为 $1.01 \sim$

1.02。此伸张值应视轮胎规格而定，断面大，内径小的轮胎，取值偏高，反之可取小值。表2-29为各种规格轮胎的内胎定型圈着合直径伸张值示例。

表 2-29　内胎定型圈着合直径伸张值示例

轮胎规格	伸张值	轮胎规格	伸张值
32×6	1.009	12.00-20	1.012
7.50-20	1.011	12.00-24	1.012
9.00-20	1.011	9.75-18	1.013
10.00-20	1.013	6.50-16	1.018
12.00-20	1.015	10.00-15	1.022

② 内胎定型圈可分为立式与卧式两种，设计原则基本相同。以立式定型圈为例，定型圈曲线由着合弧度半径 R、曲线宽度 B 和曲线深度 H 所决定。一般采用经验公式计算求取：

$R = (0.65\sim0.70) \times$ 内胎模型断面直径 ϕ

$B = (0.20\sim0.22) \times$ 内胎模型断面周长（B 值一般小于 100mm）

$$H = R - \left[R^2 - \left(\frac{B - 10mm}{2} \right) \right]^{\frac{1}{2}}$$

确定 H 值时，以保证半成品内胎定型操作方便为原则，不宜过深或过浅。标准针高度确定，为了便于统一装模前半成品内胎的尺寸，并防止因伸张不等，在硫化过程中，造成内胎厚薄不均或打折等质量缺陷。在定型圈上应设标准针，标准针的高度应视内胎断面大小而定，一般为内胎模型断面直径 ϕ 的 90%～95%。

卧式定型圈为平放式定型装置，适用于大型内胎定型。保持内胎模型的中心距离，定型圈着合直径略大于内胎模型着合直径，而定型圈外径应略小于内胎模型外直径，便于装模。

◢ 二、垫带设计

　　垫带的作用是保护内胎，一般平式轮辋装配的载重轮胎需用垫带，垫带按其断面形状不同分为平带式和有型式两种。平带式垫带适应性强，可适用于直径相同、宽度不同的两种轮辋上，因所耗原材料及成本较高、应用不广泛。有型式垫带能正确配置在轮胎中，安装方便，应用广泛。

1. 垫带着合直径的确定

　　垫带着合直径大于轮辋直径，垫带着合直径 $D_t = (1.01\sim1.05) \times$ 轮辋直径。

2. 垫带宽度的确定

　　① 垫带总宽度 B 是垫带断面最大的宽度，等于垫带着合宽度 b 加上两侧边缘宽度 b_1。

$$B = b + 2b_1$$

　　② 垫带着合宽度 b 等于轮辋宽度 c 减去两倍外胎胎圈宽度。

　　③ 垫带边缘宽度 b_1 应按垫带和外胎配置图而定。边缘高度不宜超过轮辋边缘高度，以免因外胎的变形而磨损内胎。

3. 垫带厚度的确定

　　垫带厚度视轮胎规格而定，一般垫带中部厚度在 4～10mm 之间，两侧边缘逐渐减薄，边端厚度越薄越好，应小于 1.5mm，甚至趋于 0，与胎圈内缘相应部位均匀接合。

4. 垫带曲线设计

垫带各部厚度、宽度确定后，应以不同弧度相连，形成垫带曲线。垫带肩部弧度半径 R_1 和 R_1' 通常为 $10\sim20mm$，两侧边缘弧度半径 R_2、R_2' 的数值和圆心位置应略小于胎圈内缘相应尺寸，使垫带边缘压贴在胎圈上。

5. 垫带气门嘴孔眼尺寸的确定

因内胎气门嘴需要穿过垫带进入轮辋，气门嘴孔应设在垫带中部，约为 8mm，与气门嘴外径尺寸相符。

6. 半成品垫带施工设计

根据成品与半成品垫带体积相等的原则，求出垫带总体积后，即可算出半成品长度、截面积和重量。

(1) 半成品垫带长度 L_f 的计算

$$L_f = \frac{\pi D_f}{1.03\sim1.06}$$

式中　L_f——半成品垫带长度，mm；

D_f——成品垫带着合直径，mm；

$1.03\sim1.06$——长度伸张值。

(2) 半成品垫带宽度　垫带用硫化机硫化，半成品垫带截面积为长方形的胶条，其截断面宽度为成品垫带着合宽度 b 的一半。

(3) 半成品垫带厚度　半成品垫带截断面厚度即为半成品垫带厚度，计算公式为：

$$半成品截断面厚度 = \frac{成品热带体积}{半成品垫带长度×宽度}$$

(4) 半成品垫带质量　计算公式为：

半成品垫带质量 = 成品垫带体积×胶料密度×（1.01～1.02）

项目四

<<<

子午线轮胎设计

◀ 一、子午线轮胎的结构组成分析(子项目一)

子午线轮胎从所采用的骨架材料来分类,可分为全钢丝子午线轮胎、半钢丝子午线轮胎和全纤维子午线轮胎三种。一般载重胎多数采用全钢丝,而轿车胎和轻卡胎则多采用半钢丝或全纤维,详细构造分别介绍如下。

1. 子午线结构轮胎

载重子午线轮胎多数采用单层钢丝帘布构成胎体,亦可为多层纤维帘布组成胎体(如人造丝、尼龙、芳纶等)。带束层一般由3~4层钢丝帘布组成,胎体与带束层之间有中间胶肩垫胶相隔,胎圈部分由钢丝圈、上下三角胶芯、钢丝包布加强层和子口护胶等部件构成。图2-23为载重子午线轮胎结构。轿车子午线轮胎一般由1~2层纤维布组成胎体,而胎冠部分的带束层为两层钢丝帘布层,按技术设计要求有时加一至两层尼龙帘布层叫冠带。加有尼龙帘布顶层的带束层结构可提高轿车胎的高速胶性能。胎圈由钢丝圈、复合硬胶芯和子口护胶等构成,结构如图2-24所示。

2. 斜交胎与子午胎的区别

① 斜交轮胎胎体中的帘线按一定角度排列,各层间帘线相互交叉,胎体帘线层数为偶数,胎体承受内压引起的初始应力的80%~90%[见图2-25(a)]。

② 子午线轮胎胎体各帘面层间的帘线,系相互平行地由一胎圈至另一胎圈呈子午线方向排列(与胎胎冠中心线夹角为90°)[见2-25(b)]。胎冠有大角度基本不伸张的刚性带束层箍紧,这种结构使:

带束层承受由内压引起的初始应力的60%~75%;

胎体帘线强力得到充分利用,层数减少,一般比斜交胎少40%~50%,胎体层数可为偶数,也可为奇数。

③ 子午线轮胎胎圈所受应力比斜交胎大30%~40%,钢丝圈中的钢丝根数比斜交胎多。

④ 由于胎体层数少、胎侧柔软、容易变形和刺伤,子午线轮胎胎侧承受的应力比斜交轮胎大。

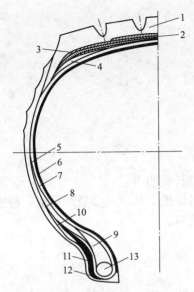

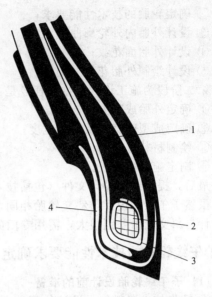

图 2-23 载重子午线轮胎断面

1—胎面胶；2—带束层；3—带束层差级胶；

4—胎肩垫胶；5—胎体帘布层；6—油皮胶；

7—胎侧胶；8—上三角胶芯；9—下三角胶芯；

10—填充胶；11—子口包布；

12—子口护胶；13—钢丝圈

图 2-24 轿车子午线轮胎胎圈结构

1—硬三角胶芯；2—钢丝圈；

3—钢丝圈内包布；4—钢丝圈外包布

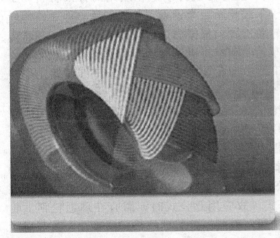

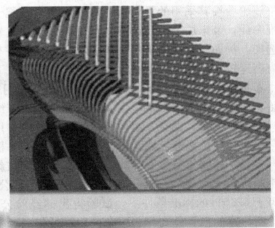

(a) 斜交胎

(b) 子午胎

图 2-25 子午线轮胎和斜交胎帘线排列

二、子午线轮胎技术设计(子项目二)

1. 子午线轮胎结构设计程序

子午线轮胎结构设计与斜交轮胎一样分两阶段进行。

第一阶段为技术设计，主要任务是：

① 收集为设计提供依据的技术资料；

② 确定轮胎的技术性能要求；

③ 设计外胎内外轮廓曲线；

④ 设计外胎面花纹；

⑤ 设计绘制外胎花纹总图。

第二阶段为施工设计，主要任务是：

① 确定外胎成型方法；

② 确定成型鼓直径及机头宽度；

③ 绘制材料分布图；

④ 制定施工标准表。

最后，提出结构设计文件（包括技术设计和施工设计说明书）。

虽然子午胎的设计与斜交轮胎相同，但在各个设计阶段，其设计参数的取值，特别是施工设计与斜交轮胎差别很大，需用专门的成型机才能完成。

2. 子午线轮胎的技术性能要求确定

(1) 子午线轮胎设计前的准备

① 搜集技术资料作为设计依据　与斜交轮胎设计前一样，必须搜集有关的技术资料。例如：车辆类型及技术资料车速及路面条件，轮轴情况，轮胎使用要求及经济性，安全性等。

② 确定技术性能　轮胎类型、规格、层级、帘布层数及胎面花纹形式；最大负荷和相应内压；轮辋规格、尺寸及轮廓曲线；充气外胎外缘尺寸等。

③ 确定骨架材料　在主要技术指标确定之后，应考虑选择制造轮胎用的骨架材料。子午线轮胎按其采用的骨架材料来分，有全纤维子午线轮胎、半钢丝子午线轮胎（即胎体为纤维帘线，带束层为钢丝帘线）和全钢丝子午线轮胎三种。根据用途、规格、类型不同，考虑选择。例如：全纤维子午线轮胎主要为轻型轿车轮胎和拖拉机轮胎，半钢丝子午线轮胎主要为高速轿车轮胎和轻型载重轮胎，9.00R20以下的中型载重轮胎。全钢丝子午线轮胎主要适用于重型载重轮胎和工程轮胎，9.00R20可用全钢丝，亦可用半钢丝。纤维胎体子午线轮胎，国际上多选用人造丝尼龙或聚酯帘线，芳纶帘线是一种新型骨架材料，是子午线轮胎理想的胎体材料，很有发展前途。钢丝帘线主要用于子午线轮胎的胎体及带束层，其主要特点是耐热性种预热性极好，强度高，同时伸长率极小，对保持轮胎尺寸稳定性极为有利。

(2) 轮胎负荷能力计算

负荷能力计算与斜交轮胎采用相同的计算方法，一般根据美国轮胎协会 TRA 年鉴介绍的公式进行计算。该公式是在轮辋宽度 W_1 与充气断面宽 S_1 的比值等于62.5%的标准条件下经试验得出的经验公式。故应用此公式时，需有在理想轮辋上轮胎断面宽的换算公式与之配套使用。近年来，轮胎向低断面发展，越来越扁平化，其理想轮辋上的充气断面宽公式还必须另有公式进行再校正使用。

由于轮胎规格品种繁多，因此出现一系列不同的计算理想轮辋上充气断面宽的配套公式，这里仅以轻型载重汽车轮胎和轿车轮胎为例做一简单介绍。

轻型载重汽车轮胎负荷计算公式为：

$$W = 0.231K \times 0.425P^{0.585}S_d^{1.39}(D_R + S_d)$$

$$S = S_1 \times \frac{180° - \sin^{-1}(W_1/S_1)}{141.3°}$$

$$S_d = S - 0.637d$$

$$d = 0.96 \times S_{0.7} - H$$

$$S_{0.7} = S_1 \times \frac{180° - \sin^{-1}(W_1/S_1)}{135.6°}$$

式中　W——负荷能力，kN；

　　　　K——负荷系数（轻卡普通断面子午线轮胎单胎 $K=1.197$，双胎 $K=0.88\times$ 单胎负荷）；

　　　　P——内压，kPa；

　　　　D_R——轮辋名义直径，cm；

　　　　S——W_1/S_1 为 62.5% 的理想轮辋上的轮胎充气断面宽，cm；

　　　　W_1——设计轮辋宽度，cm；

　　　　S_1——在设计轮辋上的轮胎断面宽度，cm；

　　　　H_1——新胎断面高度，cm。

轿车轮胎负荷能力计算公式为：

$$W=0.231K\times0.425P^{0.558}S_d^{1.39}(D_R+S_d)$$

$$S_d=0.96\times S_{0.7}-0.637d$$

$$S_{0.7}=S_1\times\frac{180°-\sin^{-1}(W_1/S_1)}{135.6°}$$

$$d=0.96\times S_{0.7}-H$$

式中　W——负荷能力，kN；

　　　　K——负荷系数（78 系列、82 系列套用 $K=1.745$，70 系列 $K=1.655$）；

　　　　P——内压，kPa；

　　　　D_R——轮辋名义直径，cm；

　　　　W_1——设计轮辋宽度，cm；

　　　　S_1——在设计轮辋上的轮胎断面宽度，cm；

　　　　H——新胎断面高度（普通断面轮胎为 $1.01\times$ 设计断面高，扁平轮胎为 $1.02\times$ 设计断面高），cm。

负荷计算示例，以 6.50R16-10PR 轮胎为例。

已知条件：$P=549$kPa，$W_1=14.0$cm，$D_R=40.6$cm，$H=17.2$cm，$S_1=18.5$cm。

先计算 $S_{0.7}$

$$S_{0.7}=S_1\times\frac{180°-\sin^{-1}(W_1/S_1)}{135.6°}=18.5\frac{180°-\sin^{-1}(14.0/18.5)}{135.6°}=17.85\text{（cm）}$$

计算 d

$$d=0.96S_{0.7}-H=0.96\times17.85-17.2=-0.064\text{（cm）}$$

计算 S

$$S=S_1\times\frac{180°-\sin^{-1}(W_1/S_1)}{141.3°}=18.5\frac{180°-\sin^{-1}(14.0/18.5)}{141.3°}=17.13\text{（cm）}$$

计算 S_d

$$S_d=S-0.637d=17.13-0.637\times(-0.064)=17.17\text{（cm）}$$

计算 W

$$W_单=0.231K\times0.425P^{0.585}S_d^{1.39}(D_R+S_d)$$

$$=0.231\times1.197\times0.425\times549^{0.585}\times17.17^{1.39}(40.6+17.17)=9.485\text{（kN）}$$

$$W_双=0.88\times9.485=8.437\text{kN}$$

3. 子午线轮胎轮廓设计

（1）外胎外直径、断面宽、断面高的确定　根据国家标准确定轮辋类型、宽度、充气外直径 D'、充气断面宽 B' 之后，就应着手确定模型尺寸，可确定模型外直径 D 和模型断面宽

B。因为轮胎在充气状态下工作，充气外缘尺寸大，但增大的程度远比斜交轮胎小，特别是低断面纤维胎体钢丝带束的轿车胎，断面宽和外径的膨胀率就更小。轿车子午线轮胎高宽比为 0.7～0.8 时（人造丝胎体钢丝带束层结构），充气后外径一般膨胀 0～2mm，断面宽膨胀 0～2％。根据经验，子午线轮胎 D'/D 值为 1.000～1.003，B'/B 值为 1.00～1.02。根据轮胎外直径和内直径，可计算得到断面高 $H=(D-d)/2$。几种轿车子午线轮胎断面膨胀率见表 2-30 所列。

表 2-30 几种轿车子午胎断面膨胀率

轮胎规格	D'/D	B'/B	轮胎规格	D'/D	B'/B
205/75R15	1.0022	1.016	185/70SR13	0.998	1.000
185SR14	1.0015	1.000	165SR14	1.001	1.007
185/70SR14	1.000	1.002	175SR14	1.001	1.011

(2) 断面水平轴位置确定 子午线轮胎通常为 1～1.12，轿车轮胎为 1.00～1.20。子午线轮胎 H_1/H_2 值大于普通斜交轮胎，原因在于子午线轮胎胎体帘线垂直于钢圈呈辐射形排列，故胎圈所受应力远远大于普通斜交轮胎。水平轴远离胎圈，使法向变形最大值靠近胎冠，可减少胎圈变形，改善胎圈脱层和磨损。

(3) 行驶面宽度 b 和弧度高 h 的确定 子午线轮胎属低断面，外直径较小，因此接地印痕长轴较短，为了不减少轮胎的接地面积，应随着高宽比的减少而适当增加行驶面宽度 b，减少弧度高 h 既可改进轮胎的制动性，又可提高胎面的耐磨性能。b、h 的取值与轮胎类型、花纹形式、路面条件有关，取决于带束层刚性，亦要考虑行驶面弧度半径 R 与行驶面宽 b 的比值。

带束层刚性对胎面磨耗均匀性影响很大，多层刚性大的钢丝带束层子午线轮胎应采用较小的行驶面弧度高，以增大轮胎与路面的接地面积。一般子午线轮胎 h/H 为 0.02～0.04，相应 b/B 取值为 0.70～0.85。轿车子午线轮胎有增大 b 和减小 h 的趋势发展，但行驶面宽度一般不应超过下胎侧弧度与轮辋曲线交点之间的距离。高速轮胎行驶面宽度应比常速轮胎窄，通常取断面宽的 65％～70％，以改善胎肩部应变状况和减小滚动损失。

(4) 各部弧度半径确定

① 胎冠断面形状 一般情况下用正弧，高速胎有时也有用反弧的（反弧在离心力作用下，直径增大而成为正弧）。

正弧胎面半径计算方法与斜交轮胎相同

$$R_n = \frac{b^2}{8h} + \frac{h}{2}$$

$$S = 0.01745 R_n \alpha \qquad [S = 0.017(R_n \alpha + 2R_n'' \alpha)]$$

胎肩弧度半径 $R_n'' = 20～45mm$，视轮胎规格大小而定。

② 上下胎侧弧度半径及胎肩部设计 轿车子午胎下胎侧弧度半径大于上胎侧弧度半径，即 $R_2 > R_1$ 且要适当增大 R_2，使下胎侧挺直，增大支撑性，减少屈挠变形。在上胎侧部分，还要设一减蒲区或设一凹槽，其深度为胎侧胶厚度的 15％～35％。有的厂家为了保证胎侧不被刮伤，在轮胎的一侧水平轴附近设一加强厚度 10mm 左右。

胎肩部损坏是子午线轮胎的主要损坏特征之一。其损坏特点在大多数条件下表现为带束层钢丝端点脱空现象。因此在设计子午线轮胎时应设法减少胎肩部应力，为避免带束层边缘早期损坏，将轮胎变形区域移向下胎肩与上胎侧之间，但因子午线轮胎胎冠部坚硬而胎侧部十分柔软，如果按照普通斜交轮胎胎肩设计方法，采用切线从胎冠逐渐向胎侧过渡，势必使带束层边缘部应力增大，因此胎肩部外轮廓不宜用切线，最好用适应轮胎变形的各种弧形设计，同时在施工设计上确定内轮廓时尽量减薄下胎肩厚度。在高速轿车轮胎设计上甚至采用胎冠向胎侧的突然过渡法，将胎冠部和胎侧部的作用分开，使变形应力集中在突然过渡的部位。几种子午线轮胎胎肩部轮廓如图 2-26 所示。

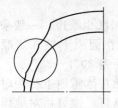 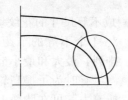 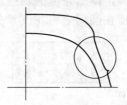

(a) 载重子午线轮胎胎肩设计　(b) 载重子午线轮胎胎肩设计　(c) 载重子午线轮胎胎肩设计　(d) 轿车子午线轮胎胎肩设计

图 2-26　子午线轮胎胎肩部轮廓设计

子午线轮胎胎肩部花纹挖空形状不同于普通斜交轮胎，应尽量避免挖空或少挖空胎肩部，以满足布置宽而平的带束层的需要，并能使肩部有足够的刚性。常见的胎肩花纹挖空方法如图 2-27 所示。

一般的轿车子午胎胎圈弧度半径 R_4 较轮缘半径 R_0 小 $0.5\sim1.0$mm，中心线位置下降 $0.5\sim1.0$mm。高速轿车的胎圈弧度半径 R_4 可大于或等于轮缘半径 R_0 即 $R_4 \geqslant R_0$。而半径 R_5 小于或等于轮辋的相应半径，使它们配合紧密。

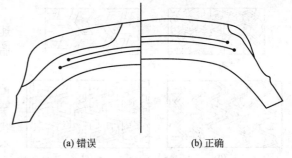

(a) 错误　　　　(b) 正确

图 2-27　子午线轮胎胎肩花纹挖空示意图

(5) 胎圈设计

① 胎圈着合直径　有内胎轿车子午线轮胎着合直径较轮辋标定的直径小 $0\sim0.5$mm；无内胎轿车子午线轮胎着合直径较轮辋标定直径小 $0.5\sim1.5$mm。

② 胎圈底部的倾斜角度　有内胎轿车子午胎，胎圈底部的倾斜角度与轮辋圈座倾斜角度基本相同，为 $5°$左右。而无内胎轿车子午胎圈底部一般用两个角度，两个角度均大于轮辋圈座倾斜角度。第一角度一般为 $7°$左右，第二角度为 $10°\sim25°$。

4. 花纹设计

(1) 子午胎对花纹的要求　轮胎胎面花纹对轮胎的行驶性能和使用寿命都有直接的影响，子午胎对花纹的要求：应保证在高速下与路面有优良的附着性能（纵向和横向）确保行车安全；胎面耐磨且磨耗均匀；滚动阻力小，节约燃料；耐刺扎、不崩花掉块；噪声小、美观。

轿车子午胎一般采用纵横相结合的花纹，如果汽车的行驶速度很高，就要把安全检查性和舒适性放在首位，采用以纵向花纹沟为主，适当配置横向花纹沟为主的花纹。但横向花纹沟多，噪声可能就大，因此要根据车辆的用途及路面条件来确定。

(2) 花纹形式

① 以纵向花纹沟为主的花纹。

② 纵横相结合的花纹。

③ 以横沟为主的花纹。

④ 全天候花纹。

(3) 设计要点

①花纹块面积为行驶面总面积的 $60\%\sim80\%$。

②纵向花纹沟与横向花纹沟配置要适当，一般在纵向花纹沟的基础上，横向分割花纹条。

在花纹条上开宽 0.4～1.0mm 的刀槽花纹，深度 5mm 左右，为防止裂口，一般把刀槽花纹设计成波浪形或有一定倾斜角度的斜线。

采用不等周节距，即在圆周上将花纹系分割成不等尺寸的花纹块来减少噪声。一般采用 3～4 个不等的节距，在圆周上按一定顺序排列，最大和最小节距差 20％～25％。

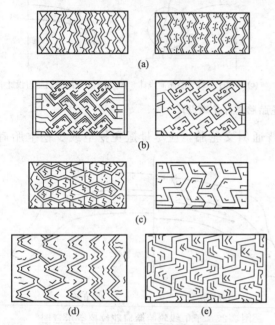

图 2-28　常见轿车子午线轮胎花纹形式
(a) 以纵向为主适用于高速行驶的花纹；
(b) 纵横结合的混合花纹（花纹块上刀槽花纹，边缘上有销钉的钉孔，适用于冰雪地行驶）；
(c) 以横向为主的花纹（具有良好的排水性能，适用于在湿路面上行驶）；(d) 不对称的胎面花纹（能改善在各种路面条件下的行驶性能）；
(e) 纵横结合适用于各种路面及气候条件的全天候花纹

有时为了提高轮胎在冰雪地上行驶时的抓着力，可在胎面上镶钉，镶钉后对地面的抓着力可提高 5 倍，但对路面的破坏很大，要酌情使用。

胎肩花纹沟一般延伸至胎肩弧度的终止处。

花纹沟不宜过窄，花纹沟的深度，一般速度的子午胎为 9mm 左右，高速轿车子午胎花纹沟较浅为 7～8mm。

在轿车子午胎的花纹沟中要设磨耗标记。胎面磨至磨耗标记处，表示轮胎已磨损至危险的程度，必须更换；磨耗量标记的形状为拱形，宽约为 10mm，在圆周上设 6～8 个，比胎面基高 1.6mm。

载重子午线轮胎花纹设计，主要围绕降低胎面发热量，提高轮胎在不同路面上的行驶性能等进行，如可采用周向花纹为主的条块（边缘）结合的胎面花纹。

常见轿车子午线轮胎花纹形式如图 2-28 所示。

花纹深度根据标准行驶里程和 1000km/h 胎面实际磨耗量计算确定。子午线轮胎 1000km/h 磨耗量在 0.07～0.2mm。也有资料介绍用于好路面上的载重子午线轮胎。花纹深度一般为断面高的 6％。子午线轮胎花纹饱和度一般 77％左右。如 9.00R20 载重子午线轮胎，在好路面上行驶，花纹面积与胎面磨耗之比见表 2-31 所列。

表 2-31　花纹面积与磨耗量之比

花纹面积	磨耗量/(mm/km)	花纹面积	磨耗量/(mm/km)
0.68	0.09	0.78	0.08

5. 胎体设计

子午线轮胎用纤维胎体钢丝带束层结构，是一种比较理想的结构，有许多优点，见表 2-32。

（1）胎体结构　用于子午线轿车胎胎体的骨架材料很多，有人造丝、聚酯和尼龙。胎体骨架材料的作用：增加轮胎的强度；提高轮胎的刚性；承担负荷、限制轮胎的变形，因此轮胎的性能和质量，在很大程度上为骨架材料所制约，是提高质量的重要保证之一。

表 2-32　子午线轮胎用纤维胎体钢丝带束层结构性能

项目	尼龙斜交胎	带束斜交胎	全纤维子午胎	纤维胎体钢丝带束子午胎
牵引性抓着性	100	120	140	180
舒适性	100	100	110	110
抗刺扎性	100	120	140	150
高速性	100	110	125	150
价格	100	110	115	130
耐磨性	100	130	145	200
负荷能力	100	110	110	120
节油性	100	105	—	115
耐久性	100	100	130	160

① 骨架材料的选取　美国、日本子午线轮胎多用聚酯帘线，而西欧国家主要用人造丝帘线。我国目前轿车子午胎胎体也用人造丝帘线，对聚酯、尼龙和芳纶帘线的应用已开展了研究工作。并试制出轮胎进行室内外试验。

a. 人造丝　干强度较高，湿强度较低，弹性模量较高，回弹率、伸长率较低，耐热性好，但耐磨性较差，与橡胶黏合、耐酸碱较差。子午线轮胎常用人造丝规格、性能见表 2-33。

表 2-33　1840dtex/3 人造丝性能

主要指标	优等品	一等品	合格品
绝干裂强度/N	≥235.4	≥225.6	≥215.8
44N 定荷伸长率/%	2.0±0.5	2.0±0.7	2.0±0.8
绝干裂伸长率/%	12±2	12±2	12±2
直径/mm	0.78±0.03	0.78±0.04	0.78±0.05
初捻捻度/(捻/m)	290±20	290±20	290±20
复捻捻度/(捻/m)	290±20	290±20	290±20
经线捻向	ZS	ZS	ZS

b. 尼龙　自 1947 年美国首先采用尼龙 66 作卡车轮胎的骨架材料以来，世界各国迄今已逐步用尼龙取代人造丝作轮胎的骨架材料。尼龙帘线的主要特点是强度高，吸湿率低，故湿强度也很高，弹性好，耐屈挠性能比人造丝高 10 倍，耐磨性优于其他纤维，但在高温下收缩率、伸长率大，和橡胶黏合差，所以在使用前必须进行浸胶和热伸张处理。

c. 聚酯　聚酯纤维由二元酸和二元醇合成制得。其主要特点是强度高、回弹性和耐疲劳性能良好，初始模量高，尺寸稳定性好，但行驶过程中生热高，耐久性差，故限制了聚酯帘线的使用范围。

d. 芳纶帘线　这是一种新型的适用于各种类型子午线轮胎用的胎体材料。其主要特点是强度高，伸长率小，收缩率低，初始模量高，耐热性和热稳定性好，化学稳定性好，耐辐射，但和橡胶黏合性能差。

e. 钢丝帘线　主要用于子午线轮胎的胎体及带束层，也可用于普通结构工程轮胎的带束层。其主要特点是耐热性和导热性极好，强度高，且强度受温度影响极小（当温度升高到其他纤维熔化点时，钢丝还能保持原强度的 93%），初始模量高，伸长率极小，有利于轮胎尺寸稳定性能。其缺点是密度大；与橡胶黏合及耐疲劳腐蚀，化学腐蚀差。

中国的钢丝帘线是用轮胎帘线专用钢作材质制造的，规格见表 2-34 所列。

为防止钢丝松散以及增加钢丝帘线同橡胶黏合，有时在帘线外层缠绕一根螺旋钢丝，这种结构钢丝用于胎体较好。轮胎的胎圈钢丝通常采用直径为 1.0mm 的粗钢丝，其扯断强力1372~1650N，表面镀黄铜或仅镀铜。

表 2-34　国产轮胎钢丝帘线规格和性能

公称直径/mm	结构	捻向	扯断强力/N	100m 质量/kg
0.45	1×4(0.22)	S	392.26	0.12
0.60	1×4(0.25)	S	441.29	0.155
0.65	1×5(0.25)	S	637.43	0.192
0.90	1×3×7(0.15)	Z/S	784.57	0.27
0.90	1×7×3(0.15)	Z/S	882.59	0.295
0.90	3(0.15)+6(0.30)	Z/S	980.66	0.375
1.05	7×3(0.15)	Z/S	1176.79	0.410
1.20	1+3+9+9×3(0.15)	S/S/Z	1470.99	0.57
1.20	1+3+5×7(0.15)	Z/Z/S	1569.06	0.535
1.20	1+3+9+9×3(0.15)	Z/Z/S	1569.06	0.54
1.35	7×7(0.15)	Z/Z/S	2157.46	0.60
1.40	7×4(0.20)	Z/S	2059.39	0.61
1.55	7×4(0.20)	S/Z	2451.66	0.86

注：S 为左捻，Z 为右捻。

总之，作为轮胎骨架材料必须具备强度，尺寸稳定性和耐屈挠性能等基本性能。当前在普通斜交轮胎中，尼龙是骨架材料的主要品种，而在子午线轮胎中，钢丝帘线是带束层和胎体帘线的主要品种；人造丝、聚酯和玻璃纤维均占一定比例，芳纶有一定发展，是一种很有前途的轮胎骨架材料。无论哪一种骨架材料都各有其优缺点，使用时应根据轮胎的规格和结构要求，选择合适的骨架材料，充分发挥其特点，以保证轮胎有最佳的行驶特性和经济效益。

f. 芳纶　是一种新型的帘线，由于它的强度高、伸长率小、模量大、收缩率小，很适于制造子午线轿车胎，是一种很有发展前途的骨架材料。

② 胎体强力的计算

计算公式：

$$N=0.1P \cdot \frac{R_k^2 - R_0^2}{2R_k ni}$$

式中　P——内压，kPa；

　　　R_k——胎里半径，cm；

　　　R_0——零点半径，cm；

　　　n——胎体层数（不包括带束层）；

　　　i——胎冠帘线密度，根/cm。

安全倍数 K：

$$K=\frac{S}{N}$$

式中　S——单根帘线强力，N；

　　　N——单根帘线所受应力，N。

轿车子午线轮胎和载重子午线轮胎胎体安全倍数见表 2-35、表 2-36。

表 2-35　轿车子午线轮胎胎体安全倍数

路面质量	安全倍数	路面质量	安全倍数	路面质量	安全倍数
好路面	10～12	不良路面	12～14	高级轿车胎	12～14

表 2-36　载重子午线轮胎胎体安全倍数

路面质量	安全倍数	路面质量	安全倍数	路面质量	安全倍数
好路面	8～12	不良路面	12～16	矿山森林	18～20

（2）带束层结构

① 骨架层的选取　带束骨架层为子午线轮胎的主要受力部件，需具有一定的强度和刚度，带束层的刚性取决于帘线的种类、角度、密度。通常采用钢丝帘线，而且帘线粗度较大，一般单丝粗度不低于 0.2mm，在 0.2～0.38mm 范围内，视轮胎规格和性能而定。例如 9.00R20 轮胎的钢丝帘线为 3+9×0.22 结构，帘线强度为 1127N/根；而 10.00R20 轮胎选用 3+9+15×0.22 钢丝帘线，帘线强度为 2471N/根；轿车子午线轮胎带束层钢丝帘线结构多为 1×4 或 1×5，单丝直径为 0.21～0.25mm，帘线直径为 0.5～0.8mm，帘线强度为 294～588N。由此可见，钢丝帘线规格不同，带束层强度亦不同，但无论采用何种结构帘线，国际上所用的钢丝帘线粗度都不低于 0.22mm。为提高带束层刚度，一般载重胎采用以下结构的钢丝帘线作带束层：3×0.20+6×0.35；3×0.20+6×0.38；3×9×0.22；3+9+15×0.22；7×4×0.22。

高速轿车子午胎除钢丝帘线之外，还采用 1～2 层尼龙帘线，以增加带束与胎面胶的附着力和箍紧力。

轿车胎常用的钢丝帘线规格有：

1×4×0.23	1×5×0.23	2+7×0.20+1×0.15
1×4×0.25	1×5×0.25	2+7×0.23+1×0.1
1×4×0.28		2+2×0.28
		2+2×0.25

② 带束层结构　带束层层数视轮胎类型及胎体和带束层所用帘线品种而定。

载重轮胎的带束层通常由三层或四层组成。三层带束层有较大的弹性，在平坦的好路面上内外层带束钢丝的应力比较均匀，在不平的坏路面上钢丝应力变化范围更小些。三层带束层中的第一层为过渡层，钢丝角度为 25°～30°，以增加轮胎侧向稳定性及改善胎肩部的应力状态，第二、三层为基本层，其钢丝排列角度为 65°～75°，其作用是承受主要应力。三层带束层结构如图 2-29 所示。

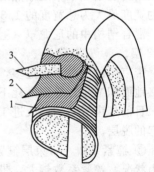

图 2-29　三角形带束层示意
1—过滤层（第一层）；
2，3—基本层（第二、三层）

四层结构带束层排列方法有两种。目前较合理的典型结构为 MichELin 载重子午线轮胎带束层。该结构使胎冠和胎肩应力分布比较均匀。带束层整体强度高，从轮胎性能来说能够提高耐磨性能和耐冲击性能，改善了子午线轮胎的操纵性和稳定性。四层结构具体形式是：一层用两边对称窄条过渡层，角度为 25°～30°排列方向与第二层一致，并非交叉排列，宽度为基本层 1/3 左右。过渡层的作用是提高侧向稳定性和增强该部刚性；第二层、第三层为基本层，是主要承载部件，角度为 65°～75°，所使用的钢丝强度较大，以保证整体轮胎在使用中不至于膨胀变形；第四层为胎冠补强层，补强层的帘线角度和排列方向通常和第三层基本层帘线相一致，宽度一般为最宽带束层（第二层）的 50％左右。增设补强层的作用在于带束层两肩部采用第一层过渡层补强以后，胎冠部刚度小于两肩部，同时带束层中部内压应力又高于两肩部，故在带束层中部增加一层补强层，可使带束层宽度各点上的刚性和应力相接近。在基本层边缘端点之间设置硬度 80（邵尔 A）左右的隔离胶，以克服因内外带束层屈挠弯曲程度不同而造成两端点之间的剪切力。四层带束层排列结构如图 2-30 所示。

带束层结构对高速轮胎的临界速度影响极大。轿车子午胎的带束层一般采用 2 层钢丝帘线，角度为 65°～80°，常用角度为 65°～73°。也有纤维帘布做带束层的，但一般不单独使

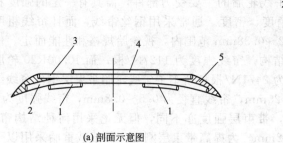 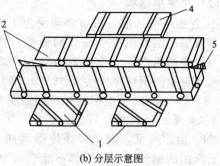

(a) 剖面示意图   (b) 分层示意图

图 2-30   四层带束层结构示意图

1—过渡层；2，3—基本层；4—补强层；5—隔离胶

用，而是与钢丝帘线组合一起形成复合结构。

带束层的宽度应尽可能加宽，一般不小于行驶面宽度的 95%（即不小于胎面的接地宽度），但应小于装在轮辋上的两胎圈间距。避免胎肩磨损和带束层端点脱层。

带束层结构有以下两种类型：

a. 一般情况下带束层采用层叠结构；

b. 为了提高轮胎的临界速度，可为采用包边式、折叠式、加尼龙罩（冠带）的混合结构。

折叠式结构和加尼龙罩的混合结构，特别是后者为高速轿车子午胎常用的结构形式，折叠式结构能增加带束层端点的刚度，行驶时变形小，工作温度低，能有效地避免肩空。折叠边的宽度最大为总宽度的 1/3。

混合结构中的尼龙罩（冠带）的帘线角度为 90°，S 级的轮胎用 0~1 层，H 级的轮胎用 1~2 层。

带束层的层数不宜过多，不能单纯地以增加层数来达到提高刚度的目的，层数过多，将使接地面积减小，导致磨耗下降。

目前带束层结构的改进工作，主要围绕加强端部，改进帘线排列、减少肩部应力集中所引起的脱层。

③ 箍紧系数   带束层箍紧系数的大小，决定轮胎的断面形状和胎体，带束层中帘线的受力状况。箍紧系数越大，带束层中帘线应力越大，胎体帘线应力越小。

$$K = (H' - H)/H'$$

式中 H'——无带束层时，充气轮胎断面高，cm；

      H——有带束层时，充气轮胎断面高，cm；

      K——箍紧系数，0.10~0.21（尼龙帘线 0.11~0.15，人造丝帘线 0.04~0.11，钢丝帘线 0.05~0.08）。

④ 带束层强力计算   带束层内压总应力计算公式为

$$T_b = 0.1P\left[\frac{F}{2} - (R_k^2 - R_0^2)\right]$$

式中 T_b——带束层内压总应力，N；

      P——轮胎内压，kPa；

      F——轮胎内轮廓断面积，cm²；

      R_k——胎里半径，cm；

      R_0——零点半径，cm。

带束层每根钢丝应力计算公式为

$$N_b = \frac{T_b}{b_b n_b i_b \sin^2 \beta_b}$$

式中　N_b——带束层单根钢丝所受应力，N；

　　　b_b——带束层平均宽度，cm；

　　　n_b——带束层层数；

　　　i_b——带束层帘线密度，根/cm；

　　　β_b——带束层角度，(°)。

带束层安全倍数计算公式为

$$K = \frac{S_t}{N_b}$$

式中　S_t——带束层单根帘线强度，N；

　　　N_b——带束层单根帘线所受应力，N；

　　　K——带束层安全倍数。

用此公式算出的安全倍数要求达到 15～20 以上。

【案例】　以 9.00R20 轮胎为例，已知轮胎内压 P686.5kPa，胎里半径 R_k 48cm，零点半径 R_0 38.3cm，F 实测为 2212.95cm。

则带束层内压总应力为

$$T_B = 0.1P\left[\frac{F}{2} - (R_k^2 - R_0^2)\right] = 0.1 \times 686.5 \left[\frac{2212.95}{2} - (48^2 - 38.3^2)\right]$$

$$= 18491.9 \text{（N）}$$

带束层基本层平均宽度 b_b 为 14.8cm，n_b 为两层，基本层帘线角度为 70°，基本层密度每厘米 65 根。

则带束层每根钢丝应力为

$$N_b = \frac{T_b}{b_b n_b i_b \sin^2 \beta_b}$$

$$= \frac{18491.9}{14.8 \times 2 \times 6.5 \times \sin^2 70°}$$

$$= 108.84$$

又知使用的钢丝强力为 1765.2N，则安全倍数为

$$K = \frac{S_t}{N_b} = \frac{1765.2}{108.84} = 16.218$$

(3) 胎圈结构设计　子午线轮胎胎圈部除承受着充气压力、制动力矩、侧滑和离心力以及胎圈与轮轴配合上所造成的复杂应力外，还由于胎体帘线子午排列，胎体帘布层少，胎体柔软，致使轮胎在行驶中一直处于反复屈挠状态之中。在这样的应力状态下，胎侧下部，子口部分和钢丝圈受力很大，使得帘布包边部位的端点易产生脱离。由于胎侧柔软，在行驶时尤其是高速行驶时就会增加不稳定性，不利于车辆灵敏控制，因此胎圈部必须大大增强。同时，又要使增强的胎圈与柔软的胎侧之间有一个适宜的刚性过渡，以防胎圈断裂和出现其他类型的损坏，改善轮胎行驶性能。

子午线轮胎胎圈部是子午线轮胎的另一设计重点。

① 子午线轮胎胎圈结构　因子午线轮胎胎圈强度要加强，故子午线轮胎胎圈部结构比普通斜交轮胎复杂，各部件设计也有所不同。胎圈结构如图 2-31 所示。

a. 三角胶芯设计　在普通斜交轮胎中三角胶芯仅起填充作用，往往掺入一些低质胶及大

量填料，含胶率很低。而子午线轮胎的三角胶芯则是加强胎圈强度的主要措施之一。因此三角胶芯尺寸比斜交轮胎大，上端位置约在下胎侧高度 H_1 的 75％位置处，大大超越轮辋高度。为了达到刚性的均匀过渡，采用软硬两种胶料复合结构。硬胶芯硬度一般在 80（邵尔 A）左右，软胶芯硬度为 70（邵尔 A）左右，两者采取逐渐交错复合形式，下部的硬胶芯为三角形，上部的软胶芯为长菱形。复合三角胶芯的尺寸、形状、硬度以及软硬配合过渡方法对整体胎圈质量影响很大，在设计时应根据具体情况而定。一般轿车子午线轮胎可采用一个三角胶芯，硬度 80～90（邵尔 A）。载重子午线轮胎则采用复合三角胶芯，如图 2-32 所示。

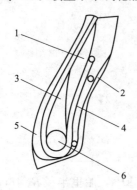

图 2-31　子午线轮胎胎圈构造示意图

1—软胶芯；2—子口胶；3—硬胶芯；
4—补强层；5—油皮胶；6—钢丝胶

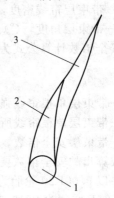

图 2-32　子午线轮胎复合三角胶芯

1—钢丝圈；2—硬胶芯；3—软胶芯

　　b. 钢圈包布　为提高钢圈包布的刚性，一般采用钢丝、玻璃纤维或化纤等低伸张的帘布。

　　c. 补强层　采用补强层补强胎圈的刚性，补强层与普通斜交轮胎的胎圈包布作用及结构相似，也可称为补强包布。采用低伸张的钢丝、化纤或玻璃帘布，覆胶硬度 75～80（邵尔 A），帘线角度一般为 70°～75°，也有的取 30°～45°、一般包贴在胎圈外侧，也有的内外各贴一层，其高度可超越轮辋边缘高度；上端向胎侧延伸至胎体帘布包边端点，呈差级排列，可提高胎侧刚性，减小变形，防止下胎侧脱层断裂。

　　d. 护圈垫胶　在胎圈与轮辋接触部位，增贴耐磨胶料，称为护圈垫胶。包覆胎圈外侧及底部，以保护胎圈免受轮辋磨损，一般胶垫厚度为 1.5～3mm。

　　② 钢丝圈设计　子午线轮胎胎圈受力较普通斜交轮胎大，必须采用高强力钢丝和钢丝圈结构来提高胎圈强度。

　　a. 钢丝圈类型　用于子午线轮胎钢丝圈类型很多，其断面形状对钢丝圈强力有很大影响。图 2-33 为钢丝圈几种断面形状。

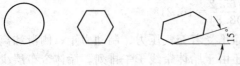

(a) 圆断面钢丝圈　(b) 六角形断面钢丝圈　(c) 宽斜六角形钢丝圈

图 2-33　钢丝圈断面形状

方形断面钢丝圈应力不均匀，故子午线轮胎不宜用多层数的方形钢圈。但目前在纤维胎体载重子午线轮胎和轿车子午线轮胎上仍有应用。

圆形钢丝圈是由单根钢丝缠绕制成的，断面呈圆形，强度利用率高。在达到相同的强度安全倍数下，圆形钢丝圈比方形钢丝圈根数可减少 45％，同时在加工过程中，易包得牢固且无损于胎圈，是正在发展的一种钢丝圈形式，但这种结构也存在着稳定性差的弱点，需增添一些附加部件，提高胎圈刚性。圆形钢圈目前已广泛用于纤维胎体的轿车和载重子午线轮胎。

宽斜六角形钢丝圈呈扁平状，可增宽胎圈，加大胎圈刚性和挺性，使胎圈紧密地与轮辋配合不致因滑动而导致慢泄气。无内胎轮胎应用此种钢丝圈。

试验表明，当胎圈钢丝根数相等时，以圆形断面钢丝圈强度最高，六角形断面次之，长方形断面强度最低。19 号钢丝直径（1＋0.02)mm，因单根钢丝强度小，根数多不易排列整齐，不能有效利用全部钢丝强度，且生产效率低、操作不便，现已向采用直径大于 1mm 的钢丝发展，如 ϕ1.3mm 的钢丝，扯断强度为 2403N/根，能大大减少钢丝根数。在选取断面形状时，还要注意钢丝排列的层数不少于 3 层，最好不超过 10 层。

b. 钢丝圈强度计算　钢丝圈所受总压力计算公式（一个胎圈）为：

$$T = 0.1P\frac{R_k^2 - R_0^2}{2}（用于平底式轮辋）$$

$$T_0 = T + T_t（用于斜底轮辋或平底、斜底轮辋）$$

式中　T_0——钢丝圈的总压力（包括过盈力），N；

T——钢丝圈所受应力，N；

T_t——钢丝圈过盈力，N；

P——轮胎内压，kPa；

R_k——胎里半径，cm；

R_0——零点半径，cm。

如果胎圈与轮辋为过盈配合（无内胎轮胎或用于斜底轮辋上的轮胎），则过盈力会造成附加应力。胎圈对轮辋过盈力计算公式为：

$$T_t = \frac{Ebr\delta_r}{2t}$$

$$\delta_r = d_r - d_t + 2a(\tan\alpha_t - \tan\alpha_r)$$

式中　T_t——钢丝圈过盈力，N；

E——钢丝圈下部材料的平均弹性模量（一般在 30～50MPa）；

b——钢丝圈宽度，cm；

r——钢丝圈平均半径，cm；

t——钢丝圈底部材料厚，cm；

δ_r——胎圈对轮辋的过盈量，cm；

d_r——轮辋着合直径，cm；

d_t——轮胎着合直径，cm；

a——轮缘至胎圈中心距离，cm；

α_t——胎圈底部倾斜角度，(°)；

α_r——轮辋胎圈座倾斜角度，(°)。

用此公式计算安全倍数为 5～6 倍。

丝根数计算公式为：

$$n = \frac{T_\delta K}{S_n}$$

式中　n——钢丝根数，根；

T_δ——钢丝圈总压力（包括过盈力），N；

S_n——单根钢丝强度（19# 钢丝强度为 1372N/根，18# 钢丝强度为 2058N/根）；

K——安全倍数（5～6 倍）。

【案例】　以 9.00R20 轮胎为例，已知轮胎内压 P 为 686.5kPa，胎里半径 R_k 为 48cm，零点半径 R_0 为 38.3cm。

钢丝圈内压应力为：

$$T = 0.1P \frac{R_k^2 - R_0^2}{2}$$

$$= 0.1 \times 686.5 \frac{48^2 - 38.3^2}{2}$$

$$= 28738.8 \text{ （N）}$$

钢丝圈由 110 根强力为 1765.2N 的钢丝制成。则钢丝圈的安全倍数为：

$$K = \frac{nS}{T} = \frac{110 \times 1765.2}{28733.8} = 6.757 \text{ （倍）}$$

因为胎圈部设计系为平底式和 5°斜底轮辋上共用，如胎圈直径取 509.5mm，胎圈底部斜度取 3°，胎圈中心到轮辋边缘距离为 15mm，则在直径为 514.3mm 的 5°斜底轮辋上过盈量为：

$$\delta_T = d_r - d_t + 2a (\tan\alpha_t - \tan\alpha_r)$$

$$= 514.3 - 509.5 + 2 \times 15 (\tan3° - \tan5°)$$

$$= 3.7476$$

胎圈对轮辋的过盈力按照公式计算为：

$$T_t = \frac{Ebr\delta_T}{2t}$$

式中，E 值取较小值为 30MPa（3000N/cm），b 为 1cm；r 为 27cm，t 为 0.9cm，则得

$$T_t = \frac{3000 \times 1 \times 27 \times 0.375}{2 \times 0.9} = 16875 \text{ （N）}$$

由此可知，轮胎钢丝圈的内压应力 T 与过盈力 T_t 之和为 $28733.8 + 16875 = 45608.8$（N），则知钢丝圈安全倍数降低为 $\frac{110 \times 1765.2}{45608.8} = 4.257$（倍）。

◤ 三、子午线轮胎施工设计(子项目三)

1. 子午线轮胎的成型方法

随着子午线轮胎的发展，人们越来越重视子午线轮胎的质量和效益等问题。而这些问题的解决在很大程度上取决于轮胎的成型技术。因此子午线轮胎的成型方法和设备，便成为轮胎行业研究的重要课题。目前采用的成型方法有两种，一次法成型和二次法成型。其中二次法成型出现较早，因为这种方法的第一段成型可以利用斜交轮胎的成型机，而第二段成型则设计出专用的可膨胀机头。二次法成型现在用的厂家较多，经验也比较丰富。轿车胎的一次法成型还存在一定的问题。但目前国际上采用一次法成型比较多，因为一次法在成型质量方面比二次法好，用于全钢丝子午线轮胎更为合适。

二次法成型是指一条子午线轮胎的成型步骤分别在两至三台设备上完成，第一段成型机完成上帘布筒、扣圈、正反包、贴子口胶、子口包布和胎侧胶。在二段成型机上完成上带束层和胎面的成型。

一次法成型是指在一台设备上完成上帘布、扣圈、正反包贴子口布、子口胶胎侧胶，上带束层和胎面等到全部成型步骤。

一次法成型省去了胎身帘布筒和胎坯的中间搬运，避免了胎体帘线扭曲变形，角度变化，钢线圈定位与成品形状相同，在成型时不转动，在反包时，因是从小直径向大直径反包，不易起褶，保证了胎体的均匀一致。

若采用二次法成型，第一段成型采用半芯轮式或半鼓式机头，胎体在成型过程中易起

褶，卸胎困难，在胎坯的搬运过程中，易产生变形，质量难以保证。

但是采用一次法成型胎体膨胀大，易出现帘布接头裂缝现象。因此一次法和二次法各有优点、也各有缺点，应根据轮胎结构来定。成型质量的好坏，不完全取决于成型方法，而在于加工的精度和成型鼓的几何形状。

轿车轮胎的成型可以采用二次法，也可以采用一次法成型，目前二次法成型技术在我国比较成熟，下面以二次法成型为例进行说明。

2. 第一段成型鼓的类型

成型鼓有三种类型，即半芯轮式、半鼓式和鼓式。二次法中的第一段成型多数采用半芯轮式或半鼓式，而一次法则采用鼓式。

轿车子午胎第一段成型鼓多用半鼓式，因为轿车胎层数少，且为单钢丝圈。

为了便于成型，不使钢丝圈底部帘线起褶，机头直径较小，一般机头直径与钢丝圈直径之比为 1.060～1.070。

3. 机头宽度的计算

$$B_s = \frac{2L}{\delta_1}\cos\alpha_c - 2(L'\cos\alpha_c - c)$$

式中　L——成品外胎胎冠中心线到钢丝圈底部的帘线长度，cm；

δ_1——帘线假定伸张值；

L'——机头曲线部分帘线长度，cm；

c——机头肩部宽度，cm；

α_c——机头上帘线角度，(°)。

当 $\alpha_c = 0$ 时，公式可写成：

$$B_s = \frac{2L}{\delta_1} - 2(L' - c)$$

4. 二段骨架胶束的宽度

据统计，二段骨架胎束的宽度比半成品（从一钢丝圈底部至另一钢丝圈底部）帘线长度大 15％左右。根据轮胎高宽比的不同而有所不同。

二段胎坯定型后，S 的大小，在试制时调正，主要控制带束层的贴合直径。

5. 带束层贴合鼓直径的确定

如果硫化时采用两半模，则胎坯不能大于模型花纹沟底部的直径，最好小 3～5mm。带束层贴合鼓的直径＝胎坯最大直径－2×半成品胎面胶厚度－2×半成品带束层厚度＝第一层半成品带束层直径（即带束层贴合鼓直径）。

按此计算数值进行试制，不理想的尺寸在试制过程中进行调整。

项目五

力车轮胎设计

一、力车轮胎的概述(子项目一)

1. 力车轮胎的分类

力车轮胎是安装在以人力为主的车辆如自行车、手推车、三轮车以及赛车上使用的充气轮胎。这些车辆具有轻便、灵活、无噪声、不用燃料、不污染、占空间少等特点，因此在现代汽车及其他机动车的迅速发展情况下，仍未能取而代之，力车轮胎一直处在不断改进与发展之中。

力车轮胎的分类方法较多，通常按以下几种方法分类。

(1) 按用途分类 力车轮胎按用途分为自行车轮胎、三轮车轮胎及手推车轮胎等。而自行车轮胎的品种较多，又可分为重用、轻便、普通、载重自行车轮胎，赛车和轻便摩托（两用）轮胎等。

(2) 按胎圈结构不同分类 由于轮辋固着形状不同，力车轮胎的胎圈结构形状则不相同，可分为软边轮胎、直边轮胎、钩边轮胎、管式轮胎和实心轮胎等。这种分类方法较能反映力车轮胎的类别，应用较多。

2. 力车轮胎的结构特点

力车轮胎与汽车轮胎一样，是充气空心轮胎，由外胎和内胎组成。直边轮胎，为了防止轮辋辐条刺伤内胎，一般可由废内胎胶条代替垫带，不必专门生产垫带配套，软边轮胎可利用胎圈边缘包布相互重叠而起垫带保护内胎的作用。几种不同类型的力车轮胎如图 2-34 所示。

外胎由胎面胶（包括胎侧胶）、帘布层和胎圈等主要部件组成。胎冠帘线角度一般为 $48°\sim50°$。自行车轮胎一般取 2 层帘布，手推车轮胎一般取 4 层帘布。胎圈由半硬质胶芯或钢丝圈为骨架，外包挂胶帘布及胎圈包布，使胎圈有足够的强度，能牢固、坚实、稳固于轮辋上。

力车轮胎没有缓冲层。胎面有花纹，一般为普通花纹，也有混合及越野花纹。

力车轮胎根据胎圈结构及形状不同，其结构设计有所不同，现分述如下。

116

(a) 软边轮胎

(b) 直边轮胎

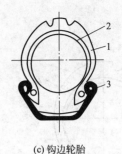
(c) 钩边轮胎

图 2-34　力车轮胎装配图

1—外胎；2—内胎；3—轮辋

（1）软边轮胎　软边轮胎代号为 BE（Beade Edge）。胎圈由半硬质胶芯在帘布及胎圈包布的包覆下组成坚实体，并具有耳形的胎锤结构。胎耳嵌入轮辋内，在胶芯的收缩力和轮辋边缘的限制下，使外胎稳固于轮辋上（胎圈直径略小于轮辋直径），以承受内压及负荷。软边轮胎断面结构见图 2-35。

软边轮胎为老式结构，胎圈不够坚固，使用中易产生"烧边"现象。胎体较重，胶料及帘布用量比硬边轮胎多 10%～14%。但这种轮胎对轮辋尺寸要求不严格，较易维修，稍有内压不足时，也不易滑出轮辋。生产技术工艺较稳定。因此国内软边力车轮胎的生产比重仍然较大。但产品的发展已渐趋于硬边化。国外经济发达国家，力车轮胎已基本硬边化，如欧美等国家自行车轮胎系列标准中只分直边及钩边轮胎，没有软边轮胎的规格系列，日本软边轮胎只占 5% 左右，主要保留 26×2 规格轮胎。

（2）直边轮胎　直边轮胎代号为 WO（Wired-On）。胎圈外形与汽车轮胎相似，具有直角形胎踵结构，由于以钢丝圈为骨架又称硬边轮胎。胎圈是由单根或多根钢丝为芯，外层以挂胶帘布及细帆布作保护层，依靠钢丝圈的强度稳固于轮辋上。直边轮胎断面结构见图 2-36。

图 2-35　软边轮胎

1—外胎胎冠；2—内胎；3—外胎
胎侧；4—外胎胎耳；5—胶芯

直边轮胎乘骑轻便，缓冲性能好，固着性能好，装卸方便。其生产工艺机械化程度高，劳动强度比软边轮胎低，原材料消耗较合理，这种力车轮胎广泛使用。

（3）钩边轮胎　钩边轮胎代号为 HE（Hooked Edge）。胎圈外形及结构综合软边轮胎和直边轮胎的特点，具有马蹄形胎踵结构，由于以钢丝圈为骨架，也属于硬边轮胎。胎圈由单根或多根钢丝为芯，外层由挂胶帘布及细帆布作为保护层，依靠钢丝圈强度和受轮辋边缘的限制，使外胎稳固于轮辋上。这种结构适于宽断面、低气压、小轮径的轻便自行车轮胎。其轮胎充气容量大、乘骑舒适，是国际上新发展的一个品种。中国于 1973 年已开始生产。钩边轮胎断面结构见图 2-37。

钩边轮胎由于胎圈呈突缘形状，具有在低气压下不易脱出轮辋的优点，也具有直边轮胎缓冲性能好、便于装卸的优点。这种轮胎国外发展较快，按公称断面宽系列有 1.25、1.35、1.75、2.125；按公称外直径系列有 16、20、24、26，共组合成为 16 个规格。

（4）管式轮胎　管式轮胎（Tubular）是密封环形管，由无纬帘布包覆在薄壁内胎上，经缝制硫化而成，内外胎组成一整体，用黏合胶浆直接安装在轮辋上。固着面覆有加强布层。在充气内压下，内圈压力使轮胎与轮辋牢固箍紧着合，轮胎在高速滚动摩擦时，也能避免轮胎的脱出。管式轮胎断面结构见图 2-38。

管式轮胎为特殊型的自行车轮胎，是一种赛车专用轮胎。具有弹性好、重量轻、乘骑轻

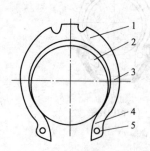

图 2-36　直边轮胎
1—外胎胎冠；2—内胎；3—外胎
胎侧；4—外胎胎圈；5—钢丝

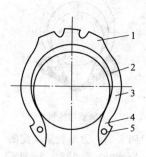

图 2-37　钩边轮胎
1—外胎胎冠；2—内胎；3—外胎胎侧；
4—外胎胎圈；5—钢丝

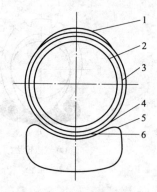

图 2-38　管式轮胎装配图
1—外胎胎冠；2—内胎；3—外胎胎侧；
4—封口带；5—轮辋；6—包缝处

快、滚动阻力小、安全耐用的特点。由于制造工艺复杂，生产效率低，维修困难，只适于体育锻炼及比赛用。自行车赛车速度一般为 40km/h，高速达 60km/h。中国于1965 年试制成功 27×1 规格的管式赛车轮胎，现在该产品性能已达到意大利同类产品水平。

　　根据不同的使用条件和性能要求，通常将管式轮胎分为三大类，即练习型、场地型和公路型。这种轮胎断面小，力求轻量化，国际比赛轮胎每条只有 130g 左右。

3. 力车轮胎规格表示

　　力车轮胎规格品种按国际标准（ISO）形成系列化，除了少数软边轮胎以外，直边轮胎和钩边轮胎，每种规格都有标准轮辋，其外缘尺寸、充气内压、相应负荷都有较具体的规定。各国基本上趋向统一标准，使产品在国际市场上配套，具有通用化和适用性。

　　中国力车轮胎的规格标志，主要参数已与 ISO 保持一致。新国标中的力车轮胎规格类型除了软边、直边外，又增加了钩边类。外胎按使用对象不同分为载重型（Z 级）、普通型（P 级）和轻型（Q 级）三种类型。

　　力车轮胎规格命名法可分为以下两种。

　　(1) 英制命名法　一般以外胎外直径 D 和断面宽度 S 的公称尺寸来表示；中间用 "×" 号将 D、S 相连，即 "$D×S$"，单位为 in。

　　① 软边轮胎　用 $D×S$ B/E 来表示，如 "28×1 B/E 等"。

　　② 直边轮胎　用 $D×S$ W/O 来表示，如 "28×1 W/O 等"。

　　③ 钩边轮胎　用 $D×S$ H/E 来表示，如 "26×2.125W/O 等"。

　　④ 管式轮胎　用 $D×S$ 来表示，目前，管式轮胎的规格仅有 "27×1" 一种。

　　英制命名法数字简单，便于记忆，当轮胎规格品种不复杂时较为适宜，目前，软边轮胎和钩边轮胎仍采用这种命名法。

　　(2) 公制命名法　以外胎断面宽度 S 和胎圈着合直径 d 的公称尺寸来表示，中间用 "-" 符号将 S、d 相连，即 "S-d"，单位为 mm。

　　直边轮胎的规格标志采用国际（ISO）中的有关规定表示，如 "37-590W/O（26×1W/O）"，"40-635W/O（28×1W/O）" 等。

　　用公制命名法适于轮胎规格品种繁多，便于系列化。主要力车轮胎规格及基本参数见表2-37 和表 2-38。

表 2-37　主要力车直边轮胎（W/O）的基本参数

| 级别 | 轮胎规格 | | 帘布层数 | 标准轮辋/mm | | 主要尺寸/mm | | 使用标准 | | 用途 |
	标志	原 GB 1702—79 标志		着合直径 ±1mm	断面内口宽度 ±0.5mm	充气断面宽±2mm	充气外直径 ±5mm	最大负荷 /kN	相应气压 /MPa	
Q、P	32-630	27×1	2	630	18	29	693	0.69	0.49	赛车
Q、P	37-540	24×1	2	540	22	32	614	0.69	0.34	自行车
Q、P	37-590	26×1	2	590	22	32	660	0.69	0.34	自行车
P	40-330	16×1	2	330	25	37	408	0.54	0.41	自行车
P	40-432	20×1	2	432	25	37	510	0.59	0.41	自行车
P	40-584	26×1	2	584	25	37	660	0.78	0.34	自行车
Q	40-635	28×1	2	635	25	37	713	0.78	0.34	自行车
P	40-635	28×1	2	635	25	37	715	0.98	0.39	自行车
Z	40-635	28×1	2	635	25	37	715	1.47	0.59	载重自行车
P	47-622	28×1	2	622	27	44	712	0.98	0.34	自行车
Z	70-535		2	535	45	66	675	3.92	0.69	手推车
Z	80-535		2	535	45	76	692	4.90	0.69	手推车

表 2-38　主要力车直边轮胎（B/E）和钩边轮胎（H/E）的基本参数

| 级别 | 轮胎规格 | 类别 | 帘布层数 | 标准轮辋/mm | | 主要尺寸/mm | | 使用标准 | | 用途 |
				着合直径 ±1mm	断面内口宽度 ±0.5mm	充气断面宽±2mm	充气外直径 ±5mm	最大负荷 /kN	相应气压 /MPa	
Z	26×1	软边	2	600	22.5	37	660	0.98	0.44	三轮车、自行车
P	28×1	软边	2	650	22.5	37	715	0.98	0.41	自行车
Z	28×1	软边	2	650	22.5	37	715	1.47	0.59	载重自行车
Z	26×1	软边	2	600	25	40	682	1.18	0.41	三轮车
Z	26×2	软边	4	600	28	46	688	1.96	0.59	三轮车、手推车
Z	28×2	软边	4	651	27	48	741	1.96	0.59	手推车
P	28×1	软边	2	622	28	43	712	0.98	0.34	自行车
Z	26×2	软边	4	584	36	62	698	3.19	0.59	手推车
Z	13×2	软边	4	270	36	62	365	1.58	0.59	小手推车
Q、P	20×1.75	钩边	2	422	25	44	500	0.64	0.34	自行车
Q、P	24×1.75	钩边	2	524	25	44	602	0.69	0.34	自行车
Q、P	20×2.125	钩边	2	422	25	54	518	0.78	0.29	自行车

4. 力车轮胎的轮辋

　　各种力车轮胎的轮辋形式、断面尺寸及几何形状都有标准规定，使其与轮胎合理配合并具有通用性和互换性。轮胎与轮辋的尺寸配合十分重要，尤其是直边轮胎、钩边轮胎的轮辋尺寸标准要比钩边轮胎严格。以达到装卸方便，使用安全可靠的目的。

　　力车轮胎的轮辋均为深槽式，整体结构，中部有凹槽，以便于轮胎的装卸，并可增加轮胎的充气容量。

（1）自行车轮胎用轮辋

　　① 软边轮胎用轮辋其轮辋断面形状及主要尺寸见图 2-39 及表 2-39。

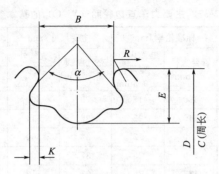

图 2-39　软边轮胎用轮辋

表 2-39　软边自行车轮辋尺寸

B/mm		E/mm	K/mm	R/mm	α
22.5	±1	15	≥3	≤2.5	100°±5°
20		13			

② 直边轮胎用轮辋　其轮辋断面形状及主要尺寸见图 2-40 及表 2-40。

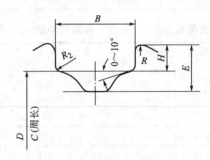

图 2-40　直边轮胎用轮辋

表 2-40　直边轮胎用轮辋尺寸　　　　　　　　　　　　　单位：mm

B		E	H	R₂
18	±1	11.5	6.5	1.5
20				1.8
22		13.5	±0.5	
25		15	7.3	2.0

③ 钩边轮胎用轮辋　其轮辋断面形状见图 2-41。

④ 管式轮胎用轮辋　其轮辋断面形状及主要尺寸见图 2-42 及表 2-41。

表 2-41　管式轮胎用轮辋尺寸　　　　　　　　　　　　　单位：mm

轮胎规格	轮辋宽(A)	直径(D)	轮辋厚度(t)
27×1	22±0.5	631	10

(2) 手推车轮胎用轮辋

① 软边轮胎用轮辋　目前中国只有软边手推车轮胎用轮辋有国家标准（GB 3936.2—83），其轮辋形式及主要尺寸见图 2-43。其他规格如 26×2 等软边轮胎用轮辋只有企业自行控制，没有任何级别的标准。

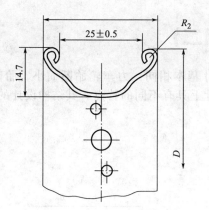

图 2-41 钩边轮胎用轮辋

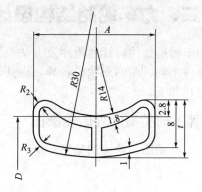

图 2-42 管式轮胎（规格 27×1）用轮辋

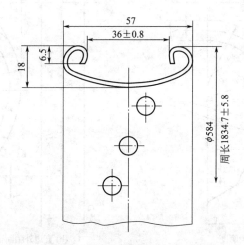

图 2-43 20×2½B/E 的轮辋形式及尺寸

② 直边手推车轮胎用轮辋 中国直边手推车轮胎仅有 27×3 和 26.5×2.75 两种规格，共同使用一种轮辋，没有标准，仅有力车轮胎行业协议。其轮辋断面结构如图 2-44。

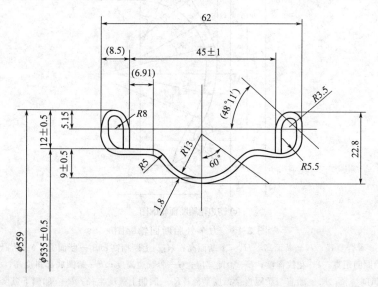

图 2-44 力车胎行业协议 27×3、26.5×2.75 直边轮胎用轮辋结构图

121

二、力车轮胎结构设计(子项目二)

力车轮胎结构设计的程序及方法与汽车轮胎设计基本相同。力车轮胎断面小、胎体薄，使用条件不同，胎圈形状也各异，因此，在结构设计上具有不同的特点。其结构设计的主要方面分述如下。

1. 几种不同类型的外胎轮廓图

力车外胎断面轮廓图见图 2-45。

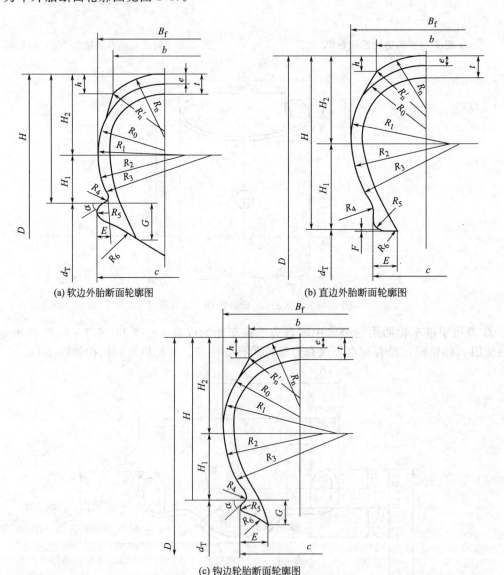

(a) 软边外胎断面轮廓图　　　　　(b) 直边外胎断面轮廓图

(c) 钩边轮胎断面轮廓图

图 2-45　力车外胎断面轮廓图

D—外直径；d_T—着合直径；H—断面高；H_1—下断面高；H_2—上断面高；B_f—断面宽；b—胎冠宽；h—胎面弧度高；c—模型胎圈间距离；e—花纹深度；E—胎踵宽度；G—胎趾边高度；F—胎圈底部斜度高；α—胎耳（或踵）角度；R_n—胎冠弧度半径；R_n'—胎肩与胎冠连接弧度半径；R_1—胎侧上弧度半径；R_2—胎侧下弧度半径；R_3—胎侧下端与胎踵根部连接弧度半径；R_4—胎侧与胎踵连接弧度半径；R_5—胎踵弧度半径；R_6—胎趾边弧度半径

2. 力车轮胎负荷能力计算

轮胎最大负荷与气压、充气断面宽及轮辋直径等因素有关，计算轮胎负荷的基本公式为：

$$W = 2.68 \times 10^{-7} KP^{0.585} B^{1.39} (B + D_r)$$

式中　W——轮胎理论负荷量，kN；

　　　P——轮胎相应气压，kPa；

　　　K——轮胎负荷系数（车辆速度 30km/h 以下取 0.9～1.0，20km/h 取 1.0～1.1，20km/h 以下取 1.1～1.2，20km/h 以下的载重轮胎取 1.2～1.4）；

　　　D_r——标准轮辋着合直径，mm；

　　　B——理想轮辋上的充气断面宽度，mm。

在负荷能力计算中，其设计轮胎的充气断面宽度 B_1 应换算成为符合理想轮辋上轮胎充气断面宽度 B，其换算公式为：

$$B = \frac{180° - \sin^{-1} W'/B_1}{180° - \sin^{-1} W/B} \times B_1$$

式中　B_1——轮胎充气断面宽度，mm；

　　　W'——标准轮辋断面宽度，mm；

W/B 理想轮辋断面宽与理想轮胎充气断面宽之比值（取 0.625 或 0.7）。

【案例一】　$28 \times 1\frac{1}{2}$ 软边加重自行车轮胎。已知：最大负荷为 1.47kN，相应气压为 588.4kPa，$B_1 = 37$mm，$W' = 22.5$mm，$D_r = 645$mm，$W/B = 0.625$，$K = 1.3$，计算该轮胎负荷是否满足设计要求。

计算 B 值：

$$B = \frac{180° - \sin^{-1} W'/B_1}{180° - \sin^{-1} W/B} \times B_1 = \frac{180° - \sin^{-1} 22.5/37}{180° - \sin^{-1} 0.625} \times 37$$

$$= \frac{142.55°}{141.32°} \times 37 = 37.3 \ (mm)$$

计算 W 值：

$$W = 2.68 \times 10^{-7} KP^{0.585} B^{1.39} (B + D_r)$$

$$= 2.68 \times 10^{-7} \times 1.3 \times 588.4^{0.585} \times 37.3^{1.39} (37.3 + 645)$$

$$= 1.52 \ (kN)$$

通过计算，该轮胎的负荷能满足设计要求。当负荷量不能满足要求时，气压不变可适当增加轮胎断面宽度来调整。

3. 力车轮胎外胎外轮廓设计

（1）断面宽度 B_f 值和断面高度 H 值的确定　未充气力车轮胎（即硫化模型尺寸）的断面宽度 B_f 值和断面高度 H 值是力车轮胎结构设计的两个重要参数，其比值 H/B_f 所选取的大小与轮胎的结构形式、帘线种类、花纹类型及轮辋宽度等因素有关。H/B_f 值决定轮胎的变形规律，直接影响轮胎的使用性能。一般取直范围见表 2-42 所列。

表 2-42　力车轮胎 H/B_1 值和 D'/D 值

轮胎类型	H/B_1	D'/D
$26 \times 2\frac{1}{2}$ 软边外胎	0.992～1.061	1.024～1.039
$28 \times 1\frac{1}{2}$ 软边外胎	0.921～1.028	1.011～1.021
40-635（$28 \times 1\frac{1}{2}$）硬边外胎	1.15～1.246	0.944～0.997

① 断面宽度 B_f 值的确定　力车轮胎断面宽度根据充气断面宽度及变化率 B_1/B_f 来确定。而 B_1/B_f 值与 H/B_f 值大小有关。由于力车轮辋宽度一般较窄，其硫化模型胎圈间距离 c 值需大于轮辋宽度，使其有利于改善胎侧胶料的流动，克服胎侧缺胶现象。由于 $c_{胎} > c_{辋}$，则模型断面宽相应增大，一般规律接近轮胎充气断面宽度，B_1/B_f 等于 0.97～1.05。设计时提供取值范围的轮胎断面宽度计算公式。

硬边自行车轮胎：$B_1 = B_f(1.04～1.05)$

软边手推车轮胎：$B_1 = B_f(0.99～1.02)$

软边自行车轮胎：$B_1 = B_f(0.97～1.01)$

轮胎最大宽度：$B_{max} = B_1 + 3 (mm)$

② 断面高度 H 的确定　根据 H/B_f 值来计算断面高度 H 值：

$$H = (H/B_f)B_f$$

轮胎外直径 D 计算公式为：

$$D = d_T + 2H$$

式中　d_T——轮胎着合直径。

轮胎最大外直径 $D_{max} = D' + 6 (mm)$

(2) 胎面行驶面宽和胎冠弧度高的确定　一般力车轮胎多采用有胎肩结构，赛车轮胎为无胎肩结构。力车轮胎行驶面宽度 b 值趋于取小值，弧度高 h 取大值，由 b/B_f 及 h/H 值进行确定。

$$b = (b/B_f)B_f$$
$$h = (h/H)H$$

几种常用力车轮胎的 b/B_f 及 h/H 值范围见表 2-43。

表 2-43　几种不同规格力车轮胎的 b/B_f 及 h/H 值

轮胎类型	b/mm	b/B_f	h/mm	h/H
26×2½软边外胎	40～45	0.65～0.70	7～8	0.11～0.13
28×1½软边外胎	20～22.5	0.55～0.6	3～4	0.08～0.12
40-635(28×1½)硬边外胎	20～22	0.58～0.65	3.5～4.5	0.08～0.1

(3) 断面水平轴位置的确定　轮胎断面水平轴位置用 H_1/H_2 值来表示。水平轴位置决定着胎侧最大变形部位，若水平轴偏低或偏高，对轮胎性能有很大影响，必须正确选择 H_1/H_2 值。软边手推车轮胎 H_1/H_2 值一般为 0.6～0.7，软边自行车轮胎 H_1/H_2 值一般为 0.55～0.65，直边自行车轮胎 H_1/H_2 值一般为 0.8～0.9。

H_1 及 H_2 计算公式：

$$H = H_1 + H_2$$
$$H_1 = (H_1/H_2)H_2$$
$$H_2 = H - H_1$$

(4) 胎圈设计　胎圈设计包括轮胎着合直径、胎圈着合宽度（胎圈间距离）及胎圈、胎耳轮廓尺寸等方面。设计依据是以轮胎所配标准轮辋尺寸为准进行设计。

① 胎圈间距离 C 值的确定胎圈间距离是指模型上两胎圈间距离，其大小与轮胎类型及规格有关。断面较小的硬边轮胎（如 40-635，20×2.125 等）以及大部分软边轮胎，其 C 值一般大于轮辋宽度，而大型硬边轮胎（如硬边手推车轮胎和摩托车轮胎等）C 值一般等于轮辋宽度。C 值的选取必须根据轮胎的结构和工艺条件而定，当 C 值较大时，轮胎下胎侧轮廓曲率减小，有利于胶料流动，能够减少在硫化时的胎侧缺胶现象。但 C 值过大时，将使胎

侧成为直线，轮胎安装在轮辋上后胎侧伸张变形大，将降低胎侧耐屈挠性能，导致胎侧胶早期老化和裂口。C/B_f 值应在一定范围内，软边自行车轮胎为 0.85～1.00；软边手推车轮胎为 0.8～0.95；硬边自行车轮胎为 0.70～0.95。

C 值由断面宽 B_f 和 C/B_f 值计算，计算公式为：

$$C=(C/B_f)B_f$$

② 胎圈直径的确定　轮胎是依靠胎圈与轮辋固着，才能保证轮胎的正常运转。轮胎的着合直径 d_T 就是指与轮辋着合和受力最大部位的直径，既要配合紧密，又要装卸方便。因此胎圈着合直径 d_T 应根据轮辋为设计基准，按照软边轮胎和硬边轮胎的不同特点进行确定。

a. 软边力车轮胎着合直径 d_T 的确定　d_T 是指胎耳根部的直径，根据轮辋相应的直径 D_r 的尺寸来确定。d_T 值取决于 D_r/D_T 的比值（见图 2-46）。此值对轮胎使用性能影响很大。D_r/D_T 值选取过小，胎耳对轮辋伸张力小，又降低胎耳对轮辋的固着性，在使用过程中易发生滑边。D_r/D_T 值选取过大，胎体对轮辋的伸张变形大，不但轮胎装卸困难，严重者将使胎耳胶芯和帘布撕裂，降低胎耳刚性，容易发生烧边。一般软边手推车轮胎 D_r/D_T 比值范围为 1.045～1.055，软边自行车轮胎 D_r/D_T 比值范围为 1.025～1.035。

b. 硬边力车轮胎着合直径 d_T 的确定　依据标准轮辋相应的直径 D_r 来确定。

直边轮胎胎圈和轮辋示意图见图 2-47，钩边轮胎胎耳与轮辋示意图见图 2-48。

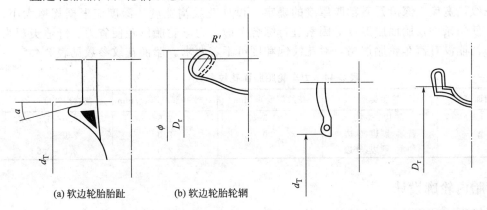

(a) 软边轮胎胎趾　　　(b) 软边轮胎轮辋

图 2-46　确定 d_T 值示意　　　　　图 2-47　直边轮胎胎圈和轮辋示意

d_T 值的确定必须考虑轮胎与轮辋之间的紧密配合。如果 $d_T<D_r$ 则装卸轮胎较困难，易损坏胎圈，并且轮胎与轮辋不易装正，影响使用性能。如果 $d_T>D_r$，则易产生相对位移与扭转，严重的会造成脱圈现象，使产品失去使用价值。直边轮胎的着合直径 d_T 选取比标准轮辋 D_r 小 0.5～1.5mm。钩边轮胎的着合直径一般取 $d_T=D_r$。

$$D_r=\phi-2R$$

式中　ϕ——钩边轮辋外直径，mm；

R——轮辋圈口圆弧半径，mm。

d_T 的公差范围为上限为 0.2mm，下限为 0，胎耳夹角 30°左右

③ 胎圈及胎耳部轮廓曲线设计　硬边轮胎胎圈及软边轮胎胎耳曲线设计以所配标准轮辋曲线为基准，必须紧密卡在轮辋上。如果配合不好，两者易产生相对位移而磨损胎圈及烧边。

4. 胎面花纹设计

力车轮胎花纹要求有较好的抓着性、防侧滑性、自洁性、耐刺伤性、轻快性，以及美观、新颖、舒适、易于加工。通常根据使用要求选取合适的花纹类型。

(1) 花纹类型　力车轮胎花纹有普通花纹（水波、竹节、条形、宝石、方块等）、混合花纹和越野花纹，见图 2-48。

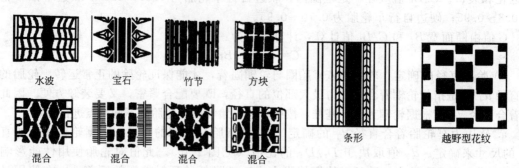

图 2-48　力车轮胎花纹类型

自行车轮胎多采用方块花纹及混合花纹，因使用及行驶性能较好。越野自行车其轮胎采用越野花纹，使用性能除不轻快外，其他均较好。

手推车轮胎常用宝石及水波花纹，轻快性及防侧滑性较好，但抓着性和耐刺伤性较差，模型也不易加工。竹节花纹轻快性好，加工容易，但自洁性及抓着性均不如水波花纹。

(2) 花纹沟宽度、深度及基部胶厚度的确定　设计花纹沟宽度、深度应根据规格大小、花纹类型、使用条件及胎面胶厚度等因素进行综合考虑。力车轮胎以轻便省力、舒适美观为主，其耐磨性能没有汽车轮胎严格，对花纹饱和度可不着要求。胎面花纹参数见表 2-44。

表 2-44　力车轮胎胎面花纹参数

力车轮胎断面规格	轮胎类型	花纹深度≥/mm	花纹基部胶厚≥/mm	花纹沟宽度/mm
1½以上	硬边、软边	2.5	2.5	3.0～5.5
1½以下	普通、硬边、软边	2.0	2.0	2.0～2.5
（包括1½）	加重、硬边、软边		2.0	2.0～2.5

5. 力车轮胎内轮廓设计

轮胎内轮廓决定内压应力分布，并影响胎体的变形，所以要合理选取骨架材料、确定各部位材料厚度。

(1) 帘布层数确定　帘布层数、帘线强度及密度等因素影响胎体强度。胎体强度决定轮胎的承载能力和使用性能。帘布层数主要根据所使用的充气压力、安全倍数和帘线强度来确定。力车轮胎帘布层数虽然基本不变，但帘线规格品种是根据轮胎帘线伸张应力的大小而进行选取。为合理选用骨架材料，仍需计算在充气压力下单根帘线所受的伸张应力及安全倍数。单根帘线所受张力（见图 2-49）一般应用施墨里雅尼诺夫近似公式计算：

$$I=\frac{P\rho[r(2\tan\beta+\operatorname{ctan}\beta)-\rho\sin\phi\tan\beta]}{10Nri}$$

式中　I——帘线所受最大伸张应力，N/根；

　　　i——成品帘线密度；根/cm；

　　　r——轮胎断面第一层帘布上的中心点到车轮旋转轴的距离（$r=\dfrac{D-2t'}{2}$，t' 为胎面胶厚度），cm；

　　　P——充气压力，kPa；

　　　ρ——按帘布中心层计算的充气外胎的断面半径，（$\rho=\dfrac{L}{2\pi}$，L 为外胎内轮廓断面周长）cm；

β——胎冠帘线角度（48°～50°），（°）；

ϕ——断面水平轴与径向间的夹角（力平轮胎一般都为径向轴与水平轴的夹角，$\phi=90°$，$\sin\phi=1$）；

N——帘布层数。

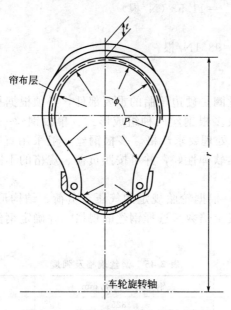

图 2-49 单根帘线所受张力计算图

成品帘线密度计算公式为：

$$i=\frac{i_0\cos\alpha}{\delta\cos\beta}$$

式中 i——成品帘线密度，根/cm；

α——帘布裁断角度；

i_0——半成品帘线密度，根/cm；

δ——胎里直径与第一层帘布筒直径比值。

为了证实所确定的帘布层数与帘线规格的合理性，可用安全倍数 K 值来进行验证，K 值应用下式计算。

$$K=\frac{\sigma}{I}$$

式中 K——帘线强力安全倍数（一般5～7倍）；

σ——帘线强力，N/根；

I——帘线所受最大伸张应力，N/根。

【案例二】 40-635（28×1½）硬边自行车轮胎，已知 $N=2$、$P=412$kPa。断面帘布中层周长半径 $P=1.58$cm，断面第一层帘布中心点至车轮轴间的距离 $r=35.175$cm，胎冠帘线角度取 $\beta=49°$，断面水平轴与径向夹角 $\phi=90°$，则 $\sin90°=1$、帘线密度 $i_0=9$ 根/cm，帘布裁断角度 $\alpha=45°$，胎里直径与第一层帘布筒直径比值 δ 取 1.1，求单根帘线所受的伸张应力。

成品帘线密度计算：

$$i=\frac{i_0\cos\alpha}{\delta\cos\beta}=\frac{9\cos45°}{1.1\cos49°}=8.8（根/cm）$$

帘线所受伸张应力计算：

$$I = \frac{P\rho[r(2\tan\beta + \text{ctan}\beta) - \rho\sin\phi\tan\beta]}{10Nri}$$

$$= \frac{412 \times 1.58[35.175 \times (2 \times 1.15 + 0.869) - 1.58 \times 1 \times 1.15]}{10 \times 2 \times 35.175 \times 8.8}$$

$$= 11.53 \text{ (N/根)}$$

帘线安全倍数计算：

尼龙帘线 140tex/1，$\sigma = 98.1$N/根，

则 $K = \dfrac{\sigma}{I} = \dfrac{98.1}{11.527} = 8.5$。

(2) 钢丝圈结构　钢丝圈是硬边轮胎的重要部件，必须根据技术要求进行设计。一般力车轮胎钢丝圈有单根钢丝或多根钢丝两种组成形式。单根钢丝一般多采用 14#、15# 钢丝，直径为 1.8～2.3mm，接头处理要求严格。多根钢丝一般采用直径 1mm 的 19# 钢丝经包胶缠绕成型，其钢丝圈比较柔软弹性好，并可按照负荷、规格的不同而增减缠绕数，灵活性较大，接头工艺简单。

① 钢丝圈规格的选择　根据轮胎规定的气压、负荷、结构形状计算出钢丝圈所受的应力，然后以钢丝的强度及安全倍数来选择钢丝的规格，并确定钢丝圈中的钢丝根数。钢丝规格及强度见表 2-45。

表 2-45　钢丝规格及强度

钢丝规格	钢丝断面直径/mm	钢丝强度/(kN/根)
镀锌 15#	1.825	4.51
镀锌 14#	2.032	5.77
镀锌 13#	2.337	6
镀锌 19#	1	1.3

② 钢丝圈直径　根据轮胎使用时安装方便、不发生滑圈等要求来确定。

直边轮胎单根钢丝圈直径见图 2-50，计算公式为：

$$D_S = d_T + 2(TK + R_S)$$

式中　D_S——单根钢丝圈中心直径，mm；

d_T——轮胎着合直径，mm；

T——未压缩时钢丝圈下部材料的总厚度，mm；

K——压缩系数（$K = 0.90～0.95$）；

R_S——单根钢丝断面半径，mm。

直边轮胎多根丝圈中，D_S 为钢丝圈的内直径，计算公式为：

$$D_S = d_T + 2KT$$

钩边轮胎单根钢丝圈直径见图 2-51，计算公式为：

$$D_S = d_T - 2(T + R_S)$$

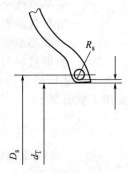

图 2-50　直边轮胎钢丝圈
计算图

式中　D_S——钩边轮胎钢丝圈中心直径，mm；

d_T——钩边轮胎着合直径，mm；

T——轮胎着合直径至钢丝圈上部间隙（取 $T = 1.5～2.0$mm）；

R_S——钢丝圈断面半径，mm。

钩边轮胎多根钢丝圈中，D_S 值指钢丝圈的内直径，计算公式为：

$$D_S = d_T - 2(T - \phi_S)$$

式中　ϕ_S——多根钢丝圈的断面高度（见图 2-52）。

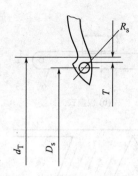

图 2-51　钩边轮胎钢丝圈计算

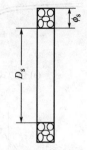

图 2-52　钩边轮胎多根钢丝钢丝圈图

③ 钢丝应力计算　钢丝圈应力计算如图 2-53 所示，计算公式为：

$$Q=\frac{P}{40}\left[2\pi\rho^2+D_r(W'-2E)\right]$$

式中　Q——钢丝圈所受应力，N；

P——轮胎充气压力，kPa；

W'——轮辋宽度，cm；

D_r——轮辋着合直径，cm；

E——胎趾宽度，cm；

ρ——按帘布中心层计算的充气轮胎的断面半径

（$\rho=\frac{L}{2\pi}$，L 为外胎内轮廓断面周长），cm。

钢丝圈安全倍数的计算公式为：

$$K=\frac{n\sigma}{Q}$$

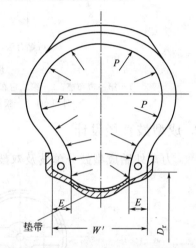

图 2-53　钢丝圈应力计算图

式中　K——钢丝圈安全倍数（一般为 4~7）；

n——每个钢丝圈中钢丝根数，根；

σ——单根钢丝强度，N/根；

Q——钢丝圈应力，N。

三、力车轮胎施工设计(子项目三)

力车轮胎断面小，帘布层数少，而内外直径较大，因此成型较方便。

1. 成型方法

根据产品结构形式，力车外胎成型方法基本有 4 种，见表 2-46。几种成型方法如图 2-54 所示。

表 2-46　力车外胎成型方法

成型方法	适用轮胎类型	成型鼓形式	成型鼓鼓面结构
多层差级贴合法	软边力车外胎	单鼓	平鼓式
多层包边贴合法	硬边手推车外胎	单鼓	平鼓式
单层包叠法	硬边自行车外胎	单鼓、双鼓	平鼓式
单层缠绕法	硬边自行车外胎	双鼓	平鼓式

注：单层缠绕法，由于不适用尼龙帘线成型，现在中国已基本不用。

129

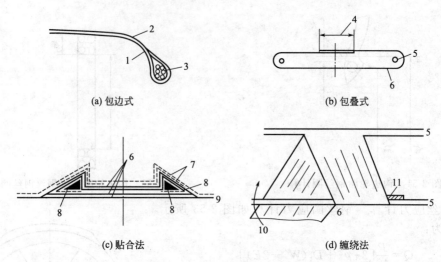

(a) 包边式　　　　　　　　　　　　(b) 包叠式

(c) 贴合法　　　　　　　　　　　　(d) 缠绕法

图 2-54　几种成型方法示意图

1—第一帘布层；2—第二帘布层；3—多根钢丝圈；4—帘布搭头宽度；5—钢丝；6—帘布；

7—外包布；8—胶芯；9—座垫布；10—缠绕方向；11—帘布起点搭头

2. 成型鼓直径设计

力车外胎成型鼓分单鼓及双鼓，其形式如图 2-55 所示。

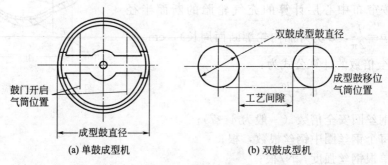

(a) 单鼓成型机　　　　　　　　　　(b) 双鼓成型机

图 2-55　成型鼓示意图

（1）包叠式成型鼓直径的确定　硬边自行车外胎多采用包叠式成型方法。单鼓成型鼓直径可认为是钢丝圈直径；而双鼓成型鼓直径的选择应考虑成型加工时二鼓中间所需的成型工艺间隔。

（2）包边式成型鼓直径的确定　硬边手推车外胎采用包边式成型方法，使用单鼓、半鼓式成型鼓，见图 2-56。

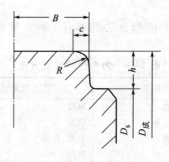

图 2-56　半鼓式成型鼓鼓面示意图

成型鼓直径的计算公式为：

$$D_成 = D_S + 2h$$

式中　$D_成$——半鼓式成型鼓直径，mm；

　　　D_S——钢丝圈内径，mm；

　　　h——鼓肩高度（一般取 $15 \sim 20$mm）。

（3）贴合法成型鼓直径的确定　软边力车外胎均采用贴合法成型方法，使用单鼓、平鼓式成型鼓。外胎胎里直径与成型鼓直径比值一般取 $1.10 \sim 1.20$。

成型鼓直径应用计算公式：

$$D_成 = \frac{D_内}{\delta}$$

式中　$D_成$——成型鼓直径，mm；

　　　$D_内$——外胎胎里直径，mm；

　　　δ——外胎胎里直径与成型鼓直径比值（取 $\delta = 1.10 \sim 1.20$）。

3. 力车外胎成型宽度 B_S 值的计算

软边外胎成型宽度是指两个三角胶芯之间的距离，硬边外胎成型宽度是指胎坯两钢丝圈底部之间的距离，根据外胎内轮廓进行计算确定。成型宽度 B_S 值与成型鼓直径、帘布裁断角度和帘线假定伸张值有关。

（1）帘线假定伸张值 δ_1 的选取　帘线假定伸张值应根据帘线的种类、帘布挂胶方法等因素来决定。一般选取 $1.03 \sim 1.05$。

（2）帘线裁断角度 α 的确定　裁断角度 α 根据成品外胎胎冠角度 β_k 确定。成品胎冠角度 β_k 一般选取 $48° \sim 50°$。β_k 的大小对力车轮胎性能的影响与汽车轮胎原理相同。

（3）成型宽度 B_S 值计算方法　由于力车轮胎断面小，一般按 $2:1$ 绘制外胎 $1/2$ 断面轮廓的材料分布图。将内轮廓曲线按 4mm 等分成小段，软边外胎分至三角胶芯上部，硬边外胎分至钢丝圈底部，并求出每 4mm 等分段弧长的平均直径。硬边外胎和软边外胎断面内轮廓分段计算图见图 2-57、图 2-58。

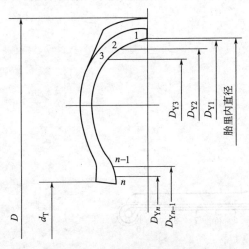
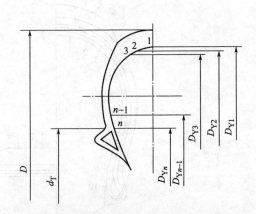

图 2-57　硬边 B_S 值计算图　　　　　图 2-58　软边 B_S 计算值

成型宽度 B_S 值计算公式为：

$$B_S = 2\sum b_0$$

$$b_0 = \frac{bc\tan\alpha}{\left[\dfrac{\delta_1^2}{\sin^2\alpha} - \delta_N^2\right]^{1/2}}$$

$$\delta_N = \frac{D_Y}{D_0}$$

式中　b_0——在成型鼓上相应于轮胎断面内轮廓每等分段宽度，mm；

　　　　b——轮胎断面内轮廓等分段宽度，mm；

　　　δ_N——第一层帘布筒（或成型鼓）直径 D_0 对外胎胎里等分段平均直径 D_Y 的伸张值；

　　　　α——帘布裁断角度；

　　　δ_1——帘线假定伸张值。

用上述公式计算各段 b_0 值，可将所得值列入表 2-47，以便于计算。

表 2-47　力车外胎成型宽度计算

序号	D_Y	δ_N	δ_N^2	$b/$mm	$bc\tan\alpha$	$\dfrac{\delta_1^2}{\sin^2\alpha}$	$\left[\dfrac{\delta_1^2}{\sin^2\alpha} - \delta_N^2\right]^{1/2}$	$b_0/$mm
1								
2				4				b_1
3								
...				4				b_2
...								
n				4				b_3
								...
								...
				$\leqslant 4$				b_n

4. 半成品外胎材料分布图的绘制

成型鼓轮廓设计及其宽度计算完成后，可以绘制半成品外胎的材料分布图（按 2∶1 或 3∶1 或 4∶1），见图 2-59、图 2-60。该图与成品外胎材料分布图绘制在同一张图纸上。

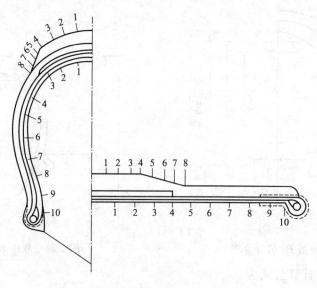

图 2-59　硬边轮胎半成品胎坯材料分布

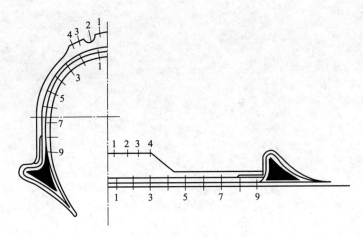

图 2-60　软边轮胎半成品胎坯材料分布

　　绘制时应首先绘出已确定的成型鼓轮廓，然后在该轮廓上按顺序自第一层帘布起，根据各半成品部位的厚度，从成品外胎各部位的边缘位置，按外胎分段换算成等分段，在成型鼓上分段点，逐点移绘出半成品外胎的所有部位厚度。而半成品部位厚度在技术设计阶段确定内轮廓时已经确定。

模块三
RCAD计算机
辅助轮胎结构
设计

项目六

RCAD轮胎结构设计基础

◀ 一、RCAD课程设计的目的与要求

RCAD（Rubber Computer Aided Design）即橡胶计算机辅助设计的简称，是为高分子材料专业尤其是橡胶类专业方向的工程师设置的一个重要的实践环节，也是学生或技工首次较全面地进行设计训练，把学过的各学科的理论较全面地综合应用到实际工程中去，力求从课程设计内容上、从分析问题和解决问题的方法上、从设计思想上培养学生的工程设计能力。课程设计有以下几方面的主要目的和要求。

① 培养学生或技工综合运用橡胶制品设计及相关课程知识，结合生产实践分析和解决工程实际问题，使所学的理论知识得以融会贯通、协调应用。

② 通过课程设计，使学生或技工学习和掌握一般橡胶制品设计的程序和方法，树立正确的工程设计思想，培养独立的、全面的、科学的工程设计能力。

③ 在课程设计的实践中学会查找、翻阅、使用标准、规范、手册、图册和相关技术资料等。熟悉和掌握橡胶制品设计的基本技能。

④ 学习使用 RCAD 相关软件系统在轮胎结构设计中的应用。

◀ 二、RCAD技术简介

计算机辅助设计（CAD）是指利用计算机来辅助设计人员进行产品和工程的设计，是传统技术与计算机技术的结合。设计人员通过人机交互操作方式进行产品设计构思和论证，进行产品总体设计、技术设计、相关信息的输出，以及技术文档和有关技术报告的编制。计算机辅助设计已在很多领域得到广泛应用，如橡胶工业中制品的配方设计、结构设计、模具设计等。

RCAD 技术是 CAD 技术的一个应用领域，特指运用计算机辅助橡胶相关设计人员进行产品和工程设计的技术。随着计算机性能的迅速提高，计算机在橡胶行业中的应用日益广泛深入。计算机辅助设计（CAD）是计算机应用的重要领域。国内已有部分大型橡胶企业建立起较完整的 CAD 系统，设计开发新产品，提高市场竞争能力。另外，少数大型企业采用CAD 技术后产生的明显的经济效益，对中小企业的影响十分巨大。它们首先应用计算机和

相应的 CAD 软件组成 CAD 系统，进行产品的配方设计和工程图纸的绘制，与传统设计方法相比提高了效率。同时，应用范围也不断扩大，而且逐步深化。从 20 世纪 80 年代起，国内一些高等院校和科研机构在 RCAD 技术领域内进行了大量的研究工作，自行开发了一些实用的 CAD 软件，如青岛科技大学开发的"橡胶配方优化设计系统"、"轮胎结构设计系统"等。目前徐州工业职业技术学院正在使用青岛科技大学开发的"轮胎结构设计系统"，在实践教学和企业培训上效果显著。

由于计算机技术的引进，大大地促进了设计能力的提高，这种能力的提高，不但体现在工作效率和工作质量方面，更体现在先进的计算机技术对传统的工作方式的促进和变革方面。但要指出，CAD 技术不能代替人们的设计行为，而只是实现这些行为的先进手段和工具，而人们的设计行为，则由专业技术人员的创造能力和工作经验，以及现代设计方法等提供的科学思维方法和实施办法来确定。

三、RCAD轮胎结构设计系统

RCAD 轮胎结构设计系统是目前国内较先进的专用于轮胎结构设计的专业 CAD 软件，可代替人工完成大量的结构计算、力学分析与绘图工作。该系统分为三个部分：技术设计、施工设计和模具设计。技术设计部分包括外胎内外轮廓设计、轮胎负荷计算、充气平衡轮廓计算与绘图、帘线和钢丝圈应力计算、外胎与轮辋配合图绘制、花纹设计、外胎总图设计等；施工设计部分包括成型机头曲线设计、外胎材料分布图设计、成型机头宽度计算、施工表设计、胶囊设计、水胎设计、内胎设计、垫带设计等。

轮胎结构设计系统将设计者的经验与计算机的高速运算功能相结合，可大幅度提高设计效率、改进产品质量，提高竞争能力。

四、设计中的注意事项

① 树立正确的设计思想　在设计中要自始至终本着对工程设计负责的态度，从难从严要求，综合考虑经济性、实用性、安全可靠性和先进性，严肃认真地进行设计，高质量地完成设计任务。

② 全新的设计与继承的关系　橡胶制品设计是一项复杂、细致的创造性劳动。在设计中既不能盲目抄袭，又不能闭门"创新"。在科学技术飞速发展的今天，设计过程中必须要继承前人成功的经验，改进其缺点。应从具体的设计任务出发，充分运用已有的知识和资料，进行更科学、更先进的设计。

③ 正确使用有关标准和规范　一个好的设计必须较多采用各种标准和规范。设计中采用标准的程度也往往是评价设计质量的一项重要指标，它能提高设计质量，因为标准是经过专业部门研究而制定的，并且经过了大量的生产实践的考验，是比较切实可行的。应学会正确使用标准和规范，使设计有法可依、有章可循。当设计与标准规范相矛盾时，必须严格计算和验证，直到符合设计要求，否则应优先按标准选用。

④ 计算与绘图的关系　进行轮胎结构设计时，并不仅仅是单纯的绘图，常常是绘图同设计计算交叉进行。有些部件可以先由计算确定其基本尺寸，然后再经过草图设计，决定其具体结构尺寸；而有些部件则需要先绘图，取得计算所需的条件之后，再进行必要的计算。如在计算中发现有问题，必须修改相应的结构。因此，结构设计的过程是边计算、边画图、边修改、边完善的过程。

项目七 ≪≪≪

RCAD轮胎结构设计

◢ 一、目的与要求

为配合专业课程的教学，结合"轮胎结构设计系统"软件，进行一次轮胎结构设计，使学生或技工初步了解一般汽车轮胎外胎的设计方法，初步掌握外胎总图的绘制方法与步骤，初步掌握"轮胎结构设计系统"的使用，进一步训练和提高橡胶制品结构设计的能力。

◢ 二、设计内容及步骤

① 明确设计的目的和要求，带着问题学习轮胎结构设计的理论和方法。

② 在"四、设计题目"中选择一个例图，通过"轮胎结构设计系统"绘制外胎总图。

◢ 三、应用实例

运用"轮胎结构设计系统"绘制轮胎规格为 9.00-20-16PR 的外胎花纹总图和材料分布图。

1. 添加轮胎基本信息

运行"轮胎结构设计系统"，在 AutoCAD（"轮胎结构设计系统"是在 AutoCAD 基础上进行的二次开发）的屏幕菜单上单击"RCAD"（图 3-1），在图 3-2 中添加一新规格 9.00-20-16PR，然后单击【保存】。

2. 外轮廓设计

如图 3-3 所示，选中新添加的"9.00-20-16PR"，单击【设计】开始绘图。

（1）主要参数的输入 在图 3-4 中，依次单击【轮廓设计】→【参数输入】，并在图 3-5 中输入各参数值，单击【确定】保存数据。

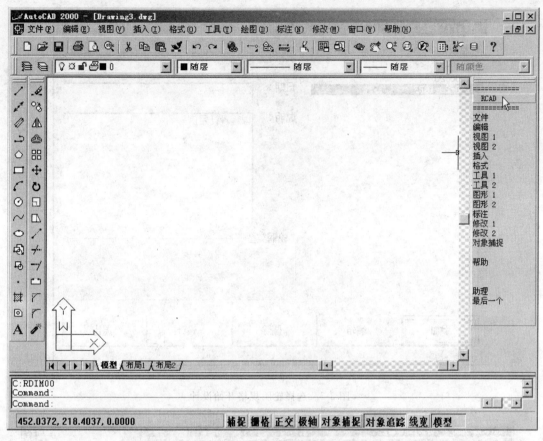

图 3-1　在 Auto CAD 屏幕菜单上单击 "RCAD"

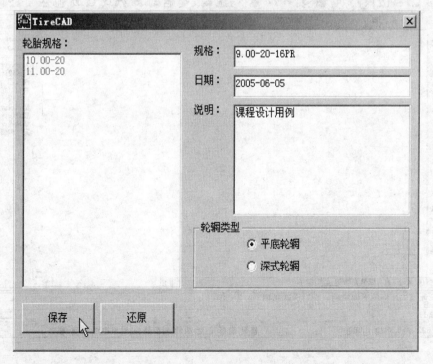

图 3-2　添加新轮胎规格

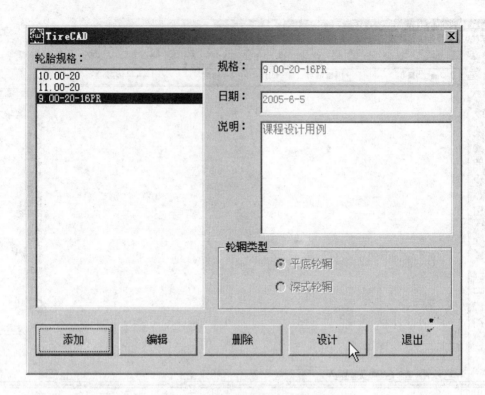

图 3-3　选择轮胎规格开始设计

图 3-4　轮廓设计

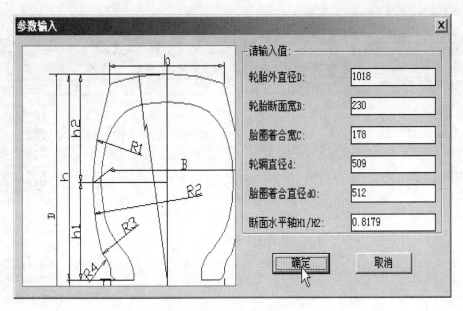

图 3-5 轮胎主要参数输入

（2）轮辋设计 根据轮胎轮辋标准，采用7.0轮辋，单击【轮辋设计】→【7.0】（图3-6）。

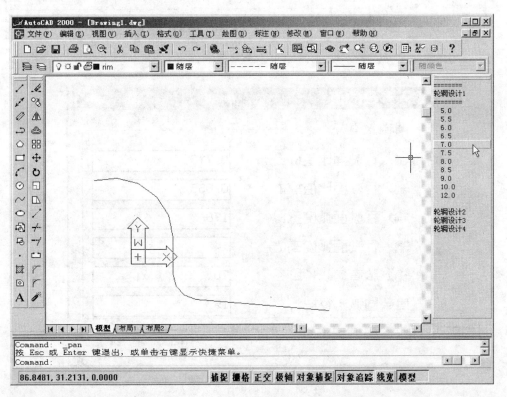

图 3-6 轮辋设计

（3）上胎侧设计 本例采用一段弧设计，图3-7中依次单击【轮廓设计】→【一段弧】，在图3-8中输入行驶面弧宽 b 和弧高 h，胎肩切线长 L 和肩部圆弧半径 R_{n1}，单击【确定】

141

开始绘图和标注尺寸（图 3-9）。

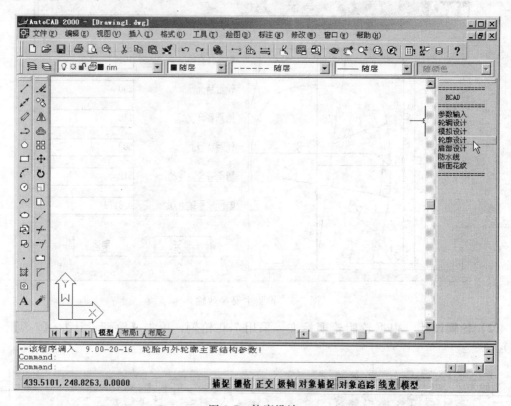

图 3-7　轮廓设计

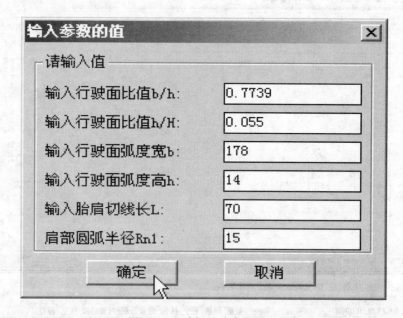

图 3-8　上胎侧设计参数输入

（4）下胎侧设计　在图 3-9 的 AutoCAD 屏幕菜单中，【下胎侧 1】为平底轮辋，【下胎侧 2】为深式轮辋，【下胎侧 3】为无内胎轮辋，本例中选择【下胎侧 1】，在图 3-10 中输入下胎侧参数，单击【确定】绘制下胎侧并标注（图 3-11）。

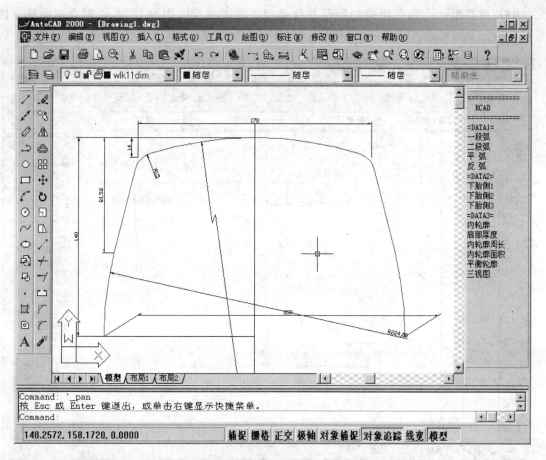

图 3-9　上胎侧绘图和标注

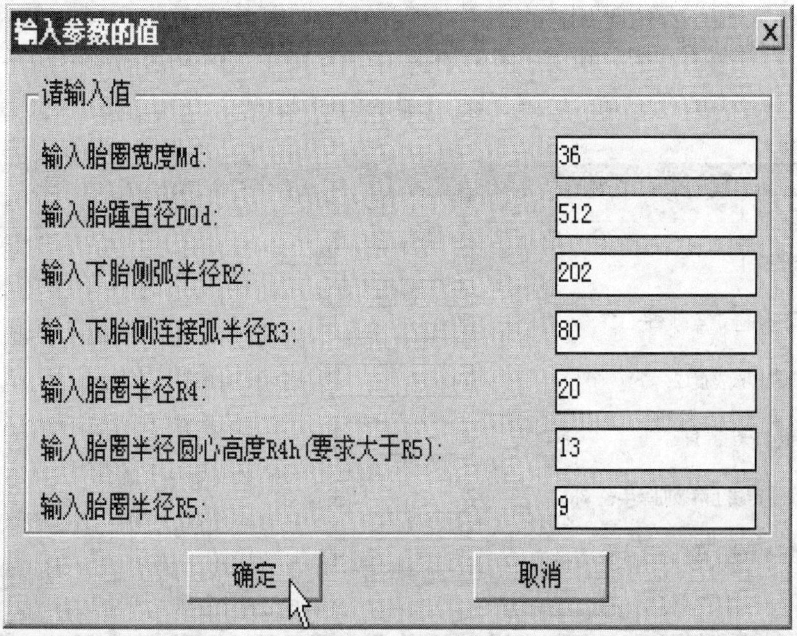

图 3-10　下胎侧参数输入

(5) 肩部设计　选择相应的肩部花纹类型，输入参数（图 3-12），绘制肩部曲线（图 3-13）。

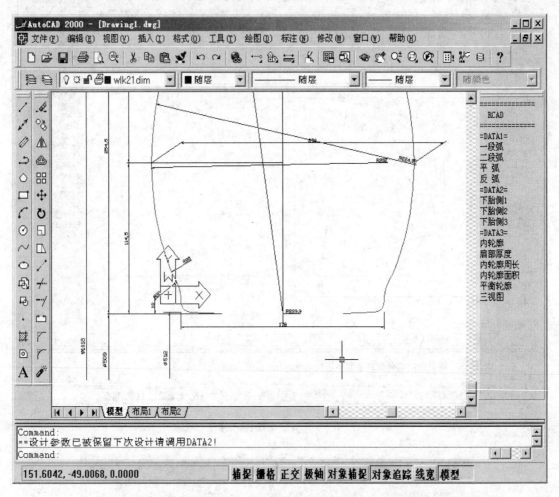

图 3-11　下胎侧绘图和标注

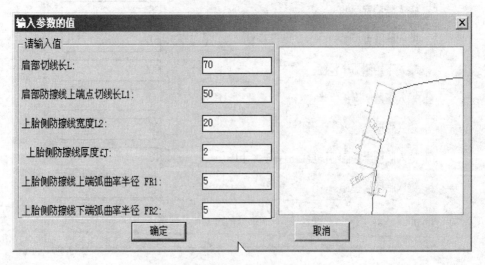

图 3-12　输入肩部曲线参数

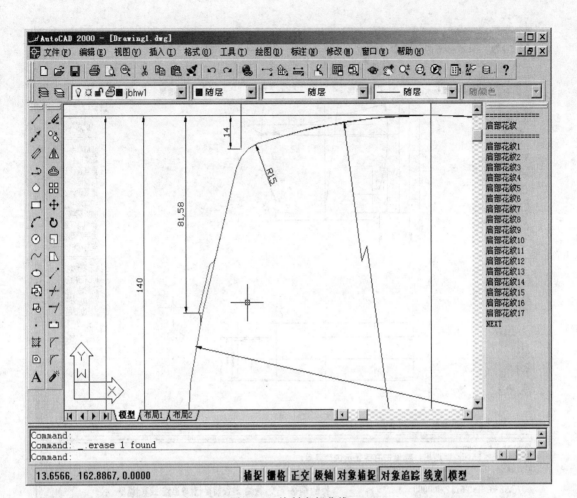

图 3-13　绘制肩部曲线

防水线、胎面花纹沟、肩部花纹沟的绘制方法基本相同，这里不再赘述。

3. 花纹设计

（1）**绘制花纹框**　花纹框类型分为图 3-14 中的两种，轮胎结构设计系统菜单中的【花纹框 1】为图 3-14(a)，【花纹框 2】为图 3-14(b)。本例采用花纹框 1。

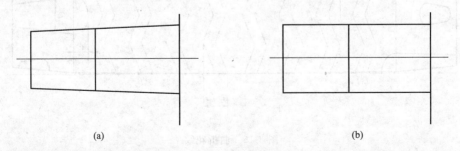

(a)　　　　　　　　　　　　　　　(b)

图 3-14　花纹框类型

单击【花纹框 1】，根据提示输入数据，绘制的花纹框如图 3-15。

（2）**绘制胎面花纹**　轮胎结构设计系统中提供了四种典型花纹的设计，可直接输入参数由系统自动绘制花纹。由于胎面花纹千变万化，很多时候需要手动绘制。本例采用曲折花纹

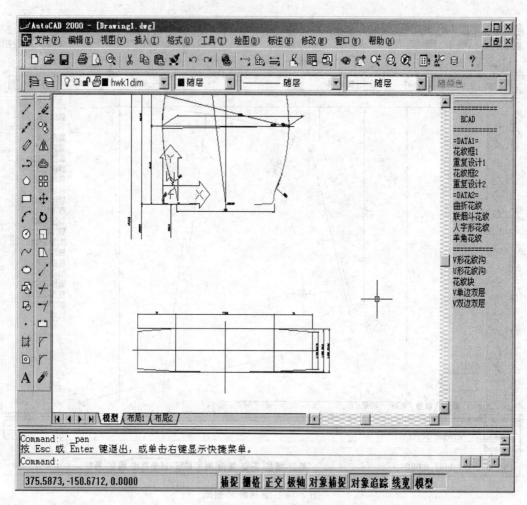

图 3-15   花纹框绘制

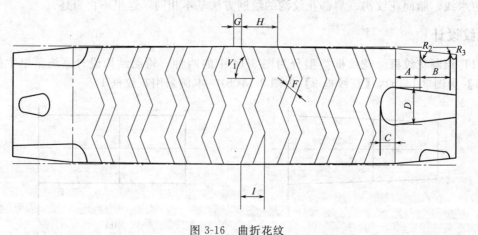

图 3-16   曲折花纹

（图 3-16）。

　　每一步的操作过程都比较相似，从本节起只介绍绘制的流程。

　　(3) 绘制胎面小花纹沟　小花纹沟分为 V 形花纹沟、U 形花纹沟、花纹块、V 单边单层和 V 双边双层等几种（见图 3-17）。

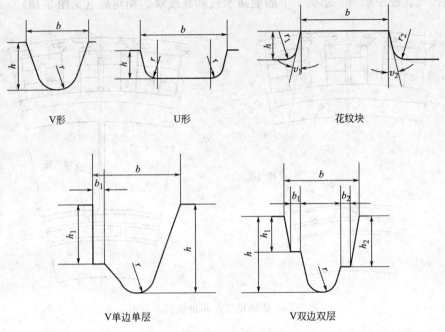

V形   U形   花纹块

V单边单层   V双边双层

图 3-17 胎面小花纹沟类型

4. 侧视图设计

（1）冠部和肩部花纹转化 在胎面花纹展开图上沿着冠部花纹一小段一小段的点击鼠标，直至把所有的花纹都点击过，即完成侧视图花纹的转化（见图 3-18）。

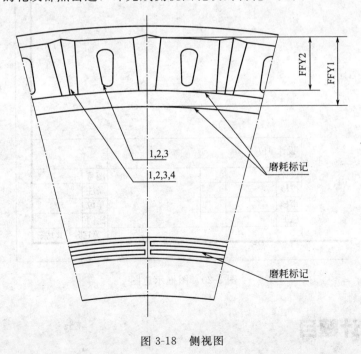

图 3-18 侧视图

（2）排气孔设计 为避免外胎硫化后花纹块、胎侧和胎圈缺胶，在以上部位设排气孔或排气线。排气孔的直径一般为 0.6~1.8mm，其数量和位置随花纹形状和外胎外轮廓曲线而定。一般排气孔设于胎肩、胎侧、下胎侧防水线和花纹块的拐角处（见图 3-19）。

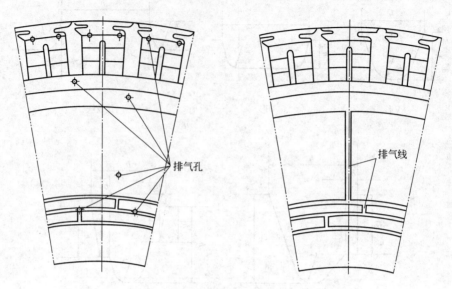

图 3-19　胎侧排气孔和排气线示意图

5. 图框设计

　　所有的部位绘制完成后，进入图框设计，鼠标左键选择图纸的右下角点，即可自动以右下角点为参照自动绘制指定大小的图纸外框（见图 3-20）。

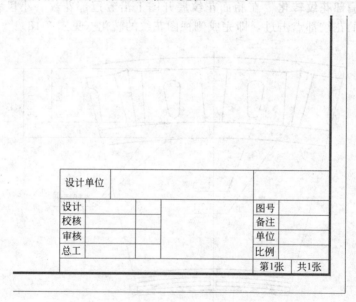

图 3-20　图框示意图

四、设计题目

　　题目 1：绘制 6.50-16 规格的外胎花纹总图，样图见图 3-21～图 3-25。
　　题目 2：绘制 12.00-20 规格的外胎花纹总图，样图见图 3-26～图 3-30。

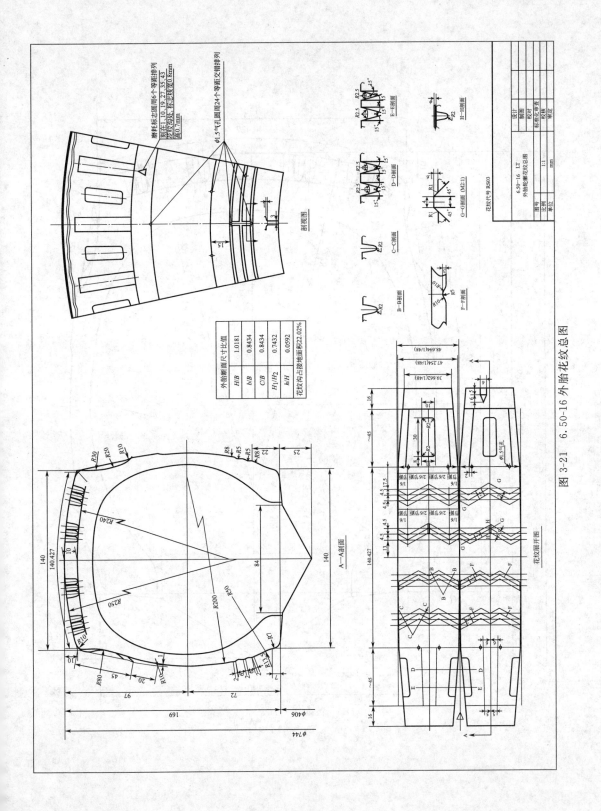

图 3-21 6.50-16 外胎花纹总图

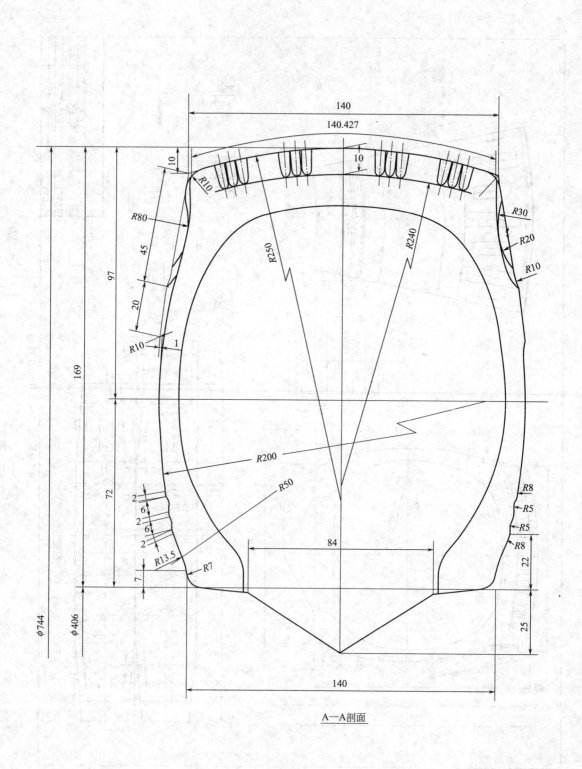

图 3-22　6.50-16 规格轮胎主剖面图

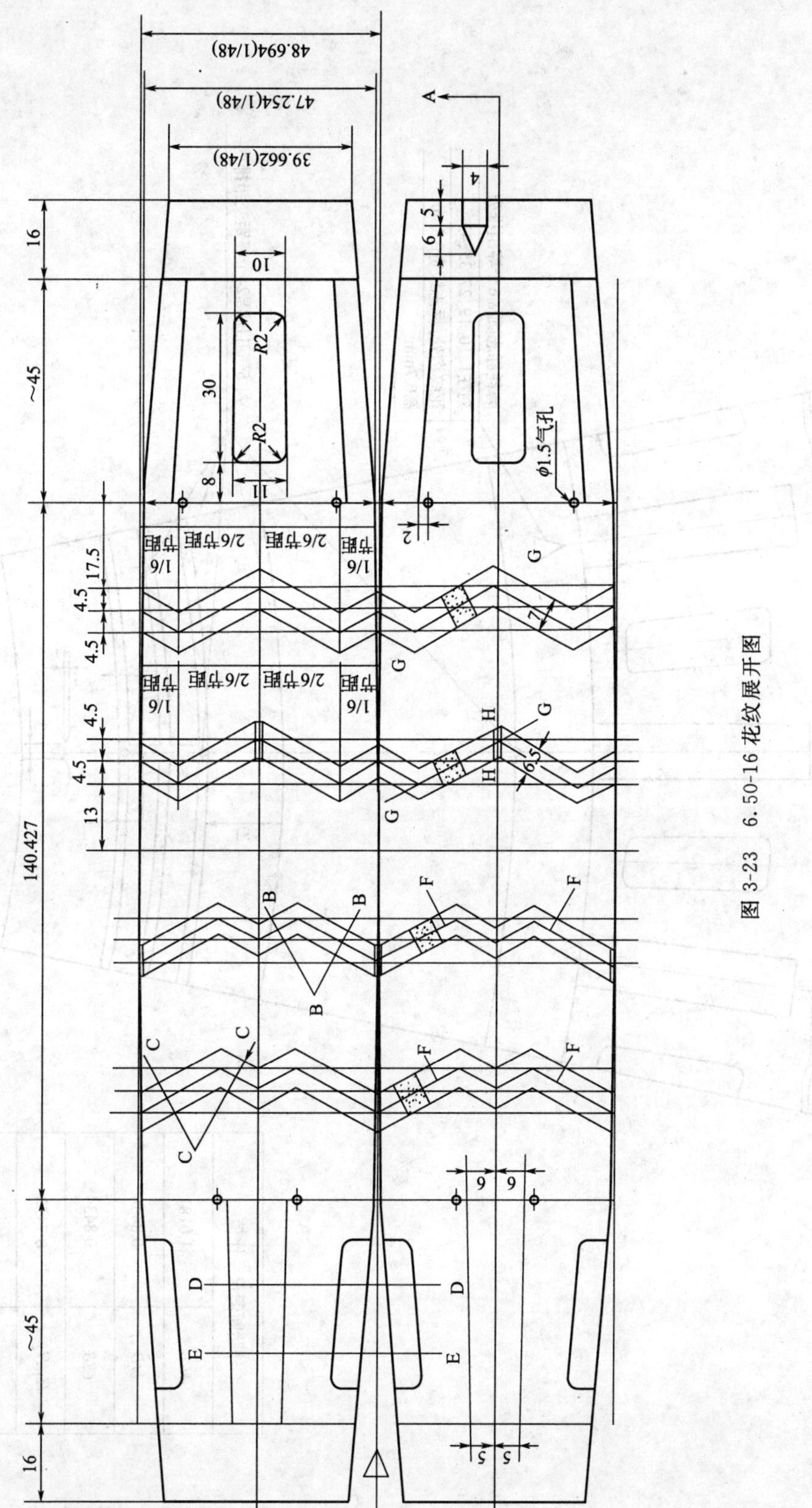

图 3-23 6.50-16 花纹展开图

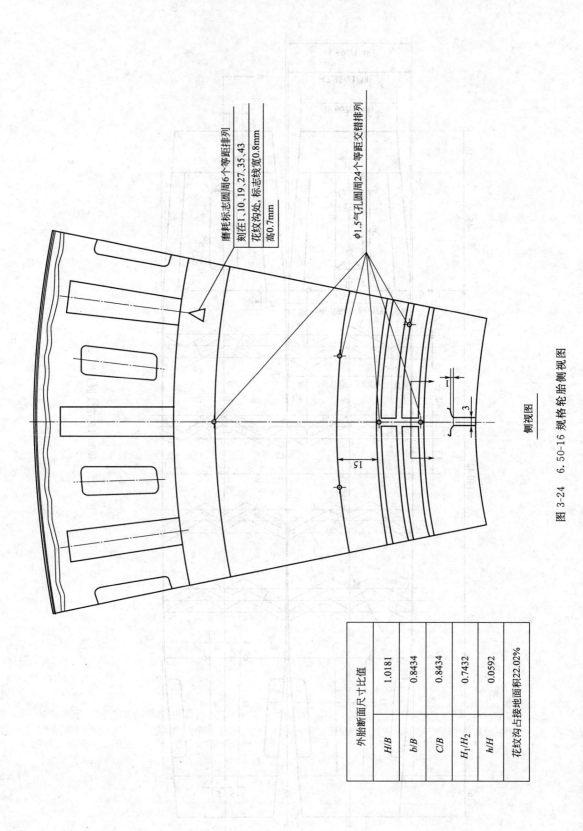

磨耗标志圆周6个等距排列
刻在1、10、19、27、35、43
花纹沟处,标志线宽0.8mm
高0.7mm

φ1.5气孔圆周24个等距交错排列

侧视图

外胎断面尺寸比值	
H/B	1.0181
b/B	0.8434
C/B	0.8434
H_1/H_2	0.7432
h/H	0.0592
花纹沟占接地面积22.02%	

图 3-24 6.50-16 规格轮胎侧视图

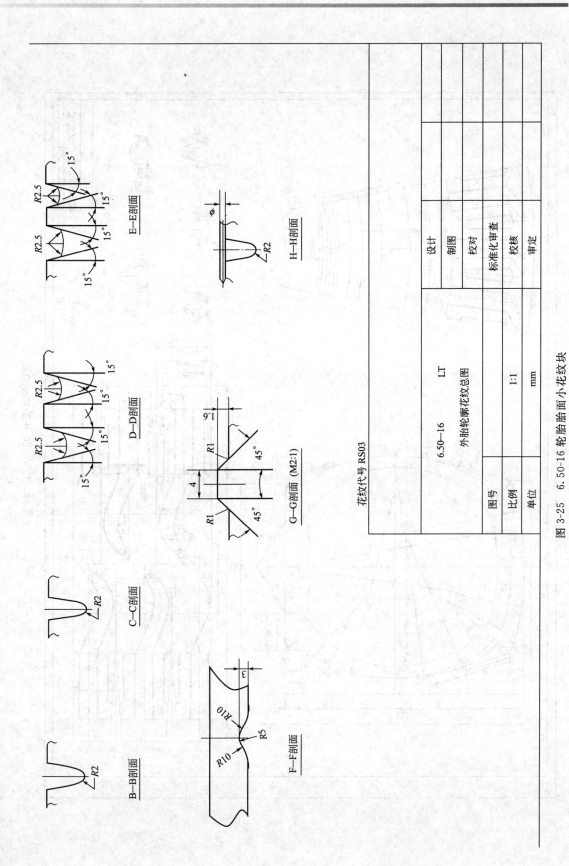

图 3-25 6.50-16 轮胎胎面小花纹块

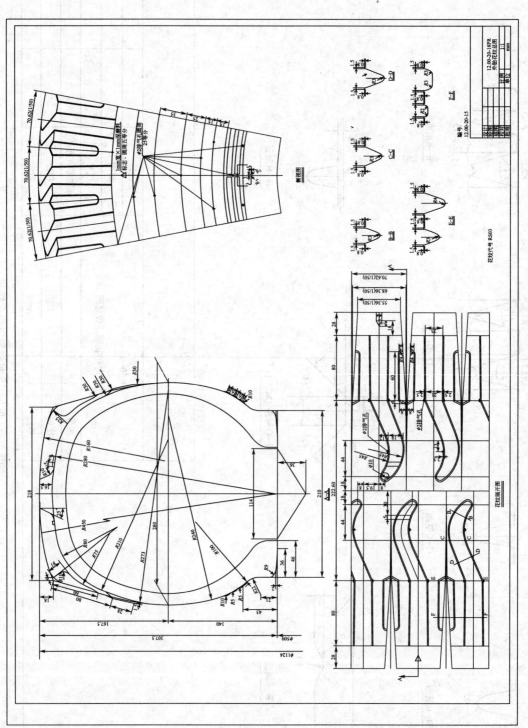

图 3-26　12.00-20 外胎花纹总图

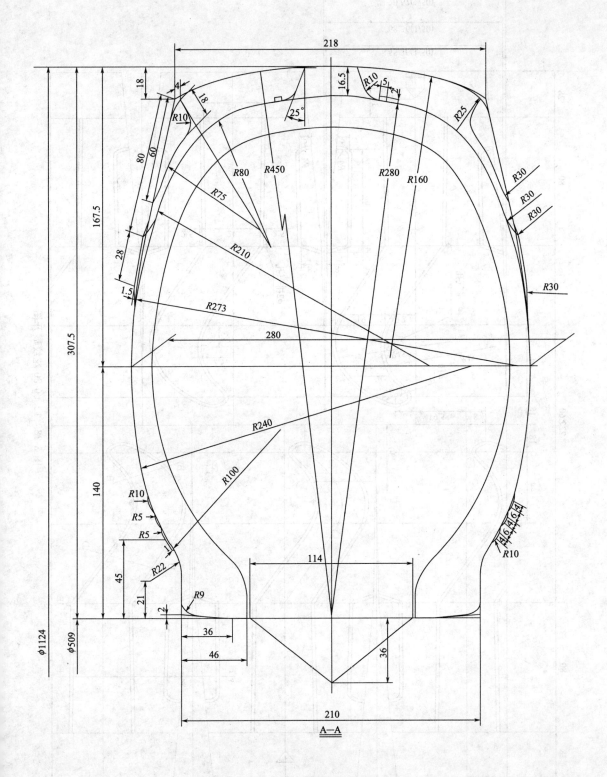

图 3-27　12.00-20 规格轮胎主剖面图

155

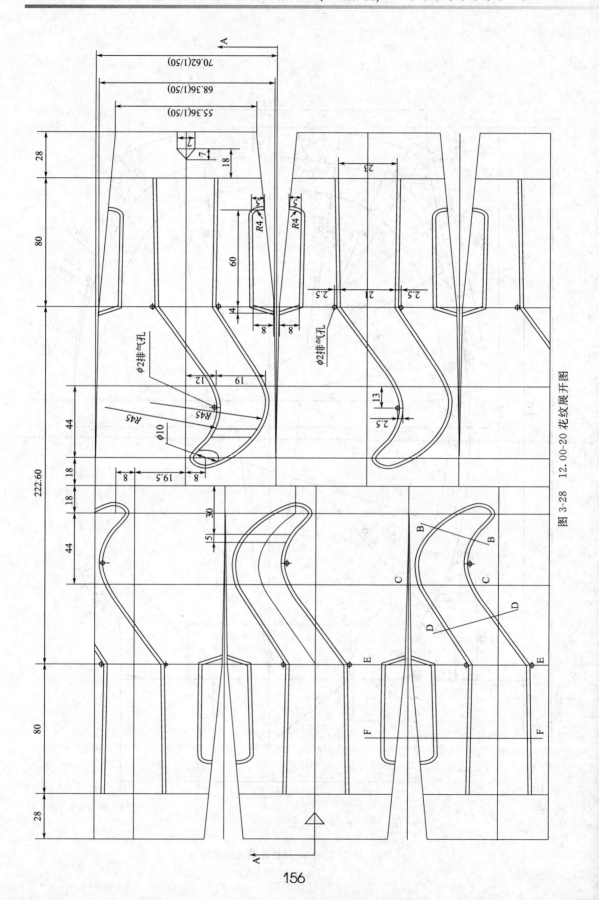

图 3-28　12.00-20 花纹展开图

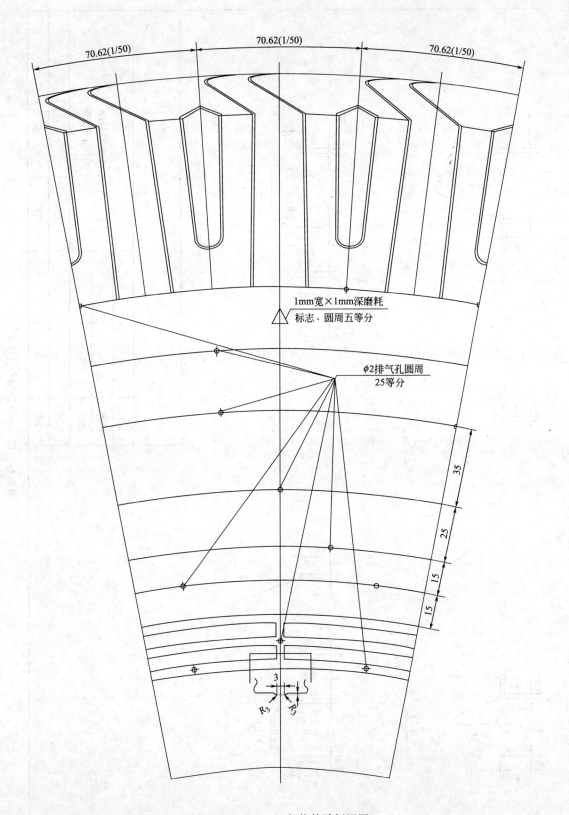

图 3-29 12.00-20 规格轮胎侧视图

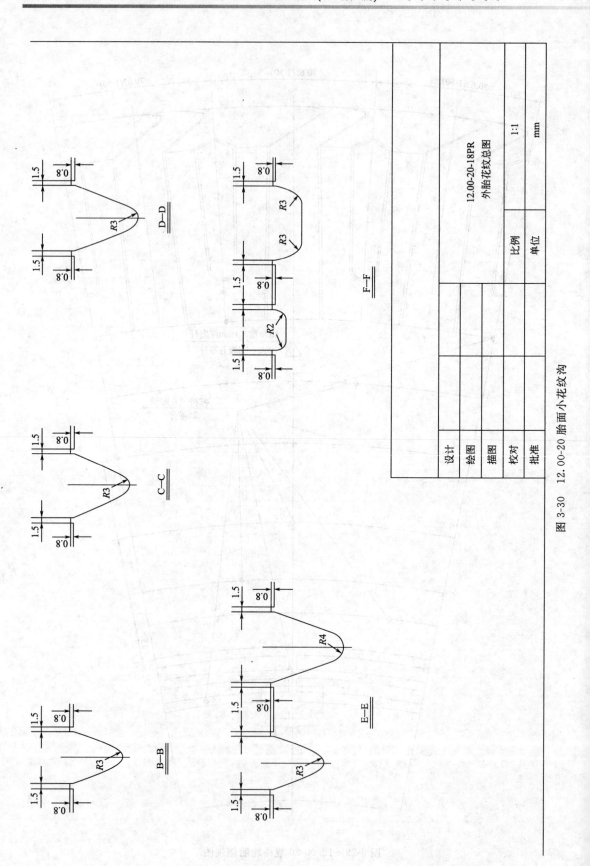

图 3-30 12.00-20 胎面小花纹沟

模块四
轮胎制造技术

项目八

传统制造技术

◀ 一、混炼

1. 混炼工艺

混炼胶的主要工艺流程：配合剂的加工→橡胶和配合剂的称量→混炼→下片冷却存放→胶料快检。

（1）配合剂的加工和称量

对橡胶制品所用的橡胶和配合剂进行准备加工，并按照技术配方规定称量配合的加工工艺过程，称为加工和配料工序。

① 原料的加工

a. 天然胶要烘胶，配有烘胶房，大块切成小块。

b. 配合剂的加工和准备目的：确保配合剂的质量，便于混炼的工艺操作，提高混炼分散效果，实现自动化条件，制造好的胶料。

c. 配合剂的加工方式。混炼前，配合剂的加工和准备是为了确保其质量（如含水率、粒径等），以及方便混炼的工艺操作、提高分散效果、实现自动化生产（如自动称量）、制造高质量的混炼胶、配合剂的加工和准备工作主要包括，按规定标准对配合剂进行抽查、检验，对不符合要求的配合剂进行补充加工（主要有粉碎、干燥、筛选）；软化剂的预热和过滤；母炼胶和膏剂的制备；配合剂的称量与配合等。

ⅰ. 粉碎、干燥、筛选　某些块状、粗粒状配合剂必须在使用前进行粉碎、磨细，以利在胶料中的分散。常用的设备有盘式粉碎机、球磨机、刨片机和锤式破碎机等。其中刨片机等用于硬脂酸、石蜡等切片，锤式破碎机主要用于粉碎沥青类、松香等脆性块状配合剂。粉碎的程度应根据配合剂的性质来决定，若粉碎过细，会造成熔化或粘连。

许多配合剂容易吸水而变质、结团或影响制品质量。如硫黄吸水后造成粒子表面酸化，导致结团，不仅影响分散，而且加速制品老化；某些金属氧化物（如轻质氧化镁）易吸水变质，影响对氯丁橡胶的硫化活性；大部分发泡剂会因吸水而影响起发率；某些矿质填料吸水后虽不变质，但会造成制品硫化后脱层、内部起鼓等质量问题。因此，当发现配合剂含水过高时，必须进行干燥处理。干燥设备主要有干燥室、真空干燥箱、烘箱和螺旋式干燥机等。

对熔点较低的配合剂，如硫黄、促进剂、防老剂等，干燥温度应比其熔点低 25～40℃，以防熔融结块。无机矿质填料类的干燥温度可在 80℃ 以上。配合剂干燥程度，即含水率应控制在 1.5% 以下。

为了除去混夹在配合剂中的机械杂质，某些配合剂应进行筛选处理。设备可选用振动筛、鼓式筛选机和螺旋筛选机等。依据胶料用途，配合剂可用不同规格的筛网进行筛选，如硫黄一般用 80～100 号（1024～1600 孔/cm²）筛网筛选；发泡剂可用 40～60 号（256～576 孔/cm²）筛网筛选。

ⅱ. 软化剂的预热和过滤　对易溶化的固体和粘性液体软化剂，可将其加热熔化，趁热用铜或钢筛网过滤除去杂质。液体软化剂的含水率超过标准时，应蒸发脱水。如液体古马隆树脂可在不高于 120℃ 的条件下蒸发脱水 4～6h，然后再过滤除去杂质。

ⅲ. 母炼胶和膏剂的制备　为使配合剂易于分散，防止结团，减少在混炼过程中的飞扬损失，改善混炼加工环境，在混炼前可将某些配合剂，如炭黑、促进剂、着色剂等制成母炼胶或膏剂，然后再进行混炼。生产中常将炭黑、促进剂等制备成母炼胶，也有将氧化锌、硫黄、促进剂、着色剂等制成膏剂使用的。

母炼胶的制造是在炼胶机上进行的。制造时按一定比例将所用配合剂和生胶在炼胶机上混炼均匀即可。母炼胶中配合剂的填充量可根据需要来确定。但对于炭黑母炼胶，炭黑的最大填充量不应超过其"临界浓度"。临界浓度是指炭黑在生胶中的最大百分含量，通常可根据具体炭黑品种的吸油值来确定。吸油值可反映出充满炭黑粒子之间空隙时所需的生胶体积。例如，高耐磨炉黑的吸油值为 1.25mL/g，说明每 100g 高耐磨炉黑中只能填充 125ml 或 117g 的生胶（假设生胶的相对密度为 0.94）。据此，可计算出 100g 生胶中炭黑的最大填充量应为 85g，故制备高耐磨炉黑母炼胶时临界浓度为 85%。若超过这个临界浓度时，母炼胶料中就会出现较大团块和分散不良的现象。

膏剂的制备通常将配合剂与软化剂起先用加热混合器搅拌均匀，然后再用精研机研成细腻的膏状物。在制造膏剂时，所用软化剂品种以及配合剂和软化剂的配比，可根据产品配方而定，通常以 2.5∶1 左右的配比为好。

② 配合剂的称量和配合

a. 按照配方规定的配合剂品种、规格、数量，按配方要求进行分别称量。此工序对混炼胶的质量至关重要。

b. 对称量和配合的操作要求　材料准确；称量准确；不漏配和错配；不多配和少配。

随着快速炼胶技术的发展和连续混炼机的工业应用，从 20 世纪 70 年代起国外已开始采用适合于炼胶工艺的专用小型电子计算机，对原材料的称量、投料、密炼机作业条件以及胶料下片（或造粒）作用等进行全自动的程序控制，并用电视显像的设施来监视各部分的工作情况。例如，当炼胶设备的装胶容量在 25kg 以上时，原材料称量的允许公差如下。

原材料名称	允许公差/g
橡胶（生胶、塑炼胶、再生胶等）	±200
硫黄	±5
促进剂	±0.5
氧化锌、油料	±50
炭黑、碳酸钙等	±200
小料总量	±100

c. 配料工序的注意事项

ⅰ. 要注意防潮，配合剂要存放在干燥的区域。

ⅱ. 有些配合剂如氧化镁（MgO）、氧化钙（CaO），遇到水后就会发生化学反应，就改变了配合剂本身的性能。所以在配料和存放过程中必须注意防水，出现结团就不能使用。

ⅲ. 防火，如硫黄要特别注意，电气开关下面不允许存放。生胶和 CB 也要注意防火，特别注意电气焊。

ⅳ. 在配合室材料很多，并且有些外观差不多，易出现混料，所以必须定置存放，有明显标志。没有明显标志的药品，不能使用，必须经取样试验确定后才能使用。

（2）混炼工序 将生胶与各种配合通过专用炼胶机均匀地混合成一体的加工工艺过程称为混炼工序，经过混炼加工制成的胶料称为混炼胶。

① 混炼胶的目的

a. 制备物理机械性能均匀一致，达到配合要求。

b. 改善胶料的加工工艺性能，满足后工序的加工要求。

c. 降低成本，满足产品质量要求。

d. 提高橡胶制品的使用性能。

② 混炼胶的质量要求

a. 保证胶料各项快检指标的合格。

b. 有良好的加工工艺性能。

c. 保证成品具有良好的物理机械性能。

③ 生产合格混炼胶的要求

a. 配合剂分散均匀，避免出现结团现象。

b. 使胶料具有特定的黏度，焦烧值，保证各项工艺过程中的安全和顺利进行。

c. 要使生胶与补强剂产生一定量的结合橡胶，有良好的补强效果。补强剂主要有 CB、SiO_2、白炭黑。

d. 在保证混炼胶质量的前提下，近两成缩短混炼时间，减少动力消耗，避免过炼。

（3）开炼机混炼

① 混炼历程 开炼机混炼可分为包辊、吃粉和翻炼三个阶段。

包辊是开炼机混炼的前提。由于混炼工艺条件不同及各种生胶的黏弹性不同，混炼时生胶在开炼机辊筒上的行为有四种情况，如图 4-1 所示。

要想使混炼过程顺利进行，对一般橡胶应控制在第二种情况（聚氯乙烯高温塑化及与丁腈橡胶合炼过程需在第四种情况下进行）。这是因为此时温度适宜，橡胶既有塑性流动又有适当的高弹性变形，有利于配合剂的混入和分散。而第一、三种情况应避免。第一种情况发生在辊温太低或橡胶较硬的条件下，橡胶停留在堆积胶处产生滑动，不能进入辊缝，或强制压入时只能成为碎块。第三种情况发生在温度过高、橡胶流动性增加、分子间力减小、弹性和强度降低的条件下，此时胶片不能紧包辊筒，出现脱辊或破裂现象，使混炼操作发生困难。

橡胶在辊筒上的四种状态与辊温、切变速率、生胶的特性（如黏弹性、强度等）有关。为了取得在第二种包辊状态下进行混炼，操作中需根据各种生胶的特性来选择适宜的混炼温度。例如，天然橡胶和乳聚丁苯橡胶的分子量分布较宽，因而适宜的混炼温度范围较宽，在一般温度下都能很好地包辊，混炼性能良好。而顺丁橡胶的包辊性较差，适宜的混炼温度范围较窄，当辊温超过 50℃ 时，由于生胶的结晶熔解，变得无强韧性，此时即发生脱辊，破裂现象。为此，在混炼顺丁橡胶时，辊温不宜超过 50℃。

图 4-1　橡胶在开炼机
中的几种状况

1—橡胶不易进入辊缝；

2—紧包前辊；

3—脱辊成袋囊状；

4—呈黏流态包辊

橡胶的黏弹性不仅受温度的影响，同时也受外力作用速率的影响。

当切变速率增加时，相当于降低温度，使橡胶的强度和弹性提高，有利于实现弹性态包辊。因此当出现脱辊时，除降低辊温外，还可以通过减小辊距、加快转速或提高速比的方法解决，使橡胶重新包辊。

此外，对包辊性差的合成橡胶可用先加入部分炭黑的方法来改善脱辊现象。这是因为结合橡胶的生成提高了橡胶的强度。

混炼的第二个阶段是吃粉。橡胶包辊后，为使配合剂尽快混入橡胶中，在辊缝上端应保留有一定的堆积胶。当加入配合剂时，由于堆积胶不断翻转和更替，便把配合剂带进堆积胶的绉纹沟中（图 4-2），并进而带入辊缝中。将配合剂混入胶料的这个过程称为吃粉阶段。

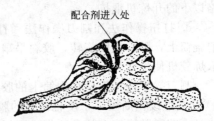

图 4-2 堆积胶断面图（黑色部分表示配合剂随绉纹沟进入胶料内部的情况）

在吃粉过程中，堆积胶量必须适中。如无堆积胶或堆积胶量过少时，一方面配合剂只靠后辊筒与橡胶间的剪切力擦入胶料中，不能深入胶料内部而影响分散效果；另一方面未被擦入橡胶中的粉状配合剂会被后辊筒挤压成片落入接料盘，如果是液体配合剂则会粘到后辊筒上或落到接料盘上，造成混炼困难。若堆积胶过量，则有一部分胶料会在辊缝上端旋转打滚，不能进入辊缝，使配合剂不易混入。堆积胶量的多少常用接触角来衡定，接触角一般取值为 $32°\sim45°$。

混炼的第三个阶段为翻炼。由于橡胶黏度大，混炼时胶料只沿着开炼机辊筒转动方向产生周向流动，而没有轴向流动，而且沿周向流动的橡胶也仅为层流，因此大约在胶片厚度约 1/3 处的紧贴前辊筒表面的胶层不能产生流动而成为"死层"或"呆滞层"，如图 4-3 所示。此外，辊缝上部的堆积胶还会形成部分楔形"回流区"。以上原因都使胶料中的配合剂分散不均。因此，必须经多次翻炼，左右割刀、打卷或三角包，薄通等，才能破坏死层和回流区，使混炼均匀，确保质地均一。

活层

死层

图 4-3 混炼胶吃粉时的断面图

② 混炼工艺方法 开炼机混炼有一段混炼和分段混炼两种工艺方法。对含胶率高或天然橡胶与少量合成橡胶并用，且补强填充剂用量少的胶料，通常采用一段混炼法。对天然橡胶与较多合成橡胶并用，且补强填充剂用量较多的胶料，可采用两段混炼方法，以便两种橡胶与配合剂混炼得更均匀。

无论是一段混炼还是两段混炼，在混炼操作时，都先沿大牙轮一侧加入生胶、母炼胶或并用胶，然后依据配方加入各种配合剂进行混炼。

混炼加药有抽胶加料和换胶加料两种方法。抽胶加料适用于生胶含量高者，配合剂在辊筒中间加入。换胶加料一般适用于生胶含量低者，配合剂在辊筒一端加入。在吃粉时注意不要割刀，否则粉状配合剂会侵入前辊和胶层的内表面之间，使胶料脱辊，也会通过辊缝被挤压成硬片，掉落在接料盘上，造成混炼困难。当所有配合剂吃净后，加入余胶，进行翻炼。翻炼操作方法主要有以下几种。

a. 薄通法 此法是将辊距调至 $1\sim1.2mm$，让胶料通过辊缝，任其落入接料盘中，待胶料全部通过辊缝后，再将落盘的胶料扭转 90° 再进行薄通。如此反复进行到规定次数。然后调大辊距（10mm 左右），让胶料包辊、下片。此法的特点是胶料散热快、不易焦烧、劳动强度较低、操作安全，但配合剂分散不易均匀，尤其是沿辊筒的轴向分散不易均匀。

b. 三角包操作法 此法是采用较小辊距（$1\sim1.5mm$）或较大辊距（$2\sim2.5mm$），操作时先将包在前辊上的胶料横向割断，随着辊筒的旋转将左右两边胶料不断向中间折叠成一个三角包，如此反复进行到规定次数，使辊筒之间的胶料不断地由两边折向中间，再由中间分散到两边进行混合。然后放大辊距（10mm左右），包辊、下片。此法配合剂分散效果好，胶料质地均一，但由于劳动强度大，操作安全性差，一般只适用于XK-400规格以下的开炼机混炼。

c. 斜刀法（八把刀法）　此法是在开炼机辊筒上左右交叉地与辊筒水平线呈75°斜角进行割刀，同时按15°斜角打卷、割刀和打卷8次，即左右各4次。辊距一般为7～8mm。这种方法配合剂分散较均匀，操作效率高，但由于劳动强度较大，生产中仅适用于XK-550规格以下的开炼机混炼。

d. 打扭操作法和割刀操作法　打扭操作法是将包在辊筒上的胶料横向割断后使其附在前辊筒上，随着辊筒旋转，胶料呈扇形由右向左或由左向右移动，然后以胶片的一边垂直投入炼胶机使之混合。

割刀操作法是把包在辊筒上的胶料左右割刀至尚留有一定宽度的包辊胶后，将刀锋转成90°让其继续割断胶片，使辊筒上的胶料落在接料盘中，当辊筒上方堆积胶快尽时停止割刀，使盘内胶料随辊筒上的余胶带入两辊筒间，并把胶料向左或右移动。反复数次，使胶料混合均匀。

打扭操作法和割倒操作法劳动强度小，适用于大规格开炼机混炼。割刀操作法还可以装上自动割刀装置代替手工操作，但混炼效果不够理想，所以一般不单独使用，而与其他方法并用。

e. 打卷操作法　此法可分为斜卷操作和横卷操作。辊距一般为7～9mm。斜卷操作是从左向右斜着打卷，当辊筒上的堆积胶快吃净时，把胶卷推向右边，然后再从右向左斜着打卷，如此反复使混炼均匀。横卷操作是割断包辊胶后随辊筒旋转打卷，堆积胶快吃净时，把胶卷扭转90°角放入辊筒间，然后再打卷，如此反复直至达到混炼要求为止。此法混炼效果较好，生产效率较高，但劳动强度大。

上述几种翻炼方法，在生产中往往不是单独进行的，通常是几种方法相伴进行。

③ 混炼工艺条件　开炼机混炼依胶料种类、用途和性能要求不同，工艺条件也各有差别。但对整个混炼过程，需考虑工艺条件。

a. 加料顺序　适合的加料顺序有利于混炼的均匀性。加料顺序不当，轻则影响分散均匀性，重则导致脱辊、过炼，甚至发生焦烧。以天然橡胶为主的混炼加料顺序如下：

塑炼胶（再生胶、合成胶）或母炼胶→固体软化剂→小料（促进剂、活性剂、防老剂）→大料（补强剂、填充剂）→液体软化剂→硫黄、超促进剂

加料顺序是根据配方中配合剂的特性和用量而定的。一般原则是固体软化剂（如古马隆树脂）较难分散，所以先加；小料用量少、作用大，为提高分散效果，较先加入；液体软化剂一般待补强填充剂吃净以后再加，以免补强填充剂结团和胶料打滑；若补强填充剂和液体软化剂用量较多时，可分批（通常为两批）交替加入，以提高混炼速度；最后加入硫化剂、超促进剂，以防焦烧。以上为一般加料顺序，生产中可根据具体情况予以调整。当混炼特殊胶料时，需特定的加料顺序。如制备硬质胶胶料，由于硫黄用量高（30～50份），因此先加硫黄后加促进剂；制备海绵胶料，生胶可塑性特别大，软化剂用量又特别多，为避免因胶料流动性太大而影响其他配合剂的分散，软化剂应最后加入；内胎胶料和胶布胶料应在滤胶后、压出或压延前在热炼机上加硫黄和超速促进剂，以防滤胶时发生焦烧。

b. 装胶容量和辊距　装胶容量与混炼胶质量有密切关系。容量过大，会使堆积胶量过多，容易产生混炼不均的现象；容量过小，不仅设备利用率低，而且容易造成过炼。适宜的装胶容量可参照炼胶机规格计算出的理论装胶容量，再依据实际情况加以确定。如填料量较

多、密度大的胶料以及合成橡胶胶料，装胶容量可小些；使用母炼胶的胶料，装胶容量可大些。

合理的装胶容量下，辊距一般以 4～8mm 为宜。辊距小，剪切力较大，这虽对配合剂分散有利，但对橡胶的破坏作用大。而且辊距过小，会导致堆积胶过量，胶料不能及时进入辊缝，反而降低混炼效果。辊距大，则导致配合剂分散不均匀。混炼过程中，为了保持堆积胶量适当，配合剂不断混入、胶料总容量不断递增的情况下，辊距应逐渐增大，以求相适应。

c. 辊温　适当的辊温有助于胶料流动，容易混炼。辊温过高，则导致胶料软化而降低混炼效果，甚至引起胶料焦烧和低熔点配合剂熔化结团无法分散。辊温一般应控制在 50～60℃。但在混炼含高熔点配合剂（如高熔点的古马隆树脂）的胶料时，辊温应适当提高。为了便于胶料包前辊，应使前、后辊温保持一定温差。天然橡胶包热辊，此时前辊温度应稍高于后辊；多数合成橡胶包冷辊，此时前辊温度应稍低于后辊。由于大部分合成橡胶或生热量较大，或对温度的敏感性大，因此辊温应低于天然橡胶 5～10℃以上。常用橡胶开炼机混炼的适用辊温见表 4-1。

表 4-1　常用橡胶开炼机混炼的适用辊温

胶种	辊温/℃		胶种	辊温/℃	
	前辊	后辊		前辊	后辊
天然橡胶	55～60	50～55	丁基橡胶	40～45	55～60
丁苯橡胶	45～55	50～60	顺丁橡胶	40～50	40～50
丁腈橡胶	35～45	40～50	三元乙丙橡胶	60～75	85 左右
氯丁橡胶	≤40	45≤	聚氨酯橡胶	50～60	55～60

d. 混炼时间　混炼时间是根据胶料配方、装胶容量及操作熟练程度，并通过试验而确定的。在保证混炼均匀的前提下，可尽量缩短混炼时间，以免造成动力浪费、生产效率下降以及过炼现象。过炼时，胶料可塑性会增大（天然橡胶）或降低（大多数合成橡胶），从而影响胶料的加工性能和硫化胶物理机械性能。混炼时间一般为 20～30min，特殊胶料可在40min 以上。另外，合成橡胶混炼时间比天然橡胶长 1/3 左右。

e. 辊筒转速和速比　开炼机混炼时，辊筒转速一般控制在 16～18r/min，速比一般为1∶(1.1～1.2)。增加转速，虽可缩短混炼时间，提高生产效率，但操作不安全。速比越大，剪切作用越大，虽可提高混合速度，但摩擦生热越多，胶料升温越快，易于焦烧。因此开炼机混炼时的速比都应比塑炼时小，合成橡胶混炼时的速比应比天然橡胶胶料小。

以开炼机混炼解放鞋大底胶料为例，简介其工艺条件和操作程序。

配方：天然橡胶（烟片 2#）70 份，松香丁苯橡胶 30 份，再生胶 65 份，硫黄 2.2 份，促进剂 D 0.39 份，促进剂 CZ 1.0 份，氧化锌 5.0 份，硬脂酸 3.0 份，高耐磨炉黑 74 份，固体古马隆树脂 10 份，锭子油 15 份，三线油 13 份，防老剂 D 0.5 份，合计 236 份，含胶率 42.4％。

技术条件：设备为 XK-360 开炼机；辊温为前辊 45℃左右，后辊 40℃左右；装胶容量为 25kg；混炼时间为 25min。

混炼操作程序：采用一段混炼法。按原材料称量公差要求将配方中所需原材料进行手工称量和配合；按设备维护使用规程规定，检查设备各部件是否完好，观察空载运行是否正常；调整辊筒温度至所需温度及辊距（3～4mm）；将天然橡胶、丁苯橡胶及再生胶靠主驱动齿轮一端 1/3 处投入合炼 3～4min，全部卸下，然后调大辊距至 8～10mm，再投胶轧炼1min 并抽取余胶；加小料，先加促进剂 M、D、CZ，防老剂 D 及硬脂酸，然后再加氧化锌，时间为 3～4min；待小料全部吃入后，将高耐磨炉黑分两批加入，中间交替加入锭子油及三线油，并将辊距调至10mm左右，时间为10～12min；待配合剂全部吃净后，将余胶全部投入进一步混炼4～5min，然后抽取余胶；加硫黄，待硫黄全部混入后再将余胶投入，调整辊距3～4mm，用切落法补充翻炼1～2min；最后将辊距调至10mm左右，下片，在中性皂液槽内隔离冷却1～2min，然后取出挂置铁架上用强风吹干，并冷却至胶片温度为40℃以下；将胶片在铁桌上叠层堆放，停放8～24h，供下道工序使用。

（4）密炼机混炼 密炼机混炼是在快速、高温、高压条件下进行的。其装胶容量大、混炼时间短、生产效率高；按生产能力论，设备占地面积小；投料、混炼及排料操作易实现机械化、自动化；劳动强度小，操作安全；配合剂飞扬损失小，环境卫生条件较好。但炼胶温度难以控制（通常在140℃以上），易出现焦烧现象，冷却水耗量大；不适宜混炼对温度敏感的胶料、浅色胶料、特殊胶料及品种变换频繁的胶料；设备投资高。

① 混炼历程 密炼机混炼历程分湿润、分散及捏炼三个阶段。这三个阶段可以用混炼时测得的电机负荷功率曲线加以分析，如图4-4所示。

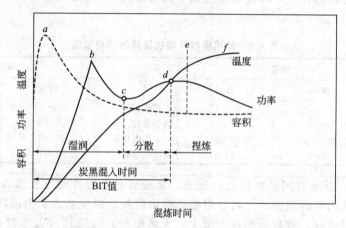

图4-4 密炼时容积、功率和温度的变化曲线

a—加入配合剂，落下上顶栓；b—上顶栓稳定；c—功率低值；

d—功率二次峰值；e—排料；f—过炼及温度平坦

由图4-4可见，密炼机混炼历程随混炼时间的增加，功率出现两次峰值（b点及d点），胶料温度不断上升、容积从a点之后不断下降。这就从本质上反映了橡胶和配合剂混合的全过程。

a. 湿润阶段 当密炼机中加入全部配合剂开始混炼后，功率曲线随即上升，然后下降。从功率曲线开始上升至下降达到第一个低峰时（c点），所经历的混炼过程称为湿润阶段，其所对应的时间为湿润时间。在这个阶段中混炼主要表现在橡胶和炭黑混合成为一个整体。

当开始混炼时（a点），由于所加入的炭黑中存有大量空隙，吸附大量空气，总容积很大，超过装料容积的30%左右，上顶栓的压力和混炼作用力使胶料容积迅速减小，上顶栓落在最低位置，功率曲线出现第一次高峰（b点）。以后，随着橡胶逐渐渗入到炭黑凝聚体的空隙之中，胶料容积继续下降，功率曲线也随之下降。当功率曲线下降为最低点时，表明橡胶已充分湿润了炭黑颗粒表面，与炭黑混合成为一个整体，变成了包容橡胶，湿润阶段结束。此时，胶料容积也即趋于稳定。

b. 分散阶段 混炼继续进行，功率曲线由c点开始再次上升至第二个高峰（d点）的阶段称为分散阶段。此阶段的混炼作用主要是通过密炼机转子突棱和室壁间产生的剪切作用，使炭黑凝聚体进一步搓碎变细，分散到生胶中，并进一步与生胶结合生成结合橡胶。由于搓碎炭黑凝聚体消耗能量，结合橡胶的生成使胶料弹性渐增，所以功率曲线回升。另一方面，在炭黑凝聚体被搓开、分散之前，对胶料流动性来说，包容橡胶分子也起着炭黑的作用，因而炭黑的有效体积份数增大，胶料黏度变大。随着炭黑凝聚体被逐渐分开，炭黑有效体积份数逐渐减小，所以胶料黏度逐渐下降。当黏度下降至使剪切应力与炭黑颗粒内聚力相平衡时，即功率曲线表现出最大值时，可认为是分散过程的终结。

c. 捏炼阶段　功率曲线上 d 点以后的阶段称为捏炼阶段或塑化阶段。在此阶段中，配合剂的分散已基本完成，继续混炼可进一步增进胶料的匀化程度，但也会导致胶料力化学降解而使胶料的黏度继续降低，因此功率曲线缓慢下降。这过程对于天然橡胶尤为明显。在整个混炼过程中，由于挤压、摩擦和剪切，胶料温度不断上升。只是在功率最低值（c 点）前后上升暂时缓慢，在超过第二功率峰值后，则上升到平衡值。

在上述过程中，主要的混炼作用集中在前两个阶段。判断一种生胶混炼性能的优劣，常以被混炼到均匀分散所需的时间来衡量。一般以混炼时间-功率图上出现第二功率峰的时间作为分散终结时间，称为炭黑混入时间 BIT 值，此值越小，表示混炼越容易。有时第二功率峰值较为平坦，BIT 值不易精确测定，亦可用测定混炼胶的挤出物达到最大膨胀值的时间来表征炭黑-生胶的混炼性能。这种表示法更为精确，见图 4-5。由图 4-5 看出，当混炼进行到分散阶段的终点时，胶料的压出膨胀值上升到最高。这是因为此时胶料黏度降低到较小值，胶料经压出后，松弛时间短，因此立即表现出最大的膨胀值。

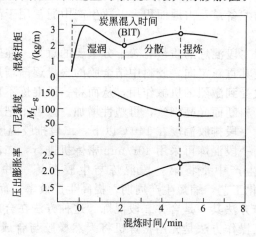

图 4-5　混炼时间与扭矩、门尼黏度、压出膨胀率之间的关系

② 混炼的工艺方法　国内密炼机混炼的工艺方法有一段混炼法、二段混炼法、引料法及逆混法等。

a. 一段混炼法　此法是指从加料、混合、到下片冷却一次完成。此法胶料制备周期短，可省去二段混炼之间胶片的中间停放和冷却，占地面积少。但由于在密炼机中混炼时间长，胶料容易过热，尤其在混炼后期，胶料热可塑性增大，妨碍了配合剂的均匀分散作用，因此胶料质量不高，可塑性较低，并易产生焦烧现象。故只适用于一般制品（如工业胶板、普通工业胶管）胶料的制备。

一段混炼时，为使胶料温度不过快地上升，通常采用慢速密炼机（转速 20r/min）。通常的混炼程序为：生胶→硬脂酸→小料→大料（或 1/2 炭黑→1/2 炭黑）→油类软化剂→排料→压片机薄通散热加硫黄和超速促进剂（100℃以下，以防硫黄液化结团而影响分散）→下片→冷却、停放。或采用双速密炼机，在混炼前期快速、短时间完成除硫黄和超速促进剂以外的母炼胶料，接着使用慢速使胶料降温后再加硫黄及超速促进剂，然后排料至压片机压片、冷却、停放。

对于炭黑用量高的胶料，如一次加入炭黑会造成密炼机起负荷慢，影响混炼时间和质量，所以可分两次加入。液体软化剂在补强填充剂之后加，因为混炼温度一般在 120℃左右，接近橡胶的流动点，如果先加，会使胶料流动性太大而减少剪切作用，使炭黑结团，影响分散效果。操作时，每次加料前要提起上顶栓，加料后再放下加压。加压程度根据所加组分而定。如加橡胶后，为使胶温上升并加强摩擦，应施加较大压力；而加配合剂时，则应减小加压程度，加炭黑时甚至可以不加压，以免粉剂受压过大结团或胶料升温过高而导致焦烧。

密炼机一段混炼时，20r/min 慢速密炼机混炼时间一般为 10～12min，混炼特殊胶料（如高填料）时间为 14～16min；40r/min 密炼机混炼时间一般为 4～5min；60r/min 快速密炼机混炼时间为 2～3min。排胶温度应控制在 120～140℃。

b. 二段混炼法　随着合成橡胶用量的增大及高补强性炭黑的应用，对生胶的互容性以及炭黑在胶料中的分散性要求更为严格。因此，当合成橡胶用量超过 50％时，为改进并用胶的掺合和炭黑的分散，应采用二段混炼法。二段混炼是先在密炼机上进行除硫黄和促进剂以外的母炼胶混炼、压片（或造粒）、冷却停放一定时间（一般在 8h 以上），然后再重新投入密炼机（或开炼机）中进行补充加工、加入硫黄和促进剂。二段混炼不仅其胶料分散均匀性好，硫化胶物理机械性能显著提高，而且胶料的工艺性能良好，减少焦烧现象的产生。但胶料制备周期长、胶料的贮备量及占地面积大。故生产中通常用于高级制品胶料（如轮胎胶料）的制备。

停放的温度和时间对二段混炼的质量有着十分重要的意义。在较低温度下橡胶分子在混炼中产生的剩余应力可使其重新定向，胶料中结合胶的含量逐渐增加，胶料变硬，这就必须使它在第二段混炼时再次受到激烈的机械作用，从而将一段混炼不可能混炼均匀的炭黑粒子搓开。因此，二段混炼胶料断面光亮细致，可塑性增加。假若不把胶料充分冷透，二段混炼也就失去了意义。通常，一段排胶温度在 140℃以下，二段排胶温度不高于 120℃。

为了提高生产效率，一段混炼可采用 40r/min 密炼机进行，二段混炼采用 20r/min 慢速密炼机或压片机进行。生产中常将第一段混炼与生胶塑炼一并进行，且采用较高温度（160℃左右）。这样可简化工艺，缩短生产周期，提高生产效率，而且混炼胶性能良好。

二段混炼的具体操作方法其一是合并二段混炼。这种方法在合成橡胶或与天然橡胶并用的胶料中应用最普遍。其操作方法是先用密炼机将天然橡胶与合成橡胶压合成均一的整体，然后按一定加料顺序使配合剂分散均匀，最后排到压片机上进行薄通或翻炼（不加硫黄和超速促进剂），下片后冷却停放。第二段是把停放冷透的胶料重新在密炼机中进行补充加工，排料至压片机上适当降温后加硫黄及超速促进剂。若胶料含炭黑多时，在密炼机中进行二段冷加工时设备负荷太大，很不安全。这类胶料可在开炼机上进行第二段混炼。

其二是混炼胶并用二段混合法。这种方法是将天然橡胶及合成橡胶先单独制备成母炼胶，然后按配方中天然橡胶与合成橡胶比例在密炼机中充分混合，最后加入硫黄和超速促进剂等。

其三是炭黑母炼胶一段混炼法。这种方法是将用量大、难混的炭黑先在密炼机中制成母炼胶，经冷却停放（停放时间一般为 4～8h），再于密炼机中和其他配合剂进行第二段混炼。这种方法特别适用于快速密炼机混炼，因为快速密炼机对炭黑分散有良好效果。但由于温度高，需配用慢速密炼机进行第二段混炼，以便在低的温度下加入硫化剂。

c. 引料法（或种子胶法）　当橡胶与配合剂之间湿润性差，吃料困难时，可采用引料法。即先在密炼机中加入预混好的（硫黄未加）胶料 1.5～2.0kg，然后再投料混炼。该法能提高吃粉速度，缩短混炼时间，并有利于提高胶料的均一性。引料法常用于丁基橡胶的混炼。

d. 逆混法（或倒混法）　这一方法的加料顺序与常规方法相反。其混炼顺序为，补强填充剂→橡胶→小料、软化剂→加压混炼→排料。逆混法的特点是充分利用装料容积，减少混炼时间（所有配合剂都一次加入，减少上顶栓升降次数）。如轮胎帘布胶采用逆混法混炼，其混炼速度比普通加料方法快，见表4-2。

表4-2 两种一段混炼加料法的比较

普通加料方法		逆 混 法	
混炼操作顺序	时间/min	混炼操作顺序	时间/min
加橡胶、小料	6	依次加入炭黑、橡胶、小料及液体软化剂	1.5～1.67
加炭黑、液体软化剂	3	加压混炼	4
加硫黄、促进剂 TMTD	1	加硫黄母胶并加压	0.33～0.5
母胶		加促进剂 TMTD 母胶,不加压	1
排料	1	排胶	1
合计	11		8

注：生产中，逆混法特别适用于大量添加补强填充剂的胶料（如乙丙橡胶胶料、顺丁橡胶胶料）的制备。

③ 混炼的工艺条件 密炼机混炼效果的好坏除了加料顺序外，主要取决于混炼温度、装胶容量、转子转速、混炼时间与上顶栓压力。

a. 混炼温度 密炼机混炼的温度与胶料性质有关，以天然橡胶为主的胶料，混炼温度一般掌握在 100～130℃。慢速密炼机混炼排料温度 120～130℃，快速密炼机混炼排料温度可达 160℃左右。温度太低，常会造成胶料压散，不能捏合；温度过高，会使胶料变软，机械剪切作用减弱，不利于填料团块的分散，容易引起焦烧，而且加速橡胶的热氧裂解，降低胶料的物理机械性能或导致过量凝胶，不利于胶料加工。所以，必须加强对密炼机的密炼室和转子的冷却。

近年来，也有采用 170～190℃ 高温用快速密炼机混炼的。这种工艺用于合成橡胶胶料的制备，具有混炼时间短、电耗少的优点。

b. 转子转速与混炼时间 提高转子转速能成比例地加大胶料的切变速度，从而缩短混炼时间，提高密炼机生产能力。目前，密炼机转速已由原来的 20r/min 提高到 40r/min、60r/min，有的甚至达到 80r/min 以上，从而使混炼周期缩短到 1～1.5min。

随着转子转速的提高，密炼机冷却系统的效能必须加强。否则会使胶温过高，胶料混炼的均匀程度和物理机械性能下降。为了获得最好的混炼效果，应依据胶料的特性确定适当的转速。

近年来，为了适应混炼工艺的需求，已采用多速或变速密炼机，以便根据胶料的特性和工艺要求随时变换转速，取得最佳效果。如在混炼初期采用高速、高压塑炼生胶，并迅速升高胶温，使炭黑及其他配合剂容易混入橡胶中，然后适当降低转速，以降低胶温，达到有效的剪切作用，使配合剂均匀分散。若采用一段混炼方法，还可再次减慢转速，进一步降低胶料温度，以加入硫黄和超速促进剂进行最终混炼。混炼时间对胶料质量影响较大。混炼时间短，配合剂分散不均，胶料可塑性不均匀；混炼时间太长，则易产生"过炼"现象，使胶料物理机械性能严重下降。

c. 装胶容量 装胶容量对混炼胶料质量有直接影响。容量过大或过小，都不能使胶料得到充分的剪切和捏炼，而导致混炼不均匀，引起硫化胶物理机械性能的波动。适宜的装胶容量与胶料性质、设备等因素有关。一般装胶容量可根据密炼机的容量系数（即一次装胶容量与密炼室总容积之比）来定，容量系数一般为 0.48～0.75。如 11# 密炼机，其总容积为 0.253m³，转子最小距离为 4mm 时，容量系数一般取 0.625，其装胶容量为 253×0.625＝0.158m³。随着密炼机使用时间的增长，由于磨损转子之间和转子与密炼室壁之间的间隙增大，所以应根据实际情况相应增大装胶容量。此外，塑性大的胶料流动性好，装胶容量应大些。

d. 上顶栓压力　提高上顶栓压力，不仅可以增大装胶容量，防止排料时发生散料现象，而且可使胶料与设备以及胶料内部更为迅速有效地相互接触和挤压，加速配合剂混入橡胶中的过程，从而缩短混炼时间，提高混炼效率。若上顶栓压力不足，上顶栓会浮动，使上顶栓下方、室壁上方加料口处形成死角，在此处的胶料得不到混炼。上顶栓压力过大，会使混炼温度急剧上升，不利于配合剂分散，胶料性能受损，并且动力消耗增大。慢速密炼机上顶栓压力一般应控制在 0.50～0.60MPa，快速密炼机（转子转速在 40r/min 以上）上顶栓压力可达 0.60～0.80MPa。

以轮胎胎面胶为例简述其密炼机一段混炼的工艺条件及操作程序。

配方（份）：1# 烟片胶 50，顺丁橡胶 50，氧化锌 4，硫黄 1.2，硬脂酸 3，促进剂 DM1.2，防老剂 H0.3，软化重油 4，石蜡 1，混气槽黑 15，中超耐磨炭黑 40，合计 169.7。

技术参数：设备　11# 密炼机（装胶容量 145kg，转子转速 20r/min）、XK-660 压片机（前辊转速 30r/min、速比 1∶1.08）。混炼温度 145℃以下，压片机加硫黄温度 100℃以下。

快检指标：可塑度（威廉氏）0.27±0.003，硬度（邵尔 A）58±2，相对密度 1。

混炼操作程序见表 4-3。

表 4-3　胎面胶一般混炼操作程序

11# 密炼机操作程序	时间/min	XK-660 开炼机操作程序	时间/min
天然橡胶塑炼胶、顺丁橡胶	3	排下胶通刀一次,机械翻炼八次	4
小料、1/5 炭黑	2	下片	2
4/5 炭黑	3	空转	6
油料软化剂	3		
排料	1		
合计	12	合计	12

注：1. 下片胶厚度为 6～7mm。

　　2. 下片胶需充分冷却（至 45℃以下）。

　　3. 胶料停放 8h 以后方可使用。

目前，国内橡胶企业引进了西欧国家的新型密炼机，其中 GK-270 密炼机较为普遍，该机转速一般为 20～40r/min，液压一般为 0.60～0.75MPa，其操作程序由计算机自动控制。轮胎胎面胶料用 GK-270 密炼机混炼，其一段混炼时间共 5min，二段混炼（加硫黄）时间共 3min。

(5) 胶料混炼后的补充加工　混炼后的胶料，一般必须进行一系列补充加工，才能供下道工序使用。目前生产中，通常的补充加工主要有冷却、停放及滤胶。

① 冷却　混炼胶料经压片（或造粒）后温度较高（一般为 80～90℃），若不及时冷却，则胶料容易产生焦烧现象，且在停放过程中易产生粘连，因此必须进行强制冷却。为了避免胶片（或胶粒）在停放时产生自粘，需涂隔离剂（如油酸钠液或陶土悬浮液等）进行隔离处理。

最简单的冷却方法是将开炼机上割下的胶片浸入加有隔离剂的水槽中，然后取出挂置晾干。这种方法的缺点是要用手工劳动，劳动卫生条件较差。较好的办法是将胶片挂至有喷淋装置的悬挂式运输链上（喷涂陶土悬浮液等），然后用冷风吹干。这种方法的缺点是悬挂式运输机的装料和卸料还要靠手工进行。最好的办法是将从开炼机或带有出片机头的螺杆机出来的连续胶片自动切割成块，然后通过辊道，用水或隔离液喷淋冷却。胶片（或胶粒）必须冷却至 35℃以下，方可堆垛停放（或贮存）。

② 停放　胶片（或胶粒）冷却后必须在铁桌（或贮槽内）于室温下停放 8～24h，才可

供下道工序使用。停放的目的主要是有利配合剂在胶料中的继续扩散，提高分散的均匀性；使橡胶和炭黑间进一步相互作用，生成更多的结合橡胶，提高补强效果。实际生产中，也有不经停放而进行热流水作业的。

③ 滤胶　一些薄壁、气密性能要求好的制品胶料（如内胎胶料、胶布胶料等）要进行滤胶，以便除去杂质。滤胶通常在滤胶机中进行，机头装有滤网（一般为2～3层），滤网规格视胶料要求而异，如内胎胶料，内层滤网一般为30～40目（112～256孔/cm²），外层滤网为20～30目（64～112孔/cm²）。滤胶时，排胶温度应控制在125℃以下。

(6) 混炼胶质量问题及处理方法　混炼胶料在质量上出现的问题，一方面是由于混炼过程中违反工艺规程；另一方面是混炼的前几个工序（如塑炼、配合剂的补充加工及称量等）造成的。混炼胶料经常出现的质量问题有以下几个方面。

① 配合剂结团　造成配合剂结团的原因很多，主要有生胶塑炼不充分；粉状配合剂中含有粗粒子或结团物；生胶及配合剂含水率过大；混炼时装胶容量过大、辊距过大、辊温过高；粉状配合剂落到辊筒上被压成片状；混炼前期辊温过高形成炭黑凝胶硬粒太多等。

对配合剂结团的胶料可通过补充加工（如低温多次薄通），以改善其分散性。

② 可塑性过大、过小或不均匀　形成混炼胶料可塑性过大、过小或不均匀的主要原因有塑炼胶可塑性不适当；混炼时间过长或过短；混炼温度不当；混炼不均匀，软化增塑剂多加或少加；炭黑少加或多加以及炭黑错配等。

对于可塑性过大、过小或不均匀的胶料，若料重正常，硬度、密度基本正常时，可少量掺入正常胶料中使用（掺和量10%～30%），或将可塑性过大与过小的胶料掺合使用，也可将可塑性过小的胶料进行补充加工。若不符合料重、硬度、密度等指标，则作废料处理。

③ 密度过大、过小或不均匀　混炼胶料密度过大、过小或不均的主要原因是配合剂称量不准确、错配或漏配；混炼加料时错加或漏加；混炼不均等。

对混炼不均和硬度不均的胶料可以进行补充加工。

④ 初硫点慢或快　造成混炼胶料初硫点慢或快的主要原因是硫化体系配合剂称量不准确、错配和漏配；补强剂错配以及混炼工艺条件（如辊温、时间、加料顺序等）掌握不当等。

对初硫点慢或快的胶料，不能简单地采用掺和使用的处理方法。必须查清原因，交技术部门处理。

⑤ 喷霜现象　喷霜是一种由于配合剂喷出胶料表面而形成一层类似"白霜"的现象，多数情况是喷硫，但也有某些配合剂（如某些品种防老剂、促进剂TMTD或石蜡、硬脂酸等）的喷出，还有白色填料超过其最大填充量而喷出（喷粉）。

引起喷霜的主要原因是生胶塑炼不充分；混炼温度过高；混炼胶停放时间过长；硫黄粒子大小不均、称量不准确等。有的也因配合剂（硫黄、防老剂、促进剂、白色填料等）选用不当而导致喷霜。

对因混炼不均、混炼温度过高以及硫黄粒子大小不均所造成的胶料喷霜问题，可通过补充加工加以解决。

⑥ 焦烧现象　胶料出现轻微焦烧时，表现为胶料表面不光滑、可塑度降低。严重焦烧时，胶料表面和内部会生成大小不等的有弹性的熟胶粒（疙瘩），使设备负荷显著增大。

胶料产生焦烧的主要原因有：混炼时装胶容量过大、温度过高、过早地加入硫化剂且混炼时间过长；胶料冷却不充分；胶料停放温度过高且停放时间过长等。有时也会由于配合不当、硫化体系配合剂用量过多而造成焦烧。

对出现焦烧的胶料，要及时进行处理。轻微焦烧胶料，可通过低温（45℃以下）薄通，恢复其可塑性。焦烧程度略重的胶料可在薄通时加入1%～1.5%的硬脂酸或2%～3%的油类软化剂使其恢复可塑性。对严重焦烧的胶料，只能作废胶处理。

⑦ 物理机械性能不合格或不一致 为确保成品质量，工厂试验室要定期抽查胶料的物理机械性能。影响胶料物性的因素很多，所以正常生产中，同一胶料的性能也会有差别，但若差别太大，物理机械性能降低太多时就是严重的质量问题。

造成物理机械性能降低或不一致的主要原因有：配合剂称量不准确、漏配或错配；混炼不均或过炼；加料顺序不规范；混炼胶停放时间不足等。

对物理机械性能不合格的胶料需进行补充加工、与合格胶料掺和使用（掺和量 20% 以下）或降级使用。

2. 开炼机

开放式炼胶机简称开炼机或炼胶机，它是橡胶制品加工使用最早的一种基本设备之一。早在 1820 年就出现了人力带动的单辊槽式炼胶机，双辊筒开炼机于 1826 年应用在橡胶加工生产中，至今已有 170 余年的历史。我国自行设计和制造的大型开炼机始于 1955 年，五十年来，随着橡胶工业的不断发展，开炼机也逐步得到更新和完善，新结构开炼机不断出现，它们具有重量轻、体积小、结构紧凑、操作方便等特点，并且提高了机械化自动化水平、降低了劳动强度、改善了劳动条件、延长了使用寿命、减少了操作辅助时间。

（1）用途与分类 开炼机主要用于橡胶的塑炼、混炼、热炼、压片和供胶，也可用于再生胶生产中的粉碎、捏炼和精炼。此外，还广泛应用于塑料加工和涂料颜料工业生产中。

开炼机按橡胶加工工艺用途来分类，大致可分为十种，见表 4-4。

表 4-4　开炼机的类型

类型	辊筒表面情况	主 要 用 途
塑（混）炼机	光滑面	生胶塑炼、胶料混炼
压片机	光滑面	压片、供胶
热炼机	光滑面或前辊光滑面后辊沟纹面	胶料预热
破胶机	沟纹面或前辊光滑面后辊沟纹面	破碎天然胶、废胶
洗胶机	沟纹面	除去生胶、废胶或胶布中的杂质
精炼机	腰鼓形	清除再生胶中硬杂物质
再生胶混炼机	光滑面	再生胶的捏炼
精细破胶机	沟纹面	破碎废胶、制造再生胶
生胶压片机	沟纹面或光滑面	天然橡胶的烟片和绉片的制作
实验用炼胶机	光滑面	小量胶料实验

开炼机按其结构形式和传动形式来分类，目前有标准型、整体型、双电机传动型三种。

（2）规格表示和主要技术特征 开炼机的规格用"辊筒工作部分直径×辊筒工作部分长度"来表示，单位为 mm。例如 $\phi 550 \times 1500$，表示前后辊筒工作部分直径均为 550mm，辊筒工作部分长度为 1500mm。

目前国产的开炼机前后辊筒直径相同，并规定了直径和长度的比例关系（长径比），故只用辊筒直径表示规格，同时在直径的数值前面还冠以汉语拼音符号，以表示机台的型号和用途。如 XK-400，X 表示橡胶类，K 表示开炼机，400 表示辊筒工作部分直径为 400mm；又如 X（S）K-400，S 表示塑料类，这种开炼机对于橡胶和塑料都适用。对于一些专门用途的炼胶机，有时还在代号后面再加一符号说明，如 XKP 表示破胶机，XKR 表示热炼机。

国产开炼机的规格系列是：$\phi 650 \times 2100$；$\phi 550 \times 1500$；$\phi 550 \times 800$；$\phi 450 \times 1200$；$\phi 400 \times 1000$；$\phi 350 \times 900$；$\phi 160 \times 320$；$\phi 60 \times 200$。

有些国家还用英制表示开炼机规格，如有 $16'' \times 46''$（16in）炼胶机，即表示辊筒工作部分直径为 16in，工作部分长度为 46in。

表 4-5 是开炼机的规格和主要技术特征。

表 4-5　开炼机规格和主要技术特征

型　号	辊筒规格/mm			辊筒速度/(m/min)		最大辊距/mm	速比	电动机功率/kW	炼胶容量/(kg/次)	辊筒表面情况		外形尺寸/mm
	前辊	后辊	工作部分长度	前辊	后辊					前辊	后辊	
XK-650	650	650	2100	32	34.6	15	1∶1.08	110	135～165	光滑面	光滑面	6260×2580×2300
XK-550	550	550	1500	27.5	33	15	1∶1.2	95	50～65	光滑面	光滑面	5160×2320×1700
XKP-560	560	510	800	25.6	33.24	12	1∶1.43	75	30～50	光滑面	沟纹面	5253×2282×1808
XK-450	450	450	1200	30.4	37.1	15	1∶1.227	75	50	光滑面	光滑面	5830×2200×1930
XK-400	400	400	1000	19.24	23.6	10	1∶1.227	40	20～25	光滑面	光滑面	4660×2400×1680
X(S)K-400	400	400	1000	18.65	23.69	10	1∶1.27	40	18～35	光滑面	光滑面	4235×1850×1800
XK-360	360	360	900	16.25	20.3	10	1∶1.25	30	20～25	光滑面	光滑面	3920×1780×1740
XK-160	160	160	320	19.64	24	6	1∶1.22 1∶1.22	4.2	1～2	光滑面	光滑面	1050×920×1280
XK-60	60	60	200	2.96 2.68 2.42	3.62		1∶1.35 1∶1.5	1.0	0.5	光滑面	光滑面	615×400×920

(3) 整体结构与传动系统

① 整体结构　开炼机的类型很多，但其基本结构是大同小异的。主要是由辊筒、辊筒轴承、机架和横梁、机座、调距与安全装置、调温装置、润滑装置、传动装置、紧急刹车装置及制动器等组成。目前我国制造的开炼机按结构分，有下列三种类型。

a. 标准式开炼机　图 4-6 是目前生产上广泛使用的 XK-360 型标准式开炼机的整体结构。其主要工作部分为两个平行安放且相对回转的空心辊筒 1 和 2，每个辊筒的两边轴颈上都装有辊筒轴承 3，辊筒轴承则装在机架 4 上。机架用螺栓固定于机座 6 上，其上部与横梁 5 相连接。前辊轴承可借助于调距装置 7 的作用，在机架上作水平移动，以调节前后辊之间的距离（辊距），控制胶片的厚度。后辊轴承则由螺栓固定于机架上以减少炼胶时后辊轴承的晃动。

后辊筒的一端装有大驱动齿轮 9，电动机 10 通过减速机 11、小驱动齿轮 12 将动力传递到大驱动齿轮上，使后辊筒转动，后辊筒另一端装有速比齿轮 13，它与前辊上的速比齿轮啮合，使前后辊筒同时相对回转。

辊筒上方设有挡胶板 19，以防止胶料自辊筒表面落入轴承中。为防止胶料落地，辊筒下方装有盛胶盘 20。

横梁上方装有安全拉杆 17，以便发生事故时，拉动安全拉杆，便自动切断电动机电源，通过制动器 18 而紧急刹车。在调距装置内还设有安全装置（如安全垫片），以防止辊筒、机架等重要零部件被损坏。

为了调节炼胶过程中辊筒的温度，通过进水管 14 把水导入辊筒内腔，溢流从辊筒头端的喇叭口 15 进入溢流收集室 16 排出。

辊筒轴承需用循环润滑装置供油，油箱 24 上装有小电机 21、油泵 22，用以向轴承供油，润滑轴承后油又流回油箱过滤重复使用。

机座与基础用地脚螺栓 23 固定。有的机台采用整体机座，取消了地脚螺栓。

b. 整体式开炼机　如图 4-7 所示，这是一台规格为 XK-450 的整体式开炼机，其动力由置于辊筒 4 下方的电机 11 和装在机架内腔的齿轮减速后传到大小驱动齿轮和速比齿轮，带动前后辊筒转动。采用液压调距和液压安全装置及稀油润滑等。特点是结构紧凑，安装方便，占地面积小，重量轻，外形美观。缺点是维护、检修不方便。

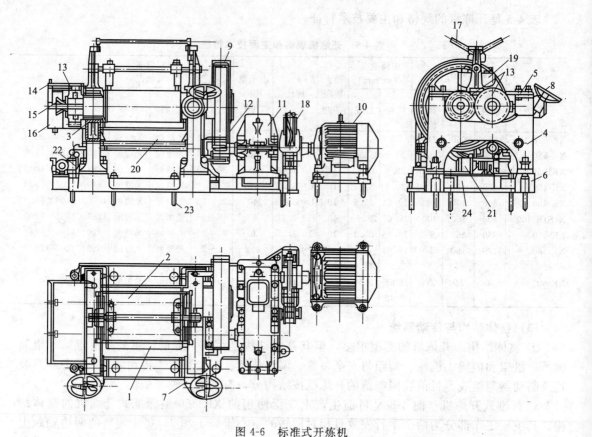

图 4-6 标准式开炼机

1—前辊筒；2—后辊筒；3—辊筒轴承；4—机架；5—横梁；6—机座；7—调距装置；8—手轮；
9—大驱动齿轮；10—电动机；11—减速机；12—小驱动齿轮；13—速比齿轮；14—进水管；
15—喇叭口；16—溢流收集室；17—拉杆；18—制动器；19—挡胶板；20—盛胶盘；
21—小电机；22—油泵；23—地脚螺栓；24—油箱

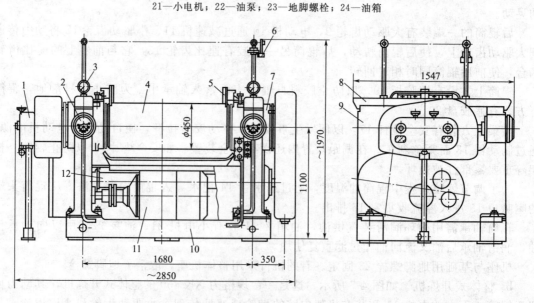

图 4-7 整体式开炼机

1—辊温调节装置；2—调距装置；3—液压调距装置压力表；4—辊筒；5—挡胶板；6—紧急刹车装置；
7—辊筒轴承；8—压盖；9—机架；10—底座；11—电动机；12—传动装置

c. 双电机传动开炼机　　如图 4-8 所示，这是一台规格为 XK-550 的双电机传动式开炼机，其动力由两个电机 9 通过圆弧齿轮减速器 6 中的两组减速齿轮分别减速后由万向联轴器 7 带动前后辊筒转动。这种结构形式的开炼机还装有电动调距装置 5 和液压安全装置 8。辊筒轴承 2 采用大型自动调心滚子轴承或滑动轴承。特点是取消了速比齿轮和大小驱动齿轮。采用圆弧齿轮减速器寿命长，结构紧凑，效率高，维护方便。缺点是制造费时，成本高。

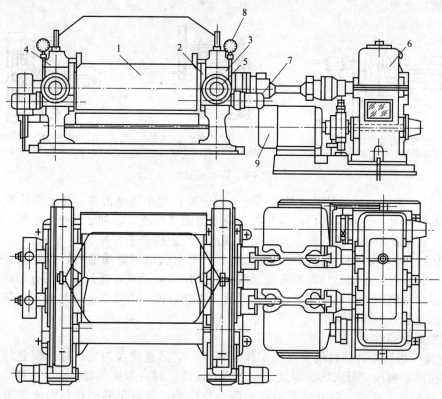

图 4-8　双电机传动开炼机

1—辊筒；2—轴承；3—机架；4—压盖；5—电动调距装置；6—减速器；

7—万向联轴器；8—液压安全装置；9—电动机

② 传动系统　　开炼机的传动系统是开炼机能正常工作必不可少的动力来源系统。主要包括电动机、减速器、大小驱动齿轮和速比齿轮等。传动系统选择得好与坏将直接影响开炼机的整体布置、占地面积大小和机器的使用与维护。为此，选择时要给予充分重视。

开炼机的传动形式颇多，按一台电动机驱动开炼机的台数可分为单台传动和多台传动。

由一台或两台电动机带动一台开炼机工作的，称为单台传动。单台传动的特点是可使机台带有灵活性，易于控制。目前国内外生产的开炼机大多采用单台传动的方式。

由一台电动机带动两台或两台以上（不超过四台）开炼机工作的，称为多台传动或称为联合传动。这种传动形式的特点是：可以减少电动机和减速器的数量，使整个机器重量和占地面积减少，降低造价，提高电动机功率因素，节省电能消耗。但多台传动的几台开炼机不同时工作时，电动机的能力反而不能充分利用；且当电动机发生故障时，同一传动系统中全部机器都得停车，生产将受到很大影响，同时检修也不大方便，往往受到厂房面积、工艺布置等限制，故目前多台传动采用不多。

　　按电动机与开炼机的相对位置可分为左传动和右传动。电动机在操作人员左侧的，称为左传动；电动机在操作人员右侧的，称为右传动。左右传动不影响开炼机的炼胶性能。

　　常见的开炼机传动方式如图4-9所示。

　　图4-9(a)为电动机通过减速器、大小驱动齿轮、速比齿轮带动前后辊筒转动。此种形式的特点是：结构简单，工作可靠，制造方便，成本低。但轴向尺寸长，开式齿轮不易维护，缺油容易磨损。

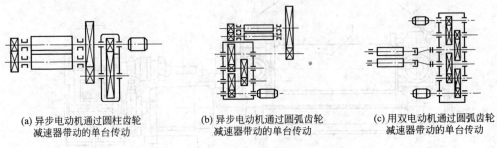

(a) 异步电动机通过圆柱齿轮　　　　(b) 异步电动机通过圆弧齿轮　　　(c) 用双电动机通过圆弧齿轮
减速器带动的单台传动　　　　　减速器带动的单台传动　　　　减速器带动的单台传动

图 4-9　传动示意图

　　图4-9(b)为电动机通过装在机架内腔的减速器、大小驱动齿轮、速比齿轮带动前后辊筒转动。其特点是：将减速器内的渐开线齿轮改为圆弧齿轮，以利于减小中心距和体积。故结构紧凑，占地面积小，质量轻、长度短。缺点是维护检修不方便。

　　图4-9(c)用双电动机通过圆弧齿轮减速器、万向联轴节带动前后辊筒转动。此种传动形式的特点是：取消了速比齿轮和大驱动齿轮，采用双电动机，通过减速器分别驱动两个辊筒，减速器与辊筒间用万向联轴节，结构紧凑，维护方便，寿命长，外形美观。缺点是制造工时多，减速器轴承不易更换。

(4) 主要零部件

　　① 辊筒　辊筒是开炼机最主要的工作零部件。它是直接参与完成炼胶作业的部分，对开炼机的性能影响也是最大的。因此，对辊筒的设计、制造和使用都应十分重视。

　　a. 材料与技术要求　对开炼机辊筒的基本要求是：具有足够的机械强度和刚度，以保证在正常使用时辊筒不损坏；辊筒的工作表面应具有较高的硬度、耐磨性、耐化学腐蚀性和抗剥落性，以免在切胶时被切胶刀所损伤和被某些配合剂所腐蚀；具有合理的几何形状，尽可能消除局部的应力集中；具有良好的导热性能，以便于对胶料的加热和冷却。辊筒的材料一般采用冷硬铸铁。它的特点是表面层坚硬，内部韧性好，强度大，耐磨耐腐蚀，导热性能好，制造容易，造价低。试验用小规格开炼机的辊筒也有采用中碳合金钢制造的。

　　辊筒工作表面的硬度均为不低于 Hs（肖氏）65°，白口层厚度，视辊筒的规格而定，如ϕ160mm，取 3～12mm；ϕ350～400mm，取 5～20mm；ϕ450mm，取 5～24mm；ϕ550～650mm，取6～25mm。硬度过高或白口层厚度过大，辊筒强度降低；白口层厚度过小，制造上不易控制。其他部分为灰口，硬度均为 Hs37°～48°。

　　冷硬铸铁辊筒的物理机械性能如下：

　　灰口部分的抗拉强度为 180～220N/mm²；

　　灰口部分的抗弯强度为 360～400N/mm²；

　　灰口部分的抗压强度不低于 1400N/mm²；

　　灰口部分的弹性模量为 1050N/mm²；

　　白口部分的弹性模量为 1400N/mm²；

　　辊筒在对称循环下的弯曲极限强度为 140N/mm²。

辊筒工作部分的直径公差为$+0.3\sim+0.5$mm，表面加工粗糙度$R_a1.6\sim3.2$。辊筒内孔需经加工，以利于加热冷却。在铸造辊筒时，要作辊筒材料的性能检验，其方法是同时浇铸三根与辊筒工作部分壁厚相对应的试样，或在辊筒轴颈部位取样（其组织应为灰口铸铁）进行试验，其中两根试样合格，则辊筒材料合格。

b. 结构与各部尺寸　由于开炼机的用途不同，辊筒的工作表面形状也不一样。用于塑炼、混炼、热炼、压片的辊筒均为光滑的；用于破胶、洗胶、粉碎的辊筒多为带沟纹的特殊构形，如图4-10所示；用于精炼的辊筒为光滑带腰鼓形的（前辊的中高度为$0.15\sim$0.375mm，后辊的中高度为0.075mm）。

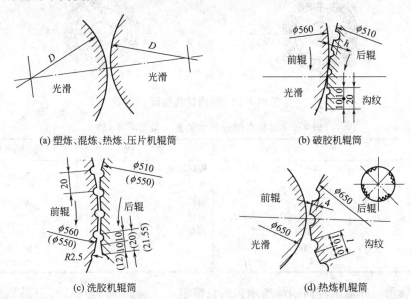

(a) 塑炼、混炼、热炼、压片机辊筒　　(b) 破胶机辊筒

(c) 洗胶机辊筒　　(d) 热炼机辊筒

图 4-10　辊筒工作表面形状

辊筒结构有两种，一种为中空结构，如图4-11所示。由图4-11可以看出，辊筒大致可以分为三部分：直径为D的工作部分称为筒体，这是捏炼胶料的主要工作部分；直径为d_1的支持部分称为轴颈，用以使辊筒通过轴承而支持在机架上；直径为d_4的连接部分，用以使辊筒和传动装置（如驱动齿轮、速比齿轮或联轴节等）相连接。

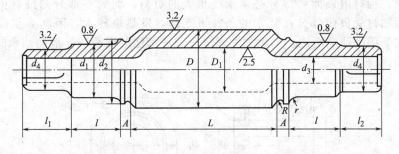

图 4-11　中空辊筒

另一种为圆周钻孔结构，如图4-12所示。这种钻孔辊筒较之中空辊筒具有传热面积大，钻孔距离工作面近，传热效率高，辊筒表面温度均匀的特点。但加工制造复杂，成本高。一般用于大型开炼机上。

辊筒各部尺寸一般都是根据经验资料，结合生产的具体情况，按辊筒工作部分的直径D来确定。各部分的尺寸关系见表4-6。

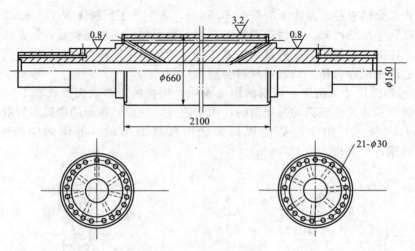

图 4-12 圆周钻孔辊筒

表 4-6 辊筒各部分尺寸关系（参见图 4-11）

部 位	尺寸关系	部 位	尺寸关系
辊筒工作部分长度	$L=(1.3\sim3.2)D$	辊筒轴颈长度	$l=(1.05\sim1.35)d_1$
辊筒轴颈直径（滑动轴承）		连接部分轴颈长度	
辊筒内径	$d_1=(0.63\sim0.7)D$	油沟尺寸	$l_1=(0.85\sim1.0)d_1$
辊筒连接部分直径	$D_1=(0.55\sim0.62)D$	圆角	
辊筒肩部直径	需作强度计算	圆角	$A=(0.07\sim0.12)D$
	$d_4=(0.83\sim0.87)d_1$		$R=(0.06\sim0.08)d_1$
	$d_2=(1.15\sim1.2)d_1$		$r_1=(0.05\sim0.08)d_1$

② 辊筒轴承　开炼机辊筒轴承所承担的负荷很大（例如 $\phi650\times2100$ 开炼机最大负荷达 200t），且滑动速度低，温度较高。因此，要求轴承耐磨、承载能力强、使用寿命长、制造及安装方便。

辊筒轴承主要采用滑动轴承和滚动轴承两种结构形式。

a. 滑动轴承　这是目前开炼机辊筒轴承广泛采用的一种类型。其特点是结构简单、制造方便、成本低。滑动轴承的结构如图 4-13 所示。它是由轴承体 1 和轴衬 2 两部分组成。开炼机工作时，轴衬内表面一部分必须承受很大的负荷，而另一部分则没有负荷，且有间隙，也就是说轴衬受负荷部分在复杂的条件下工作，发热也较大，因此必须很好地进行润滑。润滑方式采用滴油润滑法、间歇加油润滑法和连续强制润滑法。滑动轴承的润滑剂为干黄油或稀机油。

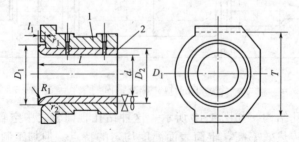

图 4-13 滑动轴承
1—轴承体；2—轴衬

近辊筒工作部分的轴承体上、下端加工有一止推凸台，以免轴承体由于辊筒的推力作用而被推出机架，同时轴承体必须按图纸要求很好地加工，使之能正确地安装，可使前辊筒轴承能在机架和上横梁所形成的导框中进行调距移动，而后辊筒轴承在机架上固定不动。

滑动轴承的轴承体材料用铸铁或铸钢制造，其抗拉强度不低于 200N/mm^2，一般用 HT200 铸铁；轴衬用金属（青铜）或非金属（Mc 尼龙）制造。青铜材料是 ZQSn8-12 和 ZQSn10-1 两种，使用效果较好。要求青铜轴衬内表面经机械加工后不准有砂眼、气孔及疏松等缺陷，内表面粗糙度不高于 $R_a1.6$。Mc 尼龙为新材料，与青铜轴衬比较，具有下列优点：

耐磨性好，寿命比青铜轴衬高 1 倍以上，在有冲击条件下使用时，效果尤为显著；

密度小，1kg 尼龙可取代 8kg 青铜，大大减轻了零件的重量；

具有良好的贮油能力和自润滑性能，在低速重载下可不加油或每星期加一次油；

抗冲击、吸震、消声，无应力集中；

机械加工容易，安装方便，使用中不易出故障，维护简单；

摩擦系数小，发热少，节能效果显著，例如填充 MC 尼龙的摩擦系数为 0.12，而青铜则为 0.27。

尼龙轴衬的缺点是导热性能差，热膨胀大。尼龙与青铜轴衬的性能比较见表 4-7。

表 4-7　尼龙与青铜轴衬性能

材料	抗拉强度 /(N/mm²)	抗压强度 /(N/mm²)	抗弯强度 /(N/mm²)	冲击强度 /(N/mm²)	膨胀系数/10⁻⁵	密度/(kg/m³)
铸型尼龙 MC	90～100	100～140	152～172	20～63	8.3	1140
ZQSn8-12	150～200	100	—	10～14	1.71	910

b. 滚动轴承　近年来，在大型开炼机上采用了双列滚子轴承，如图 4-14 所示。其特点是使用寿命长，摩擦损失小，节能（可减少摩擦耗电量 40%～50%），安装方便，维护容易，润滑油消耗量与一般润滑轴承相比可减少 75%。但造价高，配套困难，使用较少。

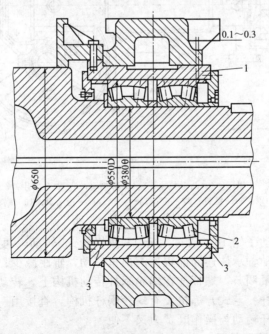

图 4-14　滚动轴承
1—轴承座；2—双列向心球面滚子轴承；3—定距套

179

③ 调距装置　根据不同炼胶工艺的要求,开炼机在工作时应经常改变其辊距。因此,在前辊两边的机架上需装有一对调距装置,调距范围一般在 0.1～15mm。辊距不能过大,以免速比齿轮因啮合不良而损坏。

a. 类型与结构　常用的调距装置按动力来源不同,可以分为手动式、电动式、液压传动式。手动式调距装置的特点是结构简单,工作可靠。但劳动强度大,适用于中、小型规格开炼机。

电动式调距装置的特点是操作方便,工作可靠。缺点是结构复杂,一般为大规格开炼机所普遍采用。

液压式调距装置的特点是较电动调距装置简单,操作方便,外形美观。缺点是不易维护,密封要求高,不能自动退回。因此,目前开炼机多以手动式和电动式为主,部分采用液压传动形式。

ⅰ. 手动调距装置　手动调距装置的结构形式颇多,图 4-15 是其中之一。该装置设在机架 1 的前端,并在机架 1 的空腔内装有调距螺母 2,调距螺杆 3 的前端固定有凸形垫块 4,凹形垫块 5 与安全垫片 6 接触,托架 7 上的定位销 8 与辊筒轴承体定位。调距螺杆的前端,通过螺钉 11 用压盖 9 固定在轴承体上,而安全垫片部分被外防护罩 10 包围。这就保证了螺杆往复移动时带动轴承体移位。调距螺杆的另一端通过键 12 与蜗轮 13 连接。在蜗轮上固定有辊距指示盘 14。蜗轮箱 15 和箱盖 16 组成外壳,将全部传动部分罩在其中。蜗轮是通过蜗杆 17 和手轮 18 转动的(用以微调辊距),油杯 19 用于向传动部位加油。

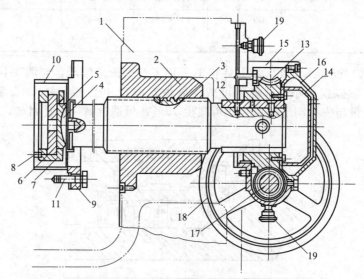

图 4-15　手动调距装置(一)

1—机架;2—螺母;3—螺杆;4—凸形垫块;5—凹形垫块;6—安全垫片;7—托架;8—定位销;
9—压盖;10—护罩;11—螺钉;12—键;13—蜗轮;14—指示盘;15—蜗轮箱;16—箱盖;
17—蜗杆;18—手轮;19—油杯

当调节辊距时,摇动手轮 18,通过蜗杆 17 使蜗轮 13 转动,再带动螺杆 3 转动,当螺杆顺时针转动时,则推动轴承体连同前辊一起向里移动,辊距减少;如增大辊距,则按反向摇动手轮。为了能够微量调节,螺杆连在蜗轮蜗杆传动机构上,转动手轮即带动蜗杆,并通过蜗轮减速后再传到螺杆。老式开炼机没有蜗轮蜗杆机构,直接用一个手柄插到螺杆或花盘上,摇动手柄以带动螺杆转动,操作既费力又不便。

图 4-16 是手动调距装置的另一种结构,适用于中、小型开炼机。其结构大体上与图 4-15 相同,但由于手轮位置的变化,用螺旋齿轮传动取代了蜗杆蜗轮传动。

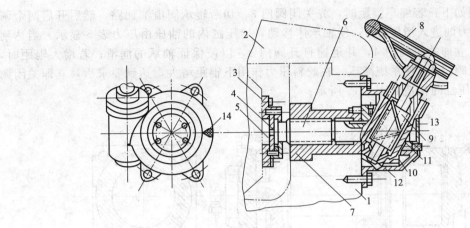

图 4-16 手动调距装置（二）

1—机架；2—上横梁；3—阴模；4—垫片；5—压盖；6—调整螺杆；7—调整螺母；

8—手轮；9—螺杆；10—螺旋齿轮；11—键；12—壳体；

13—刻度盘；14—指示标记

ⅱ.电动调距装置 图 4-17 为电动调距装置，与手动调距装置一样，也是用蜗杆蜗轮加螺杆、螺母进行调距。不同之处就是用电动机代替手轮。电动机的出轴通过摆线针轮减速器直接连接蜗杆。电动机可做双向转动，完成辊距的变化。此种结构多用于大、中型开炼机上。

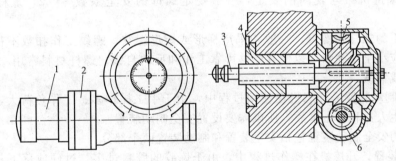

图 4-17 电动调距装置

1—电动机；2—摆线减速器；3—螺杆；4—螺母；5—蜗轮；6—蜗杆

ⅲ.液压调距装置 图 4-18 所示是液压调距装置的原理图。单级叶片泵 1（压力为 5～6MPa）通过增压缸 2 使压力增大至 25～38MPa，正常使用可控制到 25～28MPa。在前辊轴承体上，依靠增压缸的顶座作用使辊距减小，辊距放大则是在油泄出后，靠胶料压力退回。

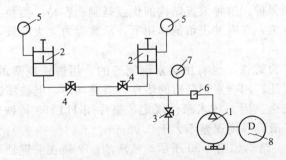

图 4-18 液压调距原理图

1—叶片泵；2—增压缸；3,4—阀门；5,7—压力表；6—安全阀；8—电动机调距过程如下：若缩小辊距时，先关闭阀门 3，切断辊承润滑油回路，然后开启两个调距阀门 4，压力油进入增压缸 2，使轴承体移动，增压缸内的油压由压力表 5 显示。当达到要求辊距时，立即关闭阀门 4，并迅速打开阀门 3，以便保证轴承的润滑；若增大辊距时，打开两个调距阀门 4，使系统减压，在胶料压力作用下辊距增大，达到要求后，立即关闭调距阀门 4。增压缸的构造如图 4-19 所示。

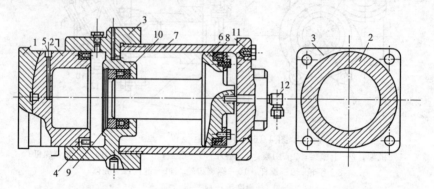

图 4-19　液压调距增压缸

1—顶座；2—活塞筒；3—接座；4,8,10—密封圈；5—加油孔；
6—活塞；7—油缸；9—弹簧挡圈；11—排气螺钉；12—接头

b. 调距螺杆、螺母的材料　调距装置在工作时主要受横压力水平分力的作用，在设计时考虑到为保持机架与辊筒的安全，一般规定螺母的安全系数 $n=2$，螺杆的安全系数 $n=2.3$。

机械调距的螺杆和螺母，一般均采用梯形或矩形螺纹，螺纹工作扣数不得少于 10 扣，其螺旋升角应小于摩擦角，以使其能够可靠工作和反向自锁。螺杆材料常用 45 钢，螺母材料常用青铜或铸铁。

④ 安全制动装置　开炼机在使用过程中，由于手工操作多、工作负荷大，一旦操作不当很容易发生人身和设备事故，所以需要设置安全制动装置。

开炼机的安全制动装置包括安全装置和制动装置两个部分。

a. 安全装置　开炼机在操作过程中，由于炼胶的胶料过多、过硬或落下其他金属杂物而发生超负荷时，为了保护开炼机主要零部件不致损坏，因此，在辊筒轴承前端应装有安全装置。常见的安全装置有两类，即安全垫片和液压安全装置。

ⅰ. 安全垫片　主要由安全垫片、球面垫块（一对）和托架组成。调距螺杆端部顶在安全垫片上，正常工作时负荷由安全垫片承受；当负荷超过安全垫片的强度极限时，安全垫片即被剪断，此时辊筒向调距螺杆方向移动，辊距很快增大，横压力急剧下降，从而使辊筒、机架等重要零部件得到保护。这种装置结构的优点是制造容易，更换方便，成本低。缺点是安全垫片承载与操作有关，在有冲击负荷作用下，承载能力大大降低，产生早期破坏，更换频繁。

安全垫片的材料多为铸铁，也有用碳素钢制造的。用铸铁制造的垫片，其破坏灵敏性高，但制造质量不易保证；用碳素钢制造的垫片，质地均匀，但破坏灵敏性差，在瞬时强力过大时，会影响机器安全。因而技术条件规定：垫片用 HT150 铸铁铸造后要经机械加工，要求厚度均匀，加工光滑，厚度误差不大于 0.05mm。

ⅱ. 液压安全装置　结构如图 4-20 所示。液压油缸 2 装在前辊轴承 1 上，活塞 3 与调距螺杆 4 连接。当开炼机发生故障时，油压上升，电接点压力表 5 上的指示动针与调定最大横压力值的固定针相接触时，开炼机立即停车，辊距增大使负荷降低，从而达到保护开炼机的目的。特点是不用更换零件，操作者可随时观察横压力的变化，便于控制。缺点是不易维护，当出现漏油时即失灵。

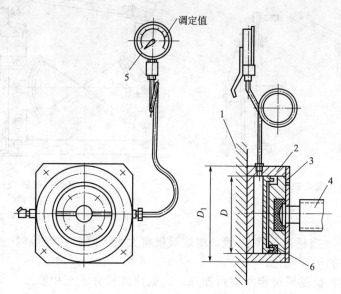

图 4-20 液压安全装置
1—前辊轴承；2—油缸；3—活塞；4—调距螺杆；5—电接点压力表；6—密封圈

b. 制动装置 为了保障开炼机在工作时人身和设备的安全，就必须在开炼机上装有制动装置（即紧急刹车装置）。对制动装置的要求是：控制位置要适合操作人员的使用方便，要保证经常处于正常状态；空运转制动后，前辊筒继续回转不得超过辊筒圆周的 1/4。目前应用较多的制动装置由安全拉杆和制动器两部分组成。

ⅰ. 安全拉杆 安全拉杆应安装在开炼机的横梁上，如图 4-21 所示。其安装高度要方便操作，一般约为 1850mm（以地面算起）。有的机台下部再装上脚踏行程开关，目前各橡胶厂开炼机还加装按钮刹车，以确保安全。紧急刹车时，拉动拉杆 1 使行程开关 2 动作，切断主电动机电源。但电动机和开炼机的辊筒还有回转惯性。为了使辊筒立即停止回转，还必须设有制动器。

ⅱ. 制动器 制动器一般装在电动机和减速器的联轴节上。制动方法常采用电磁控制制动法。近年来，在小型开炼机上也有采用电机能耗制动法。电磁控制的制动装置有块式和带式两种。图 4-22 是短行程的块式制动器（又称为电磁抱闸制动器）的结构。两块闸瓦 1 分别以活节方式与支柱 2 相连接，两个支柱与连杆 3、杠杆 4 和推杆 5 相连接，推杆 5 的尾部压紧电磁铁 9 的顶块 7，在正常状态下，电磁线圈 6 不通电（称为通电刹车制动式），电磁铁 9 靠弹簧 8 的推力，保持在虚线位置，此时，两块闸瓦与制动轮脱离。紧急刹车时，拉下安全拉杆，在切断主电机电源的同时，也接通了电磁线圈的电源，电磁铁被吸住（即图中的实线位置），推杆 5、杠杆 4 和拉杆 3 同时运动，使两闸瓦抱紧制动轮。因制动轮与电机轴连接，故迫使电动机迅速停止转动。在老式开炼机上，也有采用断电刹车制动式。但由于电磁线圈长期通电，发热严重，使用寿命短，目前大部分已改为通电制动式。

由于电磁抱闸制动法简单可靠，故在国内外开炼机上得到了广泛采用。能耗制动的原理是：在停机时先切断三相交流电源，同时通直流电源入定子的绕组，产生与电动机转向相反的转矩，从而达到制动目的。制动转矩的大小与直流电源有关。

⑤ 辊温调节装置 根据炼胶工艺要求，开炼机辊筒表面应保持一定温度，才能保证炼胶效果好、质量高、时间短。例如，天然胶在塑炼时，为了保证良好的机械作用，要求温度

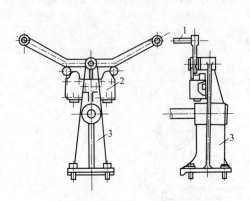

图 4-21　安全拉杆

1—拉杆；2—行程开关；3—支架

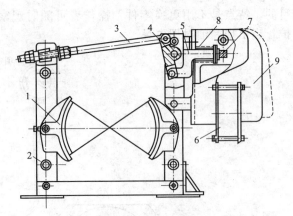

图 4-22　电磁控制的块式制动器

1—闸瓦；2—支柱；3—连杆；4—杠杆；5—推杆；
6—电磁线圈；7—顶块；8—弹簧；9—电磁铁

应控制在 50～60℃，当超过 70℃以后，塑炼效果将大大下降。在混炼时一般也不超过 75～90℃，以防止胶料的早期硫化。

由于炼胶时胶料反复通过辊距进行捏炼，这就使橡胶分子互相摩擦，而引起胶料温度升高。为了保证在工艺要求的温度条件下炼胶，就必须对开炼机的辊筒进行冷却，通过辊筒来降低胶料的温度。但对某些特种合成橡胶或开车前对辊筒的预热，需要用蒸汽对辊筒进行加热，以保证炼胶所需要的温度。因此，从炼胶工艺角度上要求开炼机需安装辊温调节装置。

a．类型与结构　常用的辊温调节装置有两种：一种是开式辊温调节装置，一种是闭式辊温调节装置。前一种多用于炼胶机上，后一种多用于炼塑机上。

开式辊温调节装置如图 4-23 所示，冷却水由进水管 1 上的直径为 2～5mm 的小孔喷向辊筒内腔，由一端排水口排出回水。辊筒内腔放有呈星形结构的辊轮 3，工作时随辊筒 4 转动，以防辊筒内腔结垢，影响冷却效果。这种形式调温装置的特点是：结构简单，冷却效果好，水温可随时用手探知或测定，水管堵塞时也易于发现。但冷却水消耗量大。

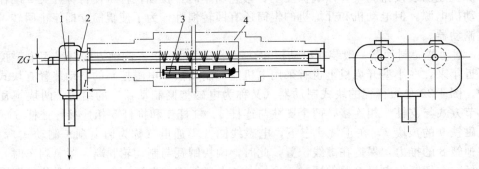

图 4-23　开式辊温调节装置

1—冷却水进水管；2—排水管；3—辊轮；4—辊筒

闭式辊温调节装置如图 4-24 所示，进出水均需通过冷却接头 2，因此冷却效果差。但结构紧凑，冷却水消耗量少。此调温装置常用于需蒸汽加热的机台上。钻孔辊筒冷却效果最好，但结构复杂，成本高。大规格热炼机和压片机常用这种方式。

b．强化辊筒冷却效果的措施

ⅰ．严格控制冷却水的初温。当冷却水的初温为 10～14℃时，辊筒冷却效果较好，但像这样低温的水往往需要用地下水或经过制冷才能得到，需要增加相应的设备。通常采用自来

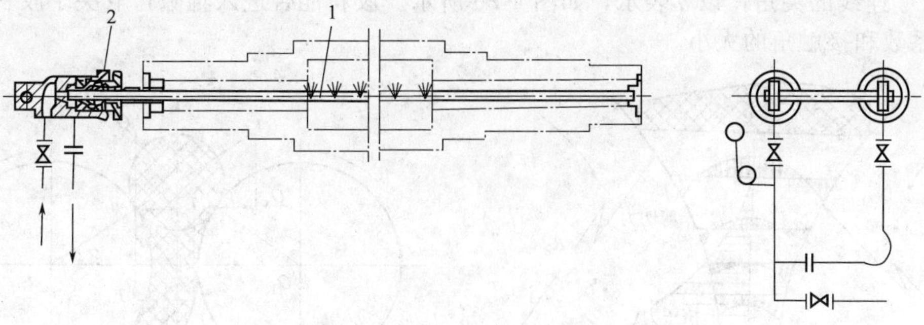

图 4-24 闭式辊温调节装置
1—冷却水管；2—冷却接头

水、江河水或厂内水塔的水时，尤其在夏天，应尽可能使用初温低于 25℃ 的水来冷却。否则，冷却效果显著降低，甚至达不到工艺要求。

ⅱ. 辊筒内腔尽可能经过机械加工，如果无条件加工，也应该设法将型砂、铸造浮渣清理干净，否则将增加其热阻；同时，辊筒内腔进水管要装喷头，以便提高传热效果。

ⅲ. 保持辊筒内腔的清洁，并尽可能使用不含盐类矿物质的冷却水，以免产生沉淀物，影响冷却效果；最好能定期清洗辊筒内腔的污垢，有的开炼机辊筒内腔装有星形结构的辊轮，它随辊筒一起回转，借以清除污垢。

ⅳ. 在辊筒结构设计上作进一步改进，如采用钻孔辊筒，冷却效果可大大提高。另外，采用高强度材料制作辊筒，可使辊筒壁厚减小，以获得较高的冷却效果。

c. 冷却水消耗量 各种型号开炼机冷却水消耗量参见表 4-8

表 4-8 开炼机冷却水消耗量

型号 项目	XK-160	XK-250	XK-360	XK-400	XK-450	XK-560 (L=800)	XK-550	XK-560	XK-650	XK-660
主电机功率/kW	4.2	17	28	40	55	75	95	95	110	115
耗水量/(m³/h)	0.35~0.55	1.36~2.2	2.3~3.6	3.2~2.5	4.4~7	6~9.5	7.5~12	7.5~12	8.7~15	8.7~15

(5) 工作原理及工作条件

① 工作原理 当胶料加到辊筒上时，由于两个辊筒以不同线速度相对回转，胶料在被辊筒挤压的同时，在摩擦力和黏附力的作用下，被拉入辊隙中，形成楔形断面的胶条。在辊隙中由于速度梯度和辊筒温度的作用致使胶料受到强烈的碾压、撕裂，同时伴随着橡胶分子链的氧化断裂作用。从辊隙中排出的胶片，由于两个辊筒表面速度和温度的差异而包覆在一个辊筒上，又重新返回两辊间，这样多次往复，完成炼胶作业。在塑炼时促使橡胶分子链由长变短，弹性由高变低；在混炼时促使胶料各组分表面不断更新，达到均匀混合的目的。胶料在辊隙中的受力分布见图 4-25。

② 工作条件

a. 胶料卷入辊距的条件 在炼胶操作时，当胶料包覆一个辊筒后两辊间还有一定数量的堆积胶，这些积胶不断地被转动的辊筒带入辊隙中去，而新的积胶又不断形成。积胶量的多少对炼胶效果有很大的影响。若积胶过多，胶料便不能及时进入辊隙中，只能原地轻轻抖动，此时炼胶效果显著降低；若积胶过少则不能形成稳定的操作。可见，确定适宜的积胶量是非常必要的。在这里，为了更好地讨论炼胶的操作条件，我们引入一个称为"接触角"的概念。

所谓接触角，即两辊筒断面中心线的水平连线 O_1O_2 与胶料在辊筒上接触点 a 和辊筒断

面中心 O_2 连线的夹角，以 α 表示，如图 4-26 所示。胶料能否进入辊隙，取决于胶料与辊筒的摩擦系数和接触角的大小。

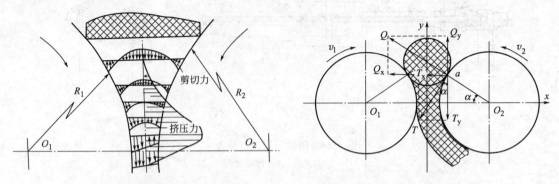

图 4-25　胶料在辊隙中的受力分布情况　　　　图 4-26　胶料受力分析

从受力分析的角度来看，当两辊筒相对回转时，辊筒对胶料产生径向作用力 Q（正压力）和切向作用力 T（摩擦力），把径向力 Q 分解为 Q_x 和 Q_y；把切向力分解为 T_x 和 T_y。

由图 4-26 可知，水平分力 Q_x、T_x 用来挤压胶料，称为挤压力；垂直分力 Q_y 力图阻止胶料进入辊距，而垂直分力 T_y 则力图把胶料拉入辊距中。

为了保证胶料能被拉入辊距中，必须使 $T_y > Q_y$。否则胶料只能在辊筒上抖动，不会通过辊距，起不到炼胶作用。

先确定切向力（摩擦力）T：

$$T = Q\mu$$

式中　Q——正压力；

　　　μ——胶料与辊筒的摩擦系数。

因　　　　　　　　　　　　$\mu = \tan\rho$

故　　　　　　　　　　　　$T = Q\tan\rho$

式中　ρ——摩擦角。

则切向分力 T_y 为　　　　　　　　$T_y = Q\tan\rho\cos\alpha$

再确定垂直分力 Q_y，从图 4-26 中可知：

$$Q_y = Q\sin\alpha$$

为使开炼机能正常操作必须：$T_y \geq Q_y$，

即　　　　　　　　　　$Q\tan\rho\cos\alpha \geq Q\sin\alpha$

　　　　　　　　　　　　$\tan\rho \geq \tan\alpha$

亦即　　　　　　　　$\rho \geq \alpha$　（因 ρ、α 均为锐角）

可见，胶料被拉入辊距的条件是，必须保证接触角 α 小于或等于摩擦角 ρ。

橡胶或胶料与金属辊筒的摩擦角 ρ 与胶料的组分、可塑度、炼胶温度及辊筒表面形状有关。如可塑度越大、炼胶温度越高，摩擦角亦大。在一般条件下，胶料与金属辊筒的摩擦角 $\rho = 38° \sim 42°$，生胶与金属辊筒的摩擦角 $\rho = 38°40'$。因此，在开炼机设计时接触角 $\alpha = 32° \sim 40°$。目前国产开炼机设计多采用 $\alpha = 36° \sim 40°$。

b. 胶料在辊隙间能得到强烈挤压和剪切的条件　在炼胶过程中，将胶料进行切割（割胶）对炼胶过程是十分重要的。根据流体动力学理论的分析，炼胶过程胶料呈流线分布。靠近辊筒处胶料的流线与辊筒回转是平行状态，而在楔形断面开始处，有一个回流区域，形成两个封闭的回流线，当 $v_1 = v_2$ 时，这两个封闭回流线呈对称分布，当 $v_1 > v_2$ 时，两个封闭回流线的中性面移向快速辊筒侧。证明当 $v_1 > v_2$ 时，胶料所受剪切作用较 $v_1 = v_2$ 时要大。

所以，大部分开炼机都设计成两辊筒线速度不同（$v_1 \nsim v_2$）。但仅辊速不同也不能得到最佳的炼胶效果，这是由于 $v_1 \nsim v_2$ 时，楔形胶片仍然存在封闭回流。只有采用切割胶片（或割刀捣胶）的办法，促使胶料沿辊筒轴线移动，才能不断破坏封闭回流，加速炼胶作用，取得良好的效果。

（6）主要参数

① 辊速、速比与速度梯度 辊速、速比与速度梯度是开炼机的几个重要工作参数，应根据被加工物料的性质、工艺要求、生产安全、机械效率与劳动强度等选取，一般由经验确定。

辊速：指辊筒工作时的线速度，以 v 表示。

速比：指两辊筒线速度之比。一般是指后辊筒的线速度与前辊筒的线速度之比。以 f 表示。

$$f = \frac{v_1}{v_2}$$

式中 v_1——后辊筒线速度，m/min；

v_2——前辊筒线速度，m/min。

为了操作方便和安全起见，前辊筒线速度一般比后辊筒线速度要小，即 $f > 1$。开炼机辊筒的速比，是根据加工胶料的工艺要求来选取的，是设计开炼机的重要参数之一。不同用途的开炼机，要求的辊筒速比是不相同的，见表4-9。

表4-9 开炼机速比范围

用 途	速 比	用 途	速 比
塑炼	1.15～1.3	破胶	1.30～1.50
混炼	1.08～1.2	再生胶粉碎	1.30～2.54
压片	1.07～1.08	再生胶捏炼	1.30～1.42
热炼	1.20～1.50	精炼	1.80～2.54

速度梯度：由于两辊筒表面的线速度不一致，故胶料在辊距中便产生速度梯度，如图4-27所示。与转速较快的后辊筒表面接触的胶料其通过辊距的速度较快，而与前辊筒表面接触的胶料则通过辊距的速度较慢，这样在辊距 e 的范围内就出现速度梯度，其数值大小可按下式计算：

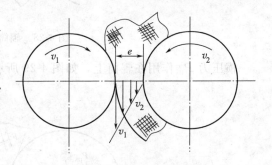

图4-27 辊距中的速度梯度

$$v_{梯} = \frac{v_1 - v_2}{e} = \frac{v_2}{e}(f-1)$$

由公式可知，速度提高，速比增大，辊距减小，则速度梯度增大，对胶料的剪切变形和机械破坏也就愈大，从而可减少加工时间，提高机械效率。但速度、速比过大时，由于摩擦生热会使胶料温度升高，导致降低生胶塑炼效果，甚至会使混炼胶产生焦烧。为此，对速度梯度有所限制，使之不超过胶料的允许极限温度，同时还需加强冷却。

开炼机的速度梯度规定如下：塑炼、混炼、热炼和压片的速度为 1500～2000r/min，生产用开炼机的速度梯度应小于 2200r/min；破胶、粉碎和粗碎的速度梯度应小于 7500r/min。

此外，速度梯度的值还与辊距大小有关，辊距减小，速度梯度增大，炼胶效果好。但当辊距太小时，胶料温度会急剧升高，反而会影响炼胶效果，因此工作辊距不宜太小。

计算速度梯度时用的辊距值见表4-10，实际操作时可根据工艺要求，在不致产生焦烧的情况下短时间减小辊距。

表 4-10　计算速度梯度用辊距值

工艺方法	塑炼	混炼	热炼	压片	破胶	粉碎
最小辊距/mm	3	3	3	3	1.5	2

② 横压力　横压力是开炼机在炼胶操作过程中，胶料在辊隙间对辊筒产生的径向压力，以 P 表示。它与辊筒对胶料的正压力 Q 大小相等方向相反。它是设计开炼机的重要原始数据之一。在辊筒接触角范围内，胶料对辊筒产生径向力和切向力，在整个夹持弧上这两个力不是均匀分布的，一般说来它们随着辊筒间隙逐渐减小而增大，如图 4-28 所示。实验研究证明：其最大受力点在辊距稍前处（图 4-28 中 M 点），该点 M 所对应的角 γ 称为临界压力角，一般 $\gamma = 3° \sim 6°$，视具体条件而变化。在夹持弧上其合力的作用点与水平线的夹角 β 一般在 $5° \sim 10°$ 范围内，推荐值为 $10°$。

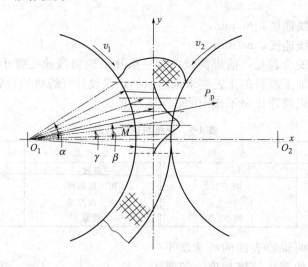

图 4-28　辊筒对胶料的横压力

横压力 P_p 作用在辊筒上，如图 4-29 所示，它可分解为水平分力 P_{px} 和垂直分力 P_{py}。

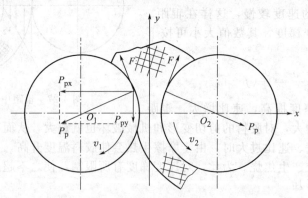

图 4-29　横压力计算

横压力水平分力 P_{px}：

$$P_{px} = P_p \cos\beta$$

横压力垂直分力 P_{py}：

$$P_{py} = P_p \sin\beta$$

若把辊筒工作部分纵长 1cm 上的横压力称为单位横压力，并以 P 表示，则总横压力 P_p 为：

$$P_p = PL$$

式中　P——单位横压力，N/cm；

　　　L——辊筒工作部分长度，cm。

辊筒上的总横压力，因被辊筒两端的两个轴承承担，因而一个轴承的横压力，则为总横压力的一半。

$$P_p' = \frac{P_p}{2}$$

式中　P_p'——一个轴承上的横压力，N。

在实际炼胶操作过程中，横压力数值是变化的。例如 $\phi 550 \times 1500$ 开炼机塑炼天然胶时，一个轴承上横压力的变化如图 4-30 所示。在炼胶开始的几分钟内横压力达到最大值，过后由于胶温升高而胶料变软，横压力很快下降，当胶料可塑度均匀后，横压力的变化也就不大了。

辊筒横压力的大小，主要取决于胶料的性质、加工温度、辊距和辊筒线速度。

胶料越硬，横压力越大，如图 4-31 所示。例如硬胶料的混炼与热炼比天然胶塑炼的横压力要大。

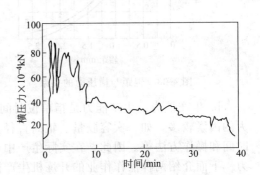

图 4-30　开炼机塑炼天然胶时横压力曲线

胶料温度越低，横压力越大，如图 4-32 所示。例如冷破胶比预热 70℃后再破胶，横压力大 10%～15%。

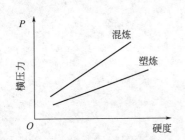

图 4-31　胶料硬度与横压力的关系

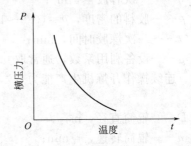

图 4-32　胶料温度与横压力的关系

辊距越小，横压力越大，如图 4-33 所示。

辊筒工作线速度与速比对横压力的影响比较复杂。一方面，辊速越高，橡胶在短时间内变形，横压力应增加；而另一方面，辊速提高，胶料温度亦升高，使横压力相对下降。二者有互相抵消的作用，故横压力增加不显著，如图 4-34 所示。

③ 容量与生产能力

a. 容量　炼胶容量是指开炼机一次炼胶的数量。

开炼机的容量是否合理不仅影响生产能力，同时影响炼胶的质量。容量过低，不仅生产能力降低，而且在开炼机辊筒上会形成不稳定的操作；若容量过高，胶料只能在两辊筒上原地抖动，而不能进入辊隙中。合理的容量，可根据胶料全部包覆前辊上，并在两辊间积存一定数量的胶料来确定。一般可按下列经验公式计算：

$$q = KDL$$

式中　q——一次炼胶容量，dm^3；

　　　D——辊筒直径，cm；

　　　L——辊筒工作部分长度，cm；

　　　K——经验系数，一般取 $K = 0.0065 \sim 0.0085$。

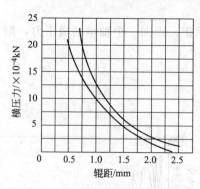
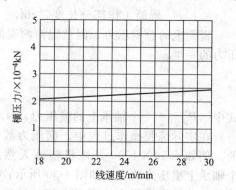

图 4-33　辊距与横压力的关系　　　　　图 4-34　辊速与横压力

　　b. 生产能力　生产能力是指单位时间内开炼机的产量，以 Q 表示。影响开炼机生产能力的因素较多，如一次容胶量、辊筒直径、辊筒长度、辊距、速比、辊速、炼胶温度、炼胶时间和操作方法等。因此，在实际生产中，采用计算与分析对比相结合的方法来确定生产能力。下面介绍两种操作作业的开炼机生产能力的计算方法。

　　ⅰ. 常用开炼机（间歇操作）生产能力

$$Q = \frac{60q\rho\alpha}{t}$$

式中　Q——生产能力，kg/h；

　　　q——一次容胶量，m^3；

　　　ρ——胶料的密度，$\rho = (0.9 \sim 1.2) \times 10^3 \, kg/m^3$；

　　　t——一次炼胶时间，min；

　　　α——设备利用系数，通常取 $0.85 \sim 0.90$。

　　ⅱ. 连续操作开炼机生产能力

$$Q = 60\pi Dnhb\rho\alpha$$

式中　D——辊筒直径，m；

　　　n——辊筒转速，r/min；

　　　h——胶片厚度，m；

　　　b——胶片宽度，m；

　　　ρ——胶料的密度，$\rho = (0.9 \sim 1.2) \times 10^3 \, kg/m^3$；

　　　α——设备利用系数，通常取 $0.85 \sim 0.90$。

　　另外，与密炼机配套的压片机的容量，视密炼机的规格而选择。例如，$\phi 650 \times 2100$ 压片机的一次加胶量和一次捏炼时间与 140L、20r/min 的密炼机相配。而对于 140L、40r/min 以上的密炼机则需配两台以上这种规格的压片机。

　　④ 功率消耗与电机选择

　　a. 功率消耗的变化规律　功率消耗是指开炼机在炼胶过程中电动机所消耗的电功率。开炼机加工胶料时，需要消耗大量的电能，这是因为胶料在开炼机辊筒上往复被碾压，使被加工胶料产生较大的变形，克服这一变形所消耗的能量也就大，所以，耗电量较大。

炼胶过程中，电机耗电量是不均匀的。在炼胶开始很短的时间内（约 2～3min）达到最大值，其值常为工作数分钟后电动机负荷的 2～3 倍。这是因为炼胶开始时胶料为块状，温度低，弹性与硬度都较高，故必然消耗较大功率，随着炼胶时间的增加，胶料升温变软，可塑度增大，功率消耗下降，如图 4-35 所示。例如，$\phi 650 \times 2100$ 开炼机进行胎面胶混炼时，功率峰值达 210kW，但其平均值还不足 140kW。

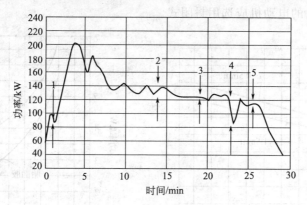

图 4-35 炼胶过程 N-t 图

1—加胶时；2—开始加配合剂时；3—配合剂加完时；4—放大辊距时；5—开始下片

b. 影响因素 影响开炼机功率消耗的因素很多，而且也是比较复杂的。如辊筒直径，线速度，速比，辊距，胶料的性质，一次容胶量，炼胶温度，加工方法等。

ⅰ. 胶料性质 胶料的硬度越大，功率消耗也越大。冷胶块比预热 70℃后破胶功率消耗增加 30%～40%。

ⅱ. 工作条件

炼胶温度：温度高，功率消耗降低。但温度也不能太高，否则，会影响炼胶效果或发生焦烧。

辊筒线速度：线速度增大，功率消耗也增大。因为单位时间内胶料的过辊次数增加了，即增加了胶料变形次数，这样变形功增大，为克服变形所需要的功率增大，因此功率消耗增大；另一方面，辊速增大时，通过辊距的胶料变形速度也快，消耗动力必然增加。所以，辊速增加，功率消耗也增加，如图 4-36 所示。但在辊速增大的同时，胶料温度升高，会使胶料变软，功率消耗有下降趋势。因此，两者综合作用的结果，当辊速提高后，功率消耗有所上升。

辊筒的速比：速比增大，速度梯度随之增大，克服剪切变形所消耗的动力增大，相应的功率消耗亦增大。

辊距：辊距对功率消耗的影响是复杂的。因为辊距的变化与两方面有关，一方面辊距增大，变形减少，功率消耗下降；另一方面，辊距增大，开炼机负荷增大，功率消耗增大。对于小规格开炼机前一个因素占主导地位，而对于大规格开炼机后一个因素占主导地位。因此，辊距的变化对功率消耗的影响要具体情况作具体分析。如图 4-37 是 $\phi 160 \times 320$ 开炼机混炼时，辊距与功率消耗的关系。

ⅲ. 开炼机规格和生产能力 显而易见，开炼机辊筒直径越大，一次容胶量越多，则功率消耗增大。

c. 电动机选择 由于开炼机工作时负荷变动较大，又经常需要负载启动，且混炼与压片时粉料配合剂飞扬易引起电动机短路，故对开炼机上用的电动机应作如下要求：

启动转矩要大；

具有超负荷特性，要求最大的转矩 M_{max} 与额定转矩 $M_{额定}$ 之比为 $2.0\sim2.5$；

能够正反转动；

转速要恒定；

制动性能要好；

混炼、压片机上的电动机应选用封闭式。

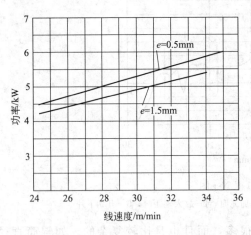

图 4-36　辊筒线速度与功率的关系

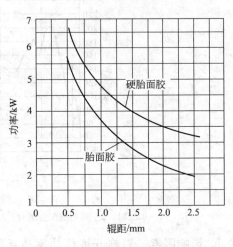

图 4-37　辊距与功率的关系

常用电动机为三相异步交流电动机。一般选用鼠笼式转子封闭自扇冷式异步电机，也有选用绕线式异步电机的。后者启动性比前者好，但可靠性较差、价格贵；前者结构简单，防尘启动性能虽然不如绕线式异步电动机好，但由于开炼机多是空车启动的，故启动性能可以满足开炼机的要求。

近年来，国外开炼机也有采用低速同步电动机直接驱动的。其优点是：功率因数高，不需配置减速器。缺点是：电动机成本高、体积大，操作与维护不方便，故在国内产品中尚未采用。

（7）安全操作

① 开车前必须戴好皮革护手腕，混炼时要戴口罩，禁止腰系绳、带、胶皮等，严禁披衣操作。

② 开车前必须检查大小齿轮及辊筒间有无杂物。每班首次开车，必须试验紧急刹车是否灵敏可靠（制动后前辊空车回转不准超过四分之一周），平时严禁用紧急刹车装置关车。

③ 如两人以上操作，必须相互呼应，当确认无任何危险后，方可开车。有投料运输带必须使用运输带。

④ 调节辊距左右要一致，严禁偏辊操作，以免损伤辊筒和轴承。减小辊距时应注意防止两辊筒因相碰而擦伤辊面。

⑤ 试验刹车装置是否完好、有效、灵敏；正常停车严禁使用刹车装置。

⑥ 加料时，先将小块胶料靠大齿轮一侧加入。

⑦ 操作时要先划（割）刀，后上手拿胶，胶片未划（割）下，不准硬拉硬扯。严禁一手在辊筒上投料，一手在辊筒下接料。

⑧ 如遇胶料跳动，辊筒不易轧胶时，严禁用手压胶料。

⑨ 推料时必须半握拳，不准超过辊筒顶端水平线。摸测辊温时手背必须与辊筒转动方

向相反。

⑩ 割刀必须放在安全地方，割胶时必须在辊筒下半部进刀，割刀口不准对着自己身体方向。

⑪ 打三角包时，禁止带刀操作，打卷子时，胶卷重量不准超过 25kg。拿回料严格按工艺要求。

⑫ 辊筒运转中发现胶料中或辊筒间有杂物，挡胶板、轴瓦处等有积胶时，必须停车处理。严禁在运转辊筒上方传送物件。运输带积胶或发生故障，必须停机处理。

⑬ 严禁在设备转动部位和料盘上依靠，站坐。

⑭ 炼胶过程中，炼胶工具、杂物不准乱放在机器上，以避免工具掉入机器中损坏机器。机器运行时，如发现积胶在辊缝处停滞不下时，不得用手按塞，用手推胶时，只能用拳头推，以防手轧入辊筒。

⑮ 刹车或突然停电后，必须将辊缝中的胶料取出后方能开车，严禁带负荷启动。严禁带负荷开车。

⑯ 严禁机器长时间超载或安全保护装置失灵情况下使用。

⑰ 工作完毕，切断电源，关闭水、汽阀门。

(8) 维护保养

① 设备日常维护保养要点

a. 开车时注意辊距间有无杂物，并使两端辊距均匀一致。

b. 保持各转动部位无异物。

c. 保持紧急制动装置动作灵敏可靠，没有出现紧急情况时不要使用。

d. 保持各润滑部位润滑正常，按规定及时加注润滑剂。

e. 保持水、汽、电仪表和阀门的灵敏可靠。

f. 设备运行中出现异常震动和声音，应立即停车。但若轴瓦发生故障（如烧轴瓦），不准关车，应立即排料，空车加油降温，并联系有关维修人员进行检查处理。

g. 经常检查各部位温度，辊筒轴瓦温度不超过 40℃（尼龙瓦不超过 60℃），减速机轴承温升不超过 35℃，电动机轴承温升不超过 35℃。

h. 各轴承温度不得有骤升现象，发现问题立即停车处理。

i. 维护各紧固螺栓不得松动。

j. 不要在加料超量的条件下操作，以保护机器正常工作。

k. 机器停机后，应关闭好水、风、汽阀门，切断电源，清理机台卫生。

② 润滑规则 开炼机的润滑规则见表 4-11。

(9) 基本操作过程及要求

① 根据生产计划，准备胶料。

② 检查核实胶料代号和胶料合格卡片。

③ 检查两辊筒间无杂物后，启动开炼机。

④ 试验刹车装置是否完好、有效、灵敏。

⑤ 紧油杯加润滑油，打开冷却水，根据工艺要求调整辊温和辊距。

⑥ 靠大齿轮一端投入引胶并包辊、加胶，有标识的胶片最后加入。

⑦ 加完一车后左右各划刀两次，操作时要先划（割）刀，后上手拿胶，胶片未划（割）下，不准硬拉硬扯。

⑧ 送胶或下片。

⑨ 生产结束空转 10min 后停机，关冷却水，打扫接胶盘和周围卫生。

⑩ 换胶种时，余胶应清干净。剩余胶料应拖放至指定位置，作好标识。

表 4-11　开炼机的润滑规则

润滑部位	润滑剂	加油量	加、换油周期
辊筒轴承	干油泵：MoS₂ 钙基润滑脂（20％～30％机械油）N30，对于填充 MC 尼龙轴承，用 4 号 MoS₂ 钙基脂、2 号和 3 号 MoS₂ 钠基脂、2 号 MoS₂ 钙钠基脂以及 2 号和 3 号 MoS₂ 合成锂基脂；稀油泵：饱和汽缸油 HC-11，中负荷工业齿轮油 N680 或机械油 N100	自动加油适量 用油杯加油者加油 3 圈　　　　　　　　 自动加油适量	适时加油 油杯每班 2～4 次；尼龙轴承：新机装配时，在轴颈和轴衬上涂以适量 MoS₂ 润滑脂，使用 1 个月后每周加油 1 次；新机器试车后换油，以后每季加油，1 年清洗换油 1 次
减速器	中极压齿轮油 220	规定油标	新机器试车后换油，以后每年换油 1 次
速比齿轮	开式齿轮油 68 号或中负荷工业齿轮油 N680	齿轮浸入油中 40～50mm	3～6 个月换油 1 次
驱动齿轮	开式齿轮油 68 号或中负荷工业齿轮油 N680	大齿轮浸入油中 40～50mm	3～6 个月换油 1 次
传动轴承	中负荷工业齿轮油 N680	油杯适量	每班 1 次
手动调距装置	钠基脂 ZN-2 或钙钠基脂 ZCN-2，或 MoS₂ 润滑脂	适量	每季 1 次
电动调距装置	摆线齿轮减速器用工业齿轮油 50 号，蜗轮用钙基脂 ZC-3	按规定 适量	半年换油 1 次 每班 1 次
尼龙棒销万向联轴器	钙基脂 ZC-3 或 MoS₂ 润滑脂	适量	每月 1 次

3. 密炼机

(1) 用途与分类

密闭式炼胶机简称密炼机，主要用于天然橡胶及其他高聚物弹性体的塑炼和混炼，也用于塑料、沥青料、油毡料、搪瓷料及各种合成树脂料的混炼。自从 1916 年出现密炼机以来，发展很快，目前有三种断面形式的密炼机，都已系列化，是橡胶工厂主要炼胶设备之一。20 世纪 70 年代以来，虽然国外在炼胶工艺和设备方面发展较快，但现代橡胶工厂中的炼胶设备仍以密炼机为主。

① 分类　常用的密闭式炼胶机（以下简称密炼机）有转子相切型和转子啮合型两种类型。国内普遍使用的是转子相切型密炼机，国产的型号有 XM 型和 GK-N 型（引进技术），进口的型号有 F 型、BB 型和 GK-N 型等。啮合型转子密炼机使用较少，国产的型号有 XMY 型和 GK-E 型（引进技术），进口的型号有 K 型和 GK-E 型。

相切型转子的密炼机和啮合型转子的密炼机在结构上的主要区别是转子。相切型转子的横截面呈椭圆形，突棱有两棱和四棱两种，两个转子具有速度差（速比），突棱彼此不相啮合。啮合型转子的横截面呈圆形，两个转子的转速相同，彼此的突棱相啮合。由于转子结构的不同，因此两种密炼机的炼胶原理也有所不同。

a. 按密炼机转子转数不同可分为：慢速密炼机（转子转数在 20r/min 以下），中速密炼机（转子转数在 30r/min 左右），快速密炼机（转子转数在 40r/min 以上）。

b. 按密炼机转子断面形状不同可分为：椭圆形转子密炼机，圆筒形转子密炼机，三棱形转子密炼机三种。

c. 按密炼机转子转数可变与否可分为：单速密炼机，双速密炼机（转子具有两个速度），四速密炼机，变速密炼机等。

② 使用性能特点　橡胶与炭黑及其他配合剂的混炼，最早是采用开炼机。开炼机不易操作，粉尘飞扬严重，混炼时间长，生产效率低。如采用密炼机，则可大大减轻操作工人劳

动强度，改善劳动条件，缩短炼胶周期，提高生产效率。

椭圆形转子密炼机出现较早，且炼胶效果较好，因而得到了广泛应用。本章将重点介绍椭圆形转子密炼机的结构性能，其他形式密炼机只作一般介绍。

（2）规格和主要技术特征

密炼机的规格一般以混炼室总容积和长转子（主动转子）的转数来表示。同时在总容量前面冠以符号，以表示为何种机台。如 XM-80×40 型，其中 X 表示橡胶类，M 表示密炼机，80 表示混炼室总容量 80L，40 表示长转子转数为 40r/min。又如 XM-270/20×40 型，它表示混炼室总容量为 270L、双速（20r/min、40r/min）橡胶类密炼机。

如果前面冠以的符号是 X（S）M 时，S 表示塑料类，就说明此密炼机既适用于橡胶，也适用于塑料。表 4-12～表 4-14 为国产和国外椭圆形及圆筒形转子密炼机的技术特征。

表 4-12　国产转子相切型密炼机的主要技术特征

机器型号	50×40 XM-50×40A	XM-50×42	XM-50	XM-80×42	XM-80B
密炼室总容积/L	50	50	50	2棱86,4棱77	75
密炼室工作容积/L	30	30	30	2棱55,4棱50	50
转子转速/(r/min)	40	42	40	41.6	35、48、70
转子速比	1:1.15	1:1.19	1:1.19	1:1.16	1:1.1818
上顶栓单位压力/MPa	0.2,0.265	0.219	0.219	0.36	可调至0.35～0.45
压缩空气压力/MPa	0.6～0.8	0.6～0.8	0.6～0.8	0.6	液压压料油缸
空气消耗量/(m³/h)	15				
冷却水压力/MPa	0.3～0.4	0.3～0.4	0.3～0.4	0.3～0.4	0.3～0.4
冷却水消耗量/(m³/h)	7～10	9	9	25	10、15、20
转子轴承	滚动轴承	滚动轴承	滚动轴承	滚动轴承	滚动轴承
卸料装置形式	摆动式	摆动式	摆动式	摆动式	摆动式
主电机：型号	JRO-TH	Y315S-6	Y315S-6	JRO-TH	JRO-TH
功率/kW	95	75	75	210	130、155、250
电压/V	380	380	380	380	380
转速/(r/min)	590	980	980	750	750、1000、1500
外形尺寸/m	5.9×2.5×3.2	4.1×1.9×3.2	4.2×1.92×3.15	5.97×1.6×4.74	8×3×4.8
总质量/t	11.6	11	11	20	18
备注	钻孔冷却	夹套冷却	夹套冷却	钻孔冷却	
机器型号	80×40 XM-80×40A	110×40 XM-110×(6～60)	160×30A XM-160×(4～40)	270×20×40B XM-270×20×40C	370×40 XM-370×(6～60)
密炼室总容积/L	80	110	160	2棱270,4棱240	395
密炼室工作容积/L	60	82.5	120	2棱200,4棱180	296
转子转速/(r/min)	40	40.6～60	30.4～40	20/40	40.6～60
转子速比	1:1.15	1:1.15	1:1.16	1:1.16	1:1.15
压砣对物料单位压力/MPa	0.3～0.4	0.35～0.46	0.36～0.49	0.4～0.53	0.3～0.42
压缩空气压力/MPa	0.6～0.8	0.6～0.8	0.6～0.8	0.6～0.8	0.6～0.8
空气消耗量/(m³/h)	30	60	70	160～200	350
冷却水压力/MPa	0.3～0.4	0.3～0.4	0.3～0.4	0.3～0.4	0.25～0.4
冷却水消耗量/(m³/h)	25	27～40	45	主砣80,主电机30	110(不含电机)
转子轴承	滚动轴承	滚动轴承	滚动轴承	滚动轴承	滚动轴承
卸料装置形式	摆动式	摆动式	摆动式	摆动式	摆动式
主电机：型号	JRO-TH	Z450-1A	JRO	JRO	Z710-320
功率/kW	210	240、450	355、500	500/1000	1500,2×1100
电压/V	380	380、440	6000、440	6000	6000、660
转速/(r/min)	743	985、1000	740、1000	497/991	590、750
外形尺寸/m	6.97×2.76×4.5	7×2.64×4 6.8×2.64×4	8×3.25×5.18 8×3.1×5.18	9.92×4.32×5.68	9.43×4.46×7.4
总质量(电气除外)/t	21	24	29	45.5	75

表 4-13　国产转子啮合型密炼机的主要技术特征

性能参数 \ 型号	CK-90E	CK-190E	XMY-90
密炼室总容积/L	87	195	90
密炼室工作容积/L	57	127	57.5
一次投料量/kg(填充系数 0.65,密度 1.2kg/L)	68	152	
转子转速/(r/min)	10～60	10～60	0～47
压砣对物料的单位压力/MPa	0.5	0.54	0.1～0.6
压缩空气压力/MPa	0.8	0.8	0.8
压缩空气消耗量/(m³/h)	71	203	160
压料汽缸直径/mm	420	600	450
冷却水压力/MPa	0.3	0.3	0.3
冷却水消耗量/(m³/h)			20
主电机:型号			Z₄-280-32
功率/kW	510	1150	315
转速/(r/min)			0-1500
外形尺寸/m	4.6×2.32×4	5.95×3.4×5.6	6.5×2.1×5.2
质量/t	11	26.5	20

表 4-14　国外几种密炼机的主要技术特征

型　号	3D	F160	11D	F270	F370	GK15 UK	GK30 UK	GK50 UK	GK100 UX	GK160 U15	GK230 UK
传动动力/kW											
低强度混炼	175	270	550	600		75	120	165	295	460	625
高强度混炼	660	1000	1800	2000	2250	150	235	330	590	920	1250
转子速度/(r/min)											
低强度混炼	50	40	40	40	最高至	33	28	26	23	21	20
高强度混炼	105	80	80	80	60	66	56	52	46	42	40
转子的圆周线速度/(m/s)											
低强度混炼	0.9	1.2			最高至		0.6	0.6	0.9	0.7	
高强度混炼	1.9	2.3			2.1		1.2	1.3	1.7	1.4	
转子长度/m	0.61	0.81					0.55	0.70	0.80	0.90	
转子直径/m	0.34	0.56	0.68				0.43	0.52	0.60	0.68	
转子棱顶与密炼室壁间隙/m	0.005	0.008	0.0095				0.004		0.005	0.007	
转子棱顶宽/m	0.012	0.025									
切速率/s											
低强度混炼	180	145			最高至		150		175	100	
高强度混炼	375	290			225		295		350	195	
剪切应力/(kgf/cm²)	2.45										
低强度混炼	3.06		2.24		最高至		2.35		2.45	2.02	
高强度混炼			2.75		2.55		2.86		2.96	2.45	

注:1kgf/cm² = 98.0665kPa。

(3) 整体结构与传动系统

① 整体结构　密炼机一般是由混炼室转子部分、加料及压料装置部分，卸料装置部分，传动装置部分，加热冷却及气压系统、液压、电控系统等部分组成。

图 4-38 为 XM-250/40 型椭圆形转子密炼机的结构图。

a. 混炼室转子部分：主要由上、下机壳 6、4，上、下混炼室 7、5，转子 8 等组成。下机壳 4 用螺栓固定在机座 1 上，上机壳 6 与下机壳 4 用螺栓紧固在一起。上、下机壳内分别固定有上、下混炼室 7 和 5。上、下混炼室带有夹套，可通入冷却水（当用于炼胶时）或通入蒸汽（当用于炼塑料时），进行冷却或加热。转子两端用双列圆锥滚子轴承安装在上、下

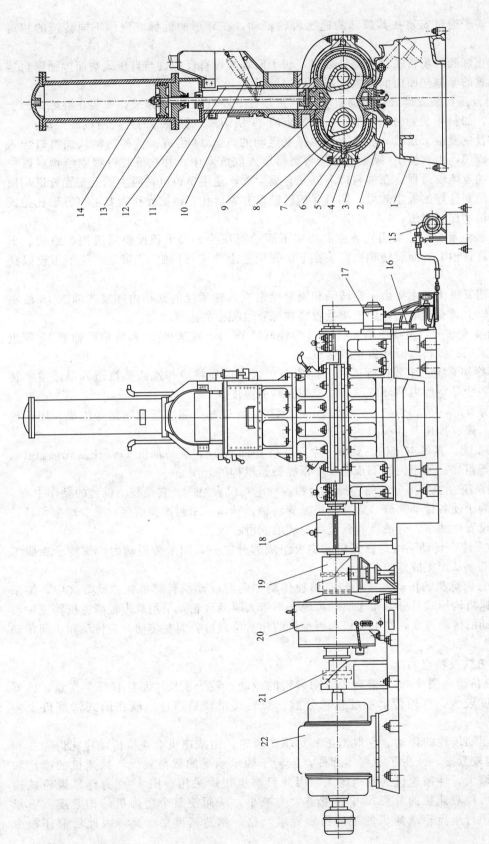

图 4-38　XM-250/40 型椭圆形转子密炼机结构图

1—机座；2—下顶柱；3—下顶柱锁紧机构；4—下机壳；5—下混炼室；6—上机壳；7—上混炼室；8—转子；9—上顶柱；
10—加料斗；11—翻板门；12—填料箱；13—活塞；14—汽缸；15—双联叶片泵；16—往复式油缸；
17—旋转油缸；18—速比齿轮；19—齿形联轴节；20—速比齿轮；21—弹性联轴节；22—电动机

197

机壳中，两转子通过安装在其颈部的速比齿轮带动，在环形的混炼室内作不同转速的相对回转。

为了防止炼胶时粉料及胶料向外溢出，转子两轴端设有反螺纹与自压式端面接触密封装置。密封装置的摩擦端面由润滑系统强制供油润滑。

b. 加料及压料装置部分：由加料斗 10、上顶栓 9 及汽缸 14 等组成。安装在混炼室的上机壳 6 上面。加料斗主要由斗形加料口和翻板门 11 所组成，翻板门的开关由汽缸推动。

压料装置主要由上顶栓 9 和使上顶栓往复运动的汽缸 14 组成。各种物料从加料口加入后，关闭翻板门，由汽缸 14 操纵上顶栓将物料压入混炼室中，并在炼胶过程中给物料以一定的压力来加速炼胶过程。在加料口上方安有吸尘罩，使用单位可在吸尘罩上安置管道和抽风机，以便达到良好的吸尘效果。加料斗的后壁设有方形孔，根据操作需要可将方形孔盖板拿掉，安装辅助加料管道。

c. 卸料装置部分：主要由安装在混炼室下面的下顶栓 3 和下顶栓锁紧机构 2 组成。下顶栓固定在旋转轴上，而旋转轴由安装在下机壳侧壁上的旋转油缸 17 带动，使下顶栓以摆动形式开闭。

下顶栓锁紧机构 2 主要由一旋转轴和锁紧栓组成。锁紧栓的摆动由往复式油缸 16 所驱动。在下顶栓上装有热电偶，用于测量胶料在炼胶过程中的温度。

d. 传动装置部分：主要由电动机 22、弹性联轴节 21、减速机 20 和齿形联轴节 19 等组成。减速机采用二级行星圆柱齿轮减速机。

e. 加热冷却系统：主要由管道和分配器等组成，以便将冷却水或蒸汽通入混炼室、转子和上、下顶栓等空腔内循环流动，以控制胶料的温度。

f. 气压系统：主要由汽缸 14、活塞 13、气阀、管道和压缩空气控制站等组成。用于控制上顶栓的升降、加压及翻板门的开闭。

g. 液压系统：其基本结构主要由一个双联叶片油泵 15、旋转油缸 17、往复式油缸 16、管道和油箱等组成。用于控制下顶栓及下顶栓锁紧机构的开闭。

h. 电控系统：主要由电控箱、操作台和各种电气仪表组成。它是整个机台的操作中心。

此外，为了使各传动部分（如减速机、旋转轴、轴承、密封摩擦面等）减少摩擦，延长使用寿命而设有由油泵、分油器和管道等组成的润滑系统。

② 传动系统　传动系统是密炼机的主要组成部分之一，用来传递动力，使转子克服工作阻力而转动，从而完成炼胶作业。

a. 分类　密炼机的传动方式一般有单独传动和两台联动两种。单独传动方式中，按采用不同的减速机构形式可分为带大驱动齿轮、不带大驱动齿轮及采用双出轴减速机等三种形式；两台联动的传动方式，按电动机和密炼机的相对位置可分为左传动、右传动和中间传动三种。

b. 传动方式及特点

ⅰ. 单独传动　图 4-39 为带有大驱动齿轮的传动。转子较长，而且有三个支点，机器的总安装长度较大。这种传动系统比较分散，安装找正较费事，一般在旧式密炼机上多采用。

不带大驱动齿轮的传动。它取消了一对驱动齿轮，由减速机 2 直接传动速比齿轮 3 和 4，因而结构较紧凑，减少了一些零部件，但转子轴承承受的载荷较大，减速机的速比和承载能力也增大，使减速机的结构庞大。因此目前也很少采用。图 4-40 为行星齿轮减速机传动，它可使减速机的外形尺寸和重量大为减小，从而使整个密炼机结构紧凑，重量减轻。但由于行星齿轮减速机的零件材质要求严格，制造精度要求高，因此目前还很少采用。

图 4-41 为采用双出轴减速机的传动。它把速比齿轮放在减速机中，减速机的两个出轴通过万向联轴节或齿形联轴节 3 与转子 1、2 连接，这样可以减轻转轴承的载荷，但减速机显得更为庞大复杂。

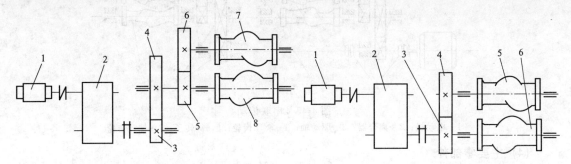

图 4-39　带有大驱动齿轮的传动
1—电动机；2—减速机；3—小驱动齿轮；
4—大驱动齿轮；5,6—速比齿轮；7,8—转子

图 4-40　行星齿轮减速机的传动
2—减速机，3,4—速比齿轮；5,6—转子

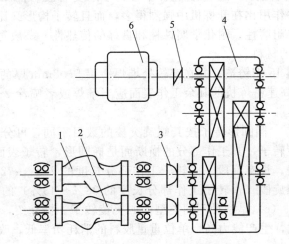

图 4-41　双出轴减速机传动
1,2—转子；3—万向联轴节；4—减速机；
5—联轴节；6—电动机

ⅱ. 联动传动　图 4-42 为中间传动方式，电动机设在两台密炼机的中间。图 4-43 为串联传动，电动机安装在两台密炼机的一侧。另外，密炼机还有左传动和右传动之分。当操作人员面向加料门时，如传动部分在左侧，则叫左传动，在右侧则为右传动。密炼机分左右传动是使用单位根据工艺流程和厂房布置的需要而定的。

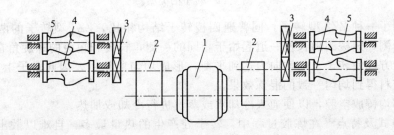

图 4-42　中间传动
1—电动机；2—减速机；3—速比齿轮；4,5—转子

其调整方法如下：如需要转子向左移动时，则将键 4 和 12 均拔出，将外钢环 6 逆时针旋转而向右松出一些，然后将内钢环 1 逆时针旋转向右松出一定距离（亦即相应于转子需向左移动的距离），接着将键 4 楔入固定好，然后将外钢环顺时针旋转压迫内钢环，即能实现将转子向左推移，最后再将键 12 楔入固定好，此时调整完毕。

如果需要将转子向右移动，则仅需将键 4 拔出，将内钢环按顺时针方向旋转就可将转子向右移动所需的距离，然后再将键 4 楔入固定便可。

转子轴向移动的距离大小，取决于内、外钢环所转动的角度，通常转动一个凹槽时，等于转子轴向移动 0.2mm。

(5) 工作原理

图 4-70 是椭圆形转子密炼机的工作原理示意图。

① 混炼过程　在混炼室内，生胶的塑炼或混炼胶的混炼过程，比开炼机的塑炼或混炼要复杂得多。将生胶和配合剂加入到密炼室后，密炼室内两个转子以不同的转速相向回转，使被加工物料在转子间隙中、转子与密炼室壁的间隙中、转子与上顶栓和下顶栓的间隙中以及转子的短螺旋突棱段受到不断变化的剪切、撕拉、搅拌、折卷和摩擦等强烈捏炼作用，使胶料产生机械和氧化断链，增加可塑度，或使配合剂分散均匀，从而达到塑炼或混炼的目的。

从高分子材料加工流变学知，胶料在加工过程中是属非牛顿型流体。混炼过程的流动形态较复杂，有的认为要把大量的配合剂与生胶混炼均匀，大体上分两个步骤：首先，要把这些粒状固体和液体配合剂，在外力作用下，混入到生胶中形成黏结块（称为简单混合）；其后，再把这些已形成的黏结块进一步分散均匀（也称为强烈混合）。简单混合主要由剪切变形而定，强烈混合主要是用一定的剪切应力把黏结块压碎并进一步分散，当剪切应力低于压碎黏结块所必须的程度，就难于得到进一步分散效果。实践证明，良好的分散，需要高的剪切应力。

② 机械作用及产生的原因　密炼机转子的形状不同，其作用情况不同，对椭圆形转子密炼机来说，其炼胶过程中受到四个方面的机械作用。下面分析机械作用效果及产生的原因。

a. 转子突棱顶与密炼室内壁间隙的捏炼作用　物料加入混炼室后，首先通过两个相对回转的转子之间的间隙，然后由下顶栓棱部将物料分开而进入转子与混炼室壁之间的间隙中，最后两股胶料相会于两转子的上部，并再次进入两个转子间隙中，如此往复进行。转子外表面与混炼室内壁间的间隙是变化的，如 XM-50 型密炼机为 4～80mm，XM-140 型密炼机为 2.5～120mm，其最小间隙在转子突棱尖端与混炼室内壁之间。当胶料通过此最小间隙时，便受到强烈的挤压剪切作用（图 4-70 中 A 部放大）。这种作用与开炼机的作用相似，但它比开炼机的效果要大，因为转动的转子与固定不动的混炼室内壁之间胶料的速度梯度比开炼机大得多，而且转子突棱尖端与混炼室壁的投射角度尖锐。物料在转子突棱尖端与混炼室壁之间边捏炼边通过，继续受到转子其余表面的类似滚压作用。

b. 两转子之间的搅拌作用　由于两转子的转速不同（速比不等于 1），因此两个转子突棱的相对位置也是时刻变化的，这使物料在两转子之间的容量也经常变动。又由于转子的椭圆形表面各点与轴心线距离不等，因而具有不同的圆周速度，因此两转子间的间隙及速比不是一个恒定的数值，而是处处不同、时时变化的。速度梯度的最大值和最小值相差达几十倍，结果使胶料受到强烈地剪切和剧烈地搅拌捏合作用。

c. 两转子间的折卷作用　这种作用指一侧转子前面部分的物料被挤压到对面的密炼室内，经与另一侧转子前面的物料一并捏炼之后，其中一部分胶料又被拉回，这恰似用两台相邻的开炼机连续倒替炼胶时的情况。

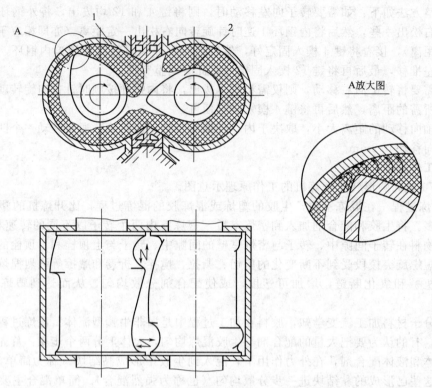

A放大图

图 4-70　椭圆形转子密炼机工作原理示意图
1—密炼室；2—转子

d. 两转子轴向的往返切割作用·密炼机的每个转子都具有两个方向相反、长度不等的螺旋形突棱，如图 4-71 所示，其长螺旋段螺旋夹角 $\alpha=30°$，短螺旋段螺旋夹角 $\alpha=45°$，胶料在相对回转的转子作用下，不仅围绕转子作圆周运动，而且由于转子突棱对胶料产生轴向力作用使胶料沿着转子轴向移动，现将两部分作用情况分析如下。

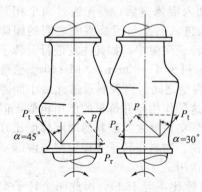

图 4-71　转子的轴向切割作用

由于转子的转动，转子的螺旋突棱对胶料产生一个垂直的作用力 P（如图 4-71），作用力 P 可分解为两个分力。

圆周力 P_r，使胶料绕转子轴线转动。

$$P_r=\frac{P}{\cos\alpha}$$

切向力 P_t，使胶料沿转子轴线移动。

$$P_t=P\tan\alpha$$

螺旋突棱以力 P 作用于胶料，胶料同时也以 P 这样大的力反作用于突棱，实际上 P 可以看作是胶料对转子表面的正压力，所以企图阻止胶料作轴向移动的摩擦力 T 为：

$$T=P\mu=P\tan\varphi$$

式中　μ——胶料对转子表面的摩擦系数；

φ——胶料与转子金属表面的摩擦角。

很明显，只有当使胶料沿转子轴线移动的切向力 P_t 大于或等于企图阻止胶料移动的摩擦力 T 时，胶料才能作轴向移动，即 $P_t\geqslant T$，这是使胶料产生轴向移动的必要条件。

因为 $\qquad P_t = P\tan\varphi$

而 $\qquad T = P\tan\varphi$

故 $\qquad P\tan\alpha \geqslant P\tan\varphi$

即 $\qquad \tan\alpha \geqslant \tan\varphi$

必须 $\qquad \alpha \geqslant \varphi$

从实验得知，胶料与金属表面的摩擦角 $\varphi = 37° \sim 38°$，得出胶料在转子上的运动情况为：在转子长螺旋段，$\alpha = 30°$，所以 $\alpha \leqslant \varphi$，$P_t < T$，因此胶料不会产生轴向移动，仅产生圆周运动，起着送料作用及滚压揉搓作用；在转子短螺旋段，因 $\alpha = 45°$，所以 $\alpha > \varphi$，即 $P > T$，因此胶料便产生轴向移动，对胶料进行往返切割。

由于一对转子的螺旋长段和短段是相对安装的，从而促使胶料从转子的一端移到另一端，而另一个转子又使胶料作相反方向移动，因此使胶料来回混杂，受到强烈地混炼。

四突棱转子和二突棱转子的工作原理对比如下。四个突棱转子，即有两个长突棱和两个短突棱。增加两个短突棱能增强搅拌作用，图 4-72 所示是转子展开图，图中 A、C 表示长突棱，B、D 表示短突棱。二突棱的两个转子旋转时，胶料沿 1、2、3 三个方向流动，第一股分流胶料受到突棱 A 与混炼室壁间的剪切捏炼，2、3 股分流胶料直接流向突棱 C，其中一部分被突棱 C 所捏炼。可见，二突棱转子每一转对胶料的剪切混炼仅一次，但增加两个短突棱 B、D 以后，捏炼情况就不同了，第一股分流经突棱 A 第一次捏炼后，有相当部分被突棱 B 所折回，与 2、3 股分流混合后又经

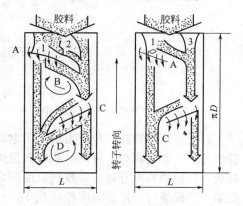

图 4-72　转子展开图

突棱 C 作第二次捏炼。而且胶料左右来回搅拌的作用也加强了，因而在短突棱的作用下，对胶料的混炼效果更为显著，缩短了混炼时间。

(6) 主要参数

① 转子转速与速比

a. 转子转速是指密炼机长转子每分钟转动的转数，是密炼机的重要性能指标之一。它直接影响密炼机的生产能力、功率消耗、胶料质量及设备的成本。

密炼机向高转速发展是提高生产效率最有效的办法之一。据资料介绍，在混炼过程中，胶料所产生的剪切应变速度和转子转速呈正比例关系，并与转子突棱顶部与混炼室壁间的间隙呈反比例关系，即大体上可列成以下公式：

$$r = \frac{v}{h}$$

式中　r——剪切应变速度，s^{-1}；

$\qquad v$——转子突棱回转线速，m/s；

$\qquad h$——转子突棱顶部与混炼室壁之间的间隙，m。

在某台密炼机上，h 是一个定值，由上式可见，胶料的剪切应变速度将随着转子转速的加快而增大。所以，提高转子转速可以加速胶料的剪切应变，缩短炼胶时间，提高生产率，见表 4-15 及图 4-73 所示。

从图 4-73 可见，转子转数增加，混炼时间缩短，这是因为转子转数增加后，胶料剪切应变增加，被搅拌的胶料表面更新频繁，这就加速了配合剂在胶料中的分散作用；另一方面当转子的转数增加后，胶料受到的机械作用增大，因而能缩短混炼时间。

表 4-15　转子转速与混炼时间及生产能力的关系

转子转速/(r/min)	20	40	60	80
混炼时间比/%	133	100	64	48
生产能力比/%	80	100	140	160

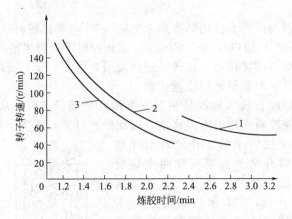

图 4-73　转子转速与混炼时间的关系
1—上顶栓压力为 0.225MPa；2—上顶栓压力为 0.422MPa；3—上顶栓压力为 5.98MPa

转子转速的提高，相应也增大了电动机的功率，因而对设备的结构提出了更高的要求。特别是热平衡问题难于解决。胶料在混炼时，必须保持胶温在一定限度以下，转子转速过分加快，将使物料温升过高，胶料黏度随之下降，影响剪切效应，将降低胶料的分散度。一般在第一段混炼时，排胶温度控制在 150～170℃以下，否则除了会引起分散不良外，还易使胶料内的物料发生化学变质，如凝胶、蒸发以及热裂解等。在最终混炼时，为了防止胶料焦烧，一般排胶温度控制在 100～120℃以下。因此为了获得最有效的混炼，应按照不同的胶料品种，选择最适宜的转子转速。一般采用高速 40～60r/min，甚至 80r/min 作一段混炼，中低速 20～40r/min 作两段加硫混炼用。

近年来，为适应混炼工艺的要求，已大量采用多速或变速密炼机，速度大小可调，并已成为新的发展趋势。

b. 速比　密炼机两转子转速之比称为速比。炼胶时具有一定的速比，使胶料受到强烈地搅拌捏合作用，有利于胶料与粉料的捏合，使之分散均匀，提高炼胶质量。椭圆形转子的速比一般在 1.1～1.18 之间，也有个别达到 1.2 的。

② 上顶栓压力　上顶栓对胶料的单位压力是强化混炼或塑炼过程的主要手段，增加上顶栓对胶料的压力，能使混炼室基本填满胶料，所余留的空隙减少到最低限度，即可使每份胶料的料重增至最大限量，并可使胶料与机器的各工作部件之间及胶料内部的各种物料之间更加迅速地互相接触和挤压，加速各种粉料混入胶内的过程，从而缩短炼胶时间，显著提高密炼机的功效。上顶栓压力和混炼时间的关系见表 4-16 和图 4-74、图 4-75 所示。同时由于物料间的接触面积增大和物料在机器部件表面上的滑动性减少，间接地导致混炼过程中胶料剪切应力增大，从而改善分散效果，提高混炼胶的质量。

表 4-16　上顶栓对胶料的压力与混炼时间及生产能力的关系

压力特征	上顶栓对胶料压力/MPa	混炼时间/%	生产能力/%
低压	<0.175	100	100
中压	≤0.245	84	120
高压	0.490	70	143

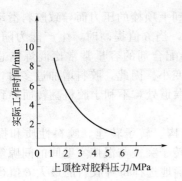

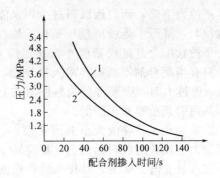

图 4-74 用 XM-250/40 密炼机混炼合成橡胶时
上顶栓压力和混炼时间的关系

图 4-75 用 XM-250/20 密炼机混炼时
上顶栓压力与混炼速度的关系
1—胎面胶；2—帘布层胶

上顶栓对胶料的压力范围，一般在 1～5MPa 之间，如 XHM-140/20 型密炼机上顶栓压力为 0.095～0.12MPa，XM-250/40 型密炼机上顶栓压力为 0.36～0.47MPa。据资料介绍，目前国外通常采用 0.7MPa，最低为 0.2MPa，最高已达到 1MPa。

但上顶栓压力的提高是以胶料填满混炼室为限的，超过此限，即不起作用，混炼时间也不会缩短。随着上顶栓压力的提高，密炼机的功率消耗也随着增加。

目前，提高上顶栓压力的方法，一般采用加大上顶栓汽缸直径和风压。现用的压缩空气的压力是 0.6～0.8MPa，要再提高风压则有不少困难。因此，用提高风压来提高上顶栓压力是有限度的，对低速密炼机来说，多采用加大汽缸直径的办法，即把原来的 φ200 加大到 φ410。亦有试用液压来代替气压的，这样就可以缩小原汽缸的直径。

③ 容量与生产能力

a. 容量　密炼机的一次炼胶量称工作容量。而一次炼胶量又是由混炼室总容量与所选择的填充量所确定的，在此引入填充系数的概念。

密炼机的工作容量与混炼室总容量之比称填充系数，用 β 表示：

$$\beta = \frac{V}{V_0}$$

式中　V_0——混炼室总容量，L；

　　　β——填充系数（$\beta = 0.55 \sim 0.75$）。

一次炼胶容量：

$$V = V_0 \beta$$

b. 生产能力

ⅰ. 计算方法　生产能力按下式计算：

$$G = \frac{60V\gamma\alpha}{t}$$

式中　G——密炼机的生产能力，kg/h；

　　　V——一次炼胶容量，L；

　　　γ——胶料密度，kg/L；

　　　t——一次炼胶时间，min；

　　　α——设备利用系数（$\alpha = 0.8 \sim 0.9$）。

ⅱ. 影响生产能力的因素　填充系数 β 直接影响密炼机工作容量和炼胶质量。因为每一种密炼机有其固定的混炼室总容量 V_0，显然，影响 V 值大小的仅取决于 β 值。当 β 值小时，则生产能力下降，而且因胶料过少，未能受到或少受到上项栓的压力而导致胶料滑动，不易分散均匀，降低了炼胶质量且延长了炼胶时间。反之，当 β 值提高时，生产能力随之增大。但由于粉状配合剂疏松密度小，在混炼开始时，胶料配合剂的容量常常比混炼室总容量要大，只有当配合剂不断捏和渗入橡胶后，容量才逐渐变小。因此，胶料增加过多时，即填充系数 β 值过大时，会使部分物料停留在上项栓附近的喉道处，不利于胶料翻转而导致混炼困难，从而引起胶料质量降低。

影响填充系数 β 值大小的因素很多，如设备的结构、转子转速、胶料性质和操作方法等。加大上项栓对胶料的压力，提高转子转速，增加转子突棱与混炼室壁间的间隙等均能提高填充系数 β 值。从工艺操作来看，根据胶料性质正确地选择每种胶料的最大 β 值也是十分重要的。但目前对 β 值仍未有一个确切的选定方法，只是通过试验或采用现有机台类比法来确定。根据以上分析，一般 β 值在 0.5～0.8 范围内选择或取得更高些。

一次炼胶时间 t 对生产能力的影响也是十分明显的，提高转子转速和上项栓对胶料的压力都可大大缩短炼胶时间，提高生产能力，但混炼室强度也要相应提高。

④ 工作过程功率变化规律与电动机选择

a. 工作过程功率变化规律　密炼机在炼胶过程中，功率消耗的变化是很大的，不同加料方式能得到不同的功率消耗曲线。图 4-76 是 XHM-250/20 密炼机在某种加料方式之下所测试得到的功率消耗。图 4-77 是典型功率曲线。从上两图可见，在炼胶过程中，随着配合剂的加入，在 1.5～2min 的过程中有强烈的捏炼过程，因而出现高峰负荷。当功率增长达到最大限度后，随着胶料温度的升高，配合剂也进一步分散，功率即逐渐下降。不同的工艺条件不但最大功率不同，而且功率消耗曲线也是不同的。对 XM-250/20 型密炼机来说，在整个炼胶过程中，平均功率约为 228kW，但最大功率为 326kW，密炼机所用电动机的额定功率为 240kW，其超载系数：

$$K = \frac{K_{max}}{K_{min}} = \frac{326}{240} = 1.46$$

因此，密炼机的整个传动装置是在考虑到过载情况下，以电动机的额定功率的 1.5 倍来进行设计计算的。

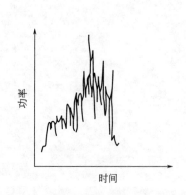

图 4-76　XHM-250/20 密炼机功率消耗

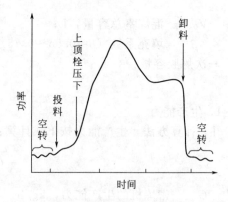

图 4-77　典型功率曲线

密炼机的功率消耗受许多因素的影响，例如胶料性质、混炼温度、投料方式和顺序、上顶栓压力大小、转子转速（图 4-78）及密炼机结构等都影响到功率的消耗。

对密炼机功率值的确定，目前尚没有准确的理论计算公式，也没有比较实用的经验公式。因此，对密炼机功率值一般是基于本国现有的密炼机使用情况，并参考国外密炼机的系列标准，用类比推算的方法得出功率值。

由于转子转速和上顶栓对胶料压力的提高，输入的功率也相应加大。据资料介绍，输入功率已由传统的每升工作容量 2～4kW 增至 4～8kW。另外，密炼机的工作容量不断增大，大型号密炼机的应用日益增多，已成为近几年来的发展趋势。工作容量的增加，也需增加输入功率。据介绍，工作容量增大 100%，则需增加装机功率的 60%。

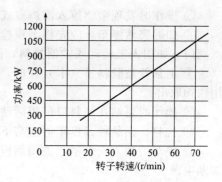

图 4-78 转速与功率的关系

b. 电动机的选择　密炼机用电动机应满足如下要求：电动机应有耐超负荷的性能，这是由于炼胶过程中，峰值负荷与平均功率相差很大，在选择电动机时必须考虑其允许的超载系数大于炼胶过程出现峰值负荷时的超载系数；启动转矩要大；可以正反转；为防尘，选用封闭电动机。

根据上述要求，密炼机常用 JRO 系列、JZS 和 Y 系列电动机。

⑤ 冷却水消耗量　胶料在密炼室内加工时，受到强烈的机械作用，产生大量热量。为保证炼胶质量和一定的排胶温度，对密炼机的有关部位必须进行有效的冷却。通进密炼机的冷却水，最好是软化水或经磁水器处理过的水，以避免热交换中生成水垢，减少热导率，降低冷却效果。对冷却水进水温度，有的认为要采用制冷水，还有的认为进水温度可为常温，但要适当提高冷却水压力。实际上，要提高冷却效果，不能单纯地降低冷却水进水温度或提高冷却水的压力，更应重视增大设备的冷却面积和改善设备的传热性能。密炼机在炼胶时，输入的电动机功率除一部分消耗在各个运动部件的摩擦外，其余均转换成热量，其主要分配在胶料、冷却水及周围介质和设备中。按热量平衡原理冷却水总耗量为：

$$G = \frac{Q - qC(t_1 - t_2)}{C_2(t_4 - t_3)}$$

式中　G——冷却水消耗量，kg/h；

Q——炼胶时产生的总热量，J/h；

q——密炼机的生产能力，kg/h；

t_1——胶料投入时的温度，℃；

t_2——排胶温度，℃；

C_1——胶料的比热容，J/(kg·℃)；

C_2——水的比热容，J/(kg·℃)；

t_3——冷却水进水温度，℃；

t_4——冷却水出水温度，℃。

(7) 安全操作

① 开车前必须检查混炼室转子间有无杂物，上、下顶栓、翻板门、仪表、信号装置等是否完好，方可准备开车。

② 开车前必须发出信号，听到呼应确认无任何危险时，方可开车。

③ 投料前要先关闭好下顶栓，胶卷逐个放入，严禁一次投料，粉料要轻投轻放，炭黑袋要口朝下逐只向风管投送。

④ 设备运转中严禁往混炼室里探头观看，必须观看时，要用钩子将加料口翻板门钩住，将上顶栓提起并插上安全销，方可探头观看。

⑤ 操作时发现杂物掉入混炼室或遇故障时，必须停机处理。

⑥ 如遇突然停车，应先将上顶栓提起插好安全销，将下顶栓打开，切断电源，关闭水、汽阀门。如用人工转动联轴器排料，注意相互配合，严禁带料开车。

⑦ 上顶栓被胶料挤（卡）住时，必须停车处理；下顶栓漏出的胶料，不准用手拉，要用铁钩取出。

⑧ 操作时要站在加料口翻板活动区域之外，排料口下部不准站人。

⑨ 排料、换品种、停车等应与下道工序用信号联系。

⑩ 停车后插入安全销，关闭翻板门，落下上顶栓，打开下顶栓，关闭风、水、汽阀门，切断电源。

(8) 维护保养

① 润滑规则　保证密炼机的正常润滑极为重要，良好的润滑可使机器运转正常并延长设备使用寿命，为此各润滑点润滑油一定要保证到位，同时保证油量、油压和润滑油牌号，油路不得渗漏。密炼机各润滑部位的润滑规则见表 4-17。

② 生产结束后的维护保养

a. 生产结束后，密炼机需经 15～20min 空运转后才能停机。空运转时仍需向转子端面密封装置注油润滑。

b. 停机时，卸料门处在打开位置，打开加料门插入安全销，将上顶栓提到上位并插入安全销。开机时按相反程序进行工作。

c. 清除加料口、上顶栓和卸料门上的黏附物，清扫工作场地，除去转子端面密封装置油粉料糊状混合物。

(9) 基本操作过程及要求

① 日常启动

a. 开启主机、减速器和主电机等冷却系统的进水和排水阀门。

b. 按电气控制系统使用说明要求启动设备。

c. 运行时注意检查润滑油箱的油量、减速器和液压站油箱的油位，确保润滑点润滑和液压工作正常。

d. 注意机器运行情况，工作是否正常，有无异常声响，连接紧固件有无松动。

② 日常操作注意事项

a. 在低温情况下，为防止管路冻坏，需将冷却水从机器各冷却管路内排除，并用压缩空气将冷却水管路喷吹干净。

b. 在投产的第一个星期内，需随时拧紧密炼机各部位的紧固螺栓，以后则每月要拧紧一次。

c. 当上顶栓处在上部位置、卸料门处在关闭位置和转子在转动情况下，方可打开加料门向密炼室投料。

d. 当密炼机在混炼过程中因故临时停车时，在故障排除后，必须将密炼室内胶料排出后方可启动主电机。

e. 密炼室的加料量不得超过设计能力，满负荷运转的电流一般不超过额定电流，瞬间过载电流一般为额定电流的 1.2～1.5 倍，过载时间不大于 10s。

f. 大型密炼机加料时投放胶块质量不得超过 20kg，塑炼时生胶块的温度需在 30℃以上。

g. 主电机停机后，关闭润滑电机和液压电机，切断电源，再关闭气源和冷却水源。

③ 密炼机操作过程及要求　首先接通电源，使电动机进行运转，检查机台的润滑状况、冷却水的供给情况、上顶栓和下顶栓装置及加料装置的动作。待检查正常后，方可进行炼胶

表 4-17 密炼机润滑部位及润滑剂

部位		XM-50×40 XM-50×40A	XM-80×40 XM-80×40A	XM-110×40 XM-110× (6~60)	XM-160×30A XM-160× (4~40)	XM-270×20×40 XM-270×20×40 A,B,C	XM370× (6~60)	GK-270N	F270 BB270	XM-75×40 XM-75×35×70 A,B,E	XM-250×20 XM-250×20A
减速器	润滑油	120号工业齿轮油 (SY1172-775)	工业齿轮油 N150	120号工业齿轮油 (SY1172-775)	工业齿轮油 N150	工业齿轮油 N320	工业齿轮油 N320	150号极压齿轮油 (Q/SY8051-71)	F-6EPT 或 150号极压齿轮油 (Q/SY8051-71)	工业齿轮油 N150	工业齿轮油 N150
转子面面密封 (卸料门导轨)		80%复合钙基 MoS$_2$ 3号润滑脂 与20%机械油 HJ-20混合 (用干油泵供油)								80%复合钙基 MoS$_2$ 3号润滑脂与20%机械油 HJ-20混合 (用干油泵供油)	
软化剂		用户自定工艺油									
转子轴承		80%复合钙基 MoS$_2$ 3号润滑脂 与20%机械油 HJ-20混合 (用干油泵供油)									
卸料门轴		复合钙基润滑脂 ZFG-3 或 ZFG-4 (用油杯或直通式压注油杯供油)									
加料门轴											
齿轮齿条或旋转油缸											
锁紧装置											
齿条导向键											
棒销联轴器											
齿型联轴器											
加料汽缸轴销											
压砣											
压料装置活塞杆处密封											
液压系统油箱		20号液压油									
气控系统		机械油 HJ-20									
压料,卸料活塞杆转子轴向调隙装置		压注油杯手动汽缸油 HG-2 或 机械油 HJ-20(滑动轴承)									

作业。以混炼为例：首先将上顶栓升到最高位置，打开加料斗翻板门，依次加入生胶（生胶、塑炼胶或母炼胶、再生胶）→固体软化剂（古马隆、石蜡、硬脂酸等）→小料（活化剂、促进剂、防老剂等）→补强填充剂（炭黑、碳酸钙、陶土等）→液体软化剂（机油、邻苯二甲酸二丁酯、邻苯二甲酸二辛酯等）→硫黄、超速促进剂。

加入生胶后，若生胶量较大可以分批加入，并将上顶栓压下，关闭加料斗的翻板门。若加入固体软化剂、小料时，均需先升起上顶栓并打开翻板门。而加入炭黑则先升起上顶栓，通过加料斗对面的加料口（通过密闭管路与投料结构连接）加入后使上顶栓压下。液体软化剂则通过加料管路加入。上顶栓的位置可以通过机台上方的标志杆进行观察。炼胶结束后，使下顶栓移动（滑动式）或向下摆动（摆动式）将排料口打开卸料，将胶料送到压片机上进行加硫（包括硫黄和超速促进剂等）、压片。下顶栓返回关闭排料口。下片后经加入隔离剂的冷却水槽、冷却架，用鼓风机吹风冷却后下片停放。

操作过程中，应保证机台具有良好的润滑条件，控制好炼胶温度，掌握好正确的加料顺序和加料方法，注意炼胶过程中功率消耗的大小和变化规律；另外注意设备各主要部件动作的可靠性。

4. 其他类型密炼机

除了前面详细介绍的椭圆形转子密炼机外，还有圆筒形转子密炼机和三棱形转子密炼机等形式，下面分别作简单介绍。

(1) 圆筒形转子密炼机　图 4-79 所示为圆筒形转子密炼机的主要结构情况，它与椭圆形转子密炼机相仿，只是转子形式不同而已。其转子形状如图 4-80 所示，转子的本体是圆筒形，每个转子有一个大的螺旋突棱和两个小突棱。两个转子的转速相同，一转子的凸出面啮入另一转子的凹陷面中，由于凸面和凹面上各点线速度不同而产生速比，产生摩擦捏炼作用。突棱螺旋推进角为 40°～42°。螺旋突棱使每个转子以相反方向推动胶料。由螺旋突棱产生的螺旋作用与两转子间辊距处的速比相结合，产生了像开炼机一样的捏炼作用，即由辊距中的速比所造成的分散作用和越过开炼机辊筒表面被切割和打卷而造成的捣胶作用。

据介绍认为，圆筒形转子密炼机捏炼作用主要是在两个转子之间，混炼效果好，混炼室壁不易磨损，转子无左、右窜动现象，机器维修费用低、寿命长。

(2) 三棱形转子密炼机　三棱形转子密炼机如图 4-81 所示，转子的工作部分横截面为三角形，每个转子的三个突棱沿工作部分的圆周前进，相遇于转子中部形成为约 120° 的折角（见图 4-82），突棱与轴线的夹角为 30°。这种形式的转子由于突棱的排列及构造左右对称，不能使胶料产生轴向移动，仅靠转子及混炼室间对胶料的剪切挤压作用，故炼胶效率低，目前应用较少。因其炼胶生热较少，主要用于对高温敏感的胶料。

① 联动装置　较落后的炼胶方法是采用开炼机或普通慢速、低压密炼机，且采用人工

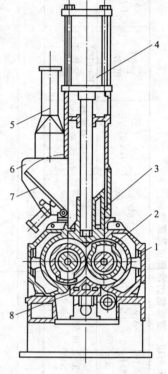

图 4-79　圆筒形转子密炼机
1—混炼室；2—转子；
3—上顶栓；4—气筒；
5—排尘罩；6—加料斗；
7—加料门；8—下顶栓

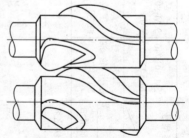

图 4-80　圆筒形转子

称量和投料。这样的炼胶方法不但工人劳动强度大，且炼胶周期长，不适应目前橡胶工业迅速发展的需要。现代的炼胶系统是向着采用高压快速密炼机，并配置自动称量、自动投料、自动卸料和连续补充混炼或最终混炼等机械化自动化流水线方向发展，以求缩短炼胶周期，降低劳动强度，提高设备的有效利用率。

目前，炭黑、油料及其他用量大的配合剂正在逐渐实现自动输送、称量和投料，生胶一般仍用人工称量。粒状塑炼胶和母炼胶也可实现自动称量和投料，但塑炼造粒由于设备费用大、运行费高，以及胶料容易黏结，所以使用还不普遍。对于小料，多采用人工称量，用聚乙烯袋装好投入密炼机中。

现代炼胶系统的工艺流程包括以下几方面：

生胶及配合剂的自动称量及自动投料；

制造胶料——在密炼机中进行混炼；

将炼好的胶料自动卸出，并进一步处理——压片（或造粒）进行冷却。

图 4-83 为几种不同的炼胶工艺流程。

a. 天然胶的塑炼　如图 4-83 中 1.1 所示。使用天然胶时，一般是分段进行塑炼的。在 40r/min 的密炼机中，按可塑度要求不同，塑炼 5～6min。橡胶采用人工称量自动投料，增塑剂也是自动称量加入密炼机中。

炼好的胶料有四种处理方法，如图 4-83 中 1.1～1.4 所示。

1.1——胶料排到开炼机上，进行压片、打卷及热存放。在大量生产时需要搬运胶料，这不是最好的办法。

1.2——胶料排到挤出机上，把胶料挤成圆形胶条并切断，热存放在架上。此法所用设备少，但仍需一些搬运。

1.3——胶料排到两台串联的开炼机上压成胶片，并送到悬挂式胶片冷却装置及送片机上。此法胶料搬运最少。

1.4——胶料排到螺杆压片机上，以代替上述两台开炼机，其优点同 1.3。

b. 两段混炼　分为母炼及最终混炼两个工序，如图 4-83 中的 2a 及 2b 所示。

母炼（图 4-83 中 2a 所示）　采用全自动称量及投料系统的密炼机，转子转速达 88r/min 时，炼胶周期可缩短到 1.7min。

2a.1——胶料排到一台开炼机或者两台串联的开炼机上，然后到悬挂式胶片冷却装置和送片机。

2a.2——胶片排到螺杆压片机上，然后到悬挂式胶片冷却装置及送片机。高速母炼以采

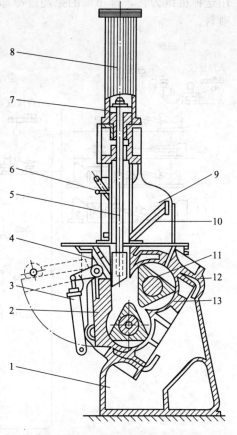

图 4-81　三棱形转子密炼机

1—机架；2—翻转门；3—液压缸；4—上顶栓；
5—连杆；6—定位销；7—活塞；8—汽缸；
9—加料斗；10—加料门；11—转子；
12—空腔；13—下混炼室

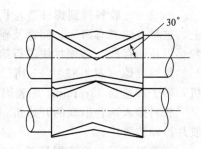

图 4-82　三棱形转子

223

用这种机组为宜，排出来的是经过冷却的迭放好的连续胶片，便于存放和向二段密炼机自动喂料。

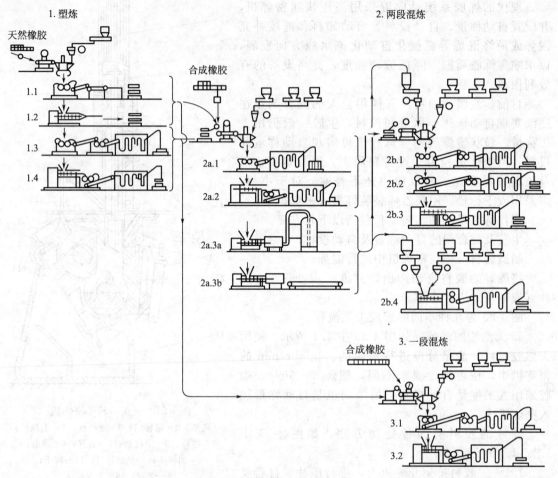

图 4-83　炼胶工艺流程

2a.3——胶料排到螺杆造粒机中造粒，然后经胶粒冷却装置、胶粒储斗或储存运输带上。这种方法具有搬运、储存及输送胶料到第二段混炼过程全部自动化的优点。其缺点是胶粒难以长期存放，必须尽快进行第二段混炼。

最终混炼（图 4-83 中 2b 所示）采用了装有配合剂及橡胶的自动称量和加料装置的密炼机，转子转速为 33r/min，炼胶周期为 1.4min。

胶料排入两台串联的开炼机，2 台或者 1 台螺杆压片机（2b.3）中，压成胶片自动送入胶片冷却装置内。

两段混炼可用连续混炼机（2b.4）代替密炼机，但必须喂入胶粒，即母炼机组必须生产胶粒。这个系统的缺点是配合剂必须连续称量，必须生产和储存胶粒。但用于有限品种的胶料时，该机具有混炼均匀的优点。

c. 一段混炼（图 4-83 中 3 所示），这是普通一段混炼方法的发展，可缩短炼胶周期。其方法是采用一台变速密炼机，炼胶开始就加入生胶及主要配合剂，并在高速下（例如 60r/min）混炼，当达到某一规定温度及时间后，即降低速度，当温度下降到规定指标时即加入硫化剂。这种方法的炼胶时间为 3~4min，与两段混炼总时间差不多，但省去了搬运过程。胶料排到两台开炼机组上（3.1）或者排到螺杆压片机中（3.2）。这些方法都生产迭放的连续长度的胶片，以便下一工序进行自动喂料。

② 密炼机的附属装置——胶片冷却装置　从密炼机卸下来的胶料，经压片后，一般需经过冷却停放。冷却的目的是降低胶温和涂隔离剂，避免存放时粘在一起和发生自硫。

胶片冷却装置是将从压片机上引下来的胶片连续进行涂隔离剂、冷却吹干和切片等一系列作业的机械操作装置。目前采用的有运输带式吹风冷却装置及挂链式的吹风冷却装置。因后者冷却效果好，且装置较短，故得到普遍采用。挂链式胶片冷却装置结构示意如图 4-84所示，它由浸泡槽、夹持带、挂链和切刀等部分组成。

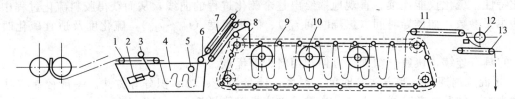

图 4-84　挂链式胶片冷却装置示意图

1—运输带；2—压紧风筒；3—压辊；4—油酸钠水槽；5—托辊；6—下夹持运输带；7—上夹持运输带；
8—链轮；9—挂链；10—轴流式通风机；11—上运输带；12—圆滚切刀；13—下运输带

a. 浸泡槽：胶片浸泡部分有长方形开口槽一个，上面安装运输带 1，以便牵引胶片入槽。为压紧前、后胶片的接头及防止胶片在运输带上打滑，在运输带上装有压辊 3，由风筒 2 加压。油酸钠水槽 4 内盛冷却液（隔离剂），胶片通过槽内后，一方面使胶片冷却，另一方面使胶片涂上一层隔离剂。槽内装有托辊 5，当胶片拉紧时，托辊随着上升控制电位限制器，将夹持运输带停止。

由于胶片离开压片机后，不同胶料有不同的厚度和收缩率，故采用直流电动机或无级变速器来调整运输带的速度。

b. 夹持运输带：夹持运输带由上、下两层组成，上夹持运输带 7 靠下夹持运输带 6 压紧而被传动。胶片由这两条运输带夹持上升，存放在挂链 9 上。

c. 挂链：挂链由电动机通过减速机和链轮而驱动，链条节距为 180mm，运行速度约为1m/min。

挂链一侧安有 ϕ500 轴流式通风机 10 三台，向存放在挂链上的胶片吹风，使胶片干燥和冷却。

d. 切刀：由上、下两层运输带 11、13，圆滚切刀 12 和电动机减速机构组成。上运输带11 牵引挂链上来的胶片供圆滚切刀切断，并由下运输带 13 运出迭堆存放。

5. 混炼过程的质量控制

① 混炼胶料的快检项目　混炼胶料质量的好坏直接关系着以后各工序的工艺性能和制品的最终质量。因此控制和提高混炼胶料的质量是橡胶制品生产中的重要一环。评估混炼胶质量的手段是进行快速检验。

快检的方法是在每个胶料下片时于前、中、后三个部位各取一个试样，测定其可塑度、密度、硬度和初硫点等，然后与规定指标进行比较，看是否符合要求。此外，还有在流水线上检测和目测检查混炼胶分散程度等方法。快检的目的是为了判断胶料中配合剂是否分散良好，有无漏加或错加，以及操作是否符合工艺要求等，以便及时发现问题和进行补救。

快检检测设备和仪器包括：平板硫化机，用于硫化胶料快检试片；6in 炼胶机，用于炼压黏合胶料的试片；流变仪，用于胶料流变性能的检验，硫化曲线；门尼焦烧仪器，用于胶料黏度值和焦烧时间的检验；硬度仪器，用于胶料硬度的检验；比重计，用于胶料密度的检验；电力拉力机，用于黏合胶料的钢丝抽出力的检验；挺性检验仪器，用于胶料的挺性检验。

② 混炼胶硫化特性测定　橡胶硫化程度及橡胶硫化过程的测定过去采用化学法（结合硫法、溶胀法）、物理机械性能法（定伸应力法、拉伸强度法、永久变形法等），这些方法存在的主要缺点是不能连续测定硫化过程的全貌。硫化仪的出现解决了这个问题，并把测定硫化程度的方法向前推进了一步。

硫化仪是 20 世纪 60 年代发展起来的一种较好的橡胶测试仪器，广泛应用于测定胶料的硫化特性。硫化仪能连续、直观地描绘出整个硫化过程的曲线，从而获得胶料硫化过程中的某些主要参数，如诱导时间（焦烧时间 t_{10}）、硫化速度（$t_{90} \sim t_{10}$）、硫化度及适宜硫化时间（t_{90}）。

它具有连续、快速、精确、方便和用料少等优点。

③ 混炼周期的控制方法　时间、温度、能量消耗、功率积分等方法。一般控制方法以温度为主，辅助参考时间的方法。先进的方法是以能量为主，温度为辅。

④ 各段胶要求存放一段时间的目的有：使胶料恢复疲劳，松弛，在密炼机中受到剪切力；减少胶料的收缩；使配合剂在胶料中继续扩散；使橡胶与炭黑进一步形成结合橡胶，提高补强效果。

◀ 二、挤出

1. 胎面胶挤出

(1) 胎面挤出方法

① 胎面挤出按设备分为热喂料挤出法与冷喂料挤出法。常用的热喂料挤出机规格为 $\phi 150mm$、$\phi 200mm$、$\phi 250mm$ 等，挤出机的挤压能力随着螺杆直径大小而变化，对半成品胎面致密性影响较大。一般螺杆直径越大，挤压能力越大，挤出胎面宽度也越大，胎面挤出的最大宽度为螺杆直径的 3.2～3.4 倍，例如螺杆直径为 $\phi 200mm$ 的挤出机，挤出胎面宽度可达 640～680mm，而螺杆直径为 $\phi 250mm$ 的挤出机，挤出胎面宽度可达 800～850mm。若超出挤出机挤出宽度范围的大规格轮胎，其半成品胎面可采用挤出、压延贴合的方法制造。

冷喂料挤出机与热喂料挤出机的主要区别是、挤出机螺杆长径比（L/D）不同，热喂料挤出机 L/D 为 3～8，冷喂料挤出机 L/D 可达 8～17，相当于热喂料挤出机的两倍以上；螺杆形状也不同，工艺上不必经热炼而直接挤出；挤出尺寸稳定，功率比热喂料挤出机高 2～3 倍，生产效率可高达 50%。

② 按胎面挤出方法分为整体挤出法与分层挤出法。单层整体挤出适用整体结构的胎面，采用一种配方的胶料通过一台挤出机一次性挤出胎面半成品。这种方法虽然管理方便，但不能充分发挥胎面各部位胶料的作用，只适于制造小规格轮胎及小型工厂采用。

分层挤出采用两种或两种以上的胶料配方将胎面分为几块挤出（如胎冠和胎侧等），有机外复合法和机内复合法两种挤出方法。机外复合法是通过两台或两台以上的挤出机挤出各个胎面部件，利用运输带上辊压热贴的方法组合成半成品胎面。机外复合法已被机内复合法取代，机内复合法又称复合机头挤出机法。复合挤出机是由两台或两台以上的挤出机通过一个复合挤出机头挤出整体胎面。这种复合机头装卸比较容易，由于采用液压系统控制，更换胎面口型板及更换胶料所用时间较短。复合机头挤出过程如图 4-85 所示。

复合挤出机排列形式，一般可分为以下 3 种。

a. 上下式：两台挤出机一台在平面上，与倾斜的一台呈一定角度上下排列，与复合机头相连接，如图 4-86（a）所示。

b. V 式（Y 式）：两台挤出机在同一平面上，左右成一定角度排列，与复合机头相连接，如图 4-86（b）所示。

c. 平行式：一台挤出机内有两个加料口和两个螺杆，彼此隔离，分别由电机带动，直接经复合机头压在胎面上，这种结构更为先进。

（2）胎面挤出工艺

① 胎面挤出工艺流程　胎面挤出工艺有热喂料挤出和冷喂料挤出两种。

热喂料挤出工艺流程为：热炼→挤出→贴合→称量→冷却→自动打印（规格，标记）→打磨→自动定长→裁断→检验→存放。除热炼工艺在热炼机上完成外，其他工序由挤出机联动装置流水作业完成。

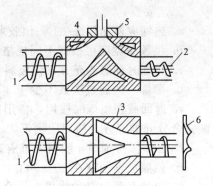

图 4-85　两种胶料复合机头挤出示意图
1—螺杆直径 ϕ200mm 的挤出机；2—螺杆直径 ϕ150mm 的挤出机；3—机头平面图；4—机头剖面图；5—挤出口型样板；6—胎冠胎侧两种胶料组成的胎面

冷喂料挤出工艺采用复合挤出，工艺流程为：割条→冷喂料→复合挤出→输送（自然冷却）→收缩辊道→预称量、扫描（各部位尺寸）→冷却→自动打印→自动定长→裁断→称量→检验→存放。

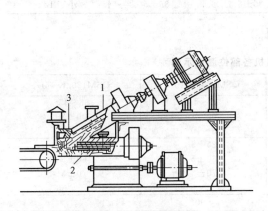

(a) 两台上下排列的复合挤出机

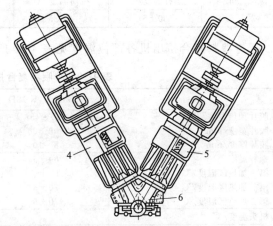

(b) 两台在同一平面上成V形排列的复合挤出机

图 4-86　复合机头挤出机
1—上挤出机；2—下挤出机；3，6—复合机头；4—左挤出机；5—右挤出机

有些生产线增加胎面打毛，或在打磨机上打毛后再喷涂胶浆，以提高胎面与胎体的黏合性。

采用热喂料挤出胶料需要热炼。热炼分为粗炼和细炼两个阶段，粗炼在低温下进行，主要是提高胶料的塑性使配合剂进一步分散均匀；细炼在高温下进行，主要是提高胶料的热可塑性。胶料热炼重量与开炼机的辊温、辊距、容量有关，供胶时要求稳定操作条件。

热炼工艺条件见表 4-18 所列。

表 4-18　胎面胶热炼工艺条件

用途	规格型号	容量/kg	前辊温/℃	后辊温/℃	辊距/mm
粗炼	XK-550	190	60±5	55±5	12 以下
细炼	XK-550	190	70±5	65±5	12 以下
供胶	XK-450	适量	70±5	65±5	7 以下

工艺要点：

a. 热炼应遵循粗炼-细炼-供胶顺序进行；

b. 供胶条宽度可根据不同规格，自动调节供胶量，保证供胶均匀连续；

c. 热炼时翻炼要充分，使胶料均匀，翻炼方法可采用两边拉刀等；

d. 翻炼一般通过次数不少于 3 次（5～6 次）；

e. 返回胶在粗炼时掺用，掺用比例不大于 30%，复合胎面返回胶必须分开掺用，如不能完全分开的部分，掺用比例不大于 20%；

f. 必须保持干净，胶料不准有杂物、油污、焦烧等现象；

g. 供胶温度控制在 80～90℃；

h. 更换品种时必须将机台上余胶清尽。

② 挤出

a. 温度　胎面挤出前，首先预热机头、机身及口型板。挤出机各部位温度根据不同胶料可加以调整，通常是口型板温度最高机头次之，机筒最低，这样可使挤出的胎面半成品表面光滑，尺寸稳定，减少胶料的膨胀变形。

热喂料复合挤出机各部位温度见表 4-19 所列。

表 4-19　热喂料挤出机各部位温度示例

挤出机规格	螺杆温度/℃	机筒温度/℃	机头温度/℃	口型板温度/℃	排胶温度/℃
$\phi200\sim250$	30±5	40±5	80±5	85±5	小于 120

冷喂料复合挤出机各部位温度见表 4-20 所列。

表 4-20　冷喂料复合挤出机各部位温度示例

项目	QSM200/K-18D	QSM150/K-16D	QSM120/K-16D
胶片预热温度/℃	35～45	35～45	35～45
胶片宽度/mm	800±20	600±20	300±20
胶片厚度/mm	8～10	8～10	8～10
螺杆温度/℃	80±5	80±5	80±5
第一加热区温度/℃	60±5	60±5	60±5
第二加热区温度/℃	70±5	70±5	70±5
第三加热区温度/℃	70±5		
机头温度/℃	90		
口型板温度/℃	80±5		
排胶温度/℃	120 以下		

b. 挤出速度　挤出机挤出速度直接影响胎面半成品的规格及致密性。挤出速度快，胎面半成品膨胀率及收缩率增大，表面粗糙；挤出速度慢，半成品表面光滑。

挤出速度即单位时间内挤出长度（m/min）。挤出速度的快慢取决于挤出机的螺杆转速，一般转速范围在 30～50r/min 时，挤出速度为 4～12m/min。挤出速度的快慢根据轮胎规格而定，大规格胎面挤出速度应比小规格胎面挤出速度慢。挤出速度还与生胶品种、胶料含胶率、可塑度、挤出温度等因素有关，天然橡胶胎面挤出速度应比合成胶胎面挤出速度慢。9.00-20 轮胎全天然胶胎面的挤出速度为 5m/min，相当于掺用 30%丁苯胶胎面的挤出速度 5.5m/min 和掺用 50%顺丁胶胎面的挤出速度 6.0m/min 的相同挤出效果。

c. 冷却　半成品胎面的冷却程度影响挤出质量。胎面胶挤出离开口型时，胶温高达 120℃，极易产生热变形，影响规格尺寸的稳定性，同时在存放过程中容易焦烧，因此，必须将胶温降至 45℃以下。热喂料挤出法的胎面挤出后，通常采用水槽或喷淋等方法冷却半成品胎面。冷却过程中，为防止挤出胶料因骤冷而引起局部收缩及喷霜，水槽宜用分段逐步冷却方法，水槽长度不应过短，可高达 100m 以上，第一段冷却水温度稍高，约为 40℃，第二段冷却水温度略低，第三段冷却水温度最低，可降到 20℃ 左右，对半成品胎面的存放有利。喷淋法冷却胎面效率较高，但冷却水温度要求低于 20℃，以 12～15℃ 为宜。

冷喂料复合挤出机在胎面挤出后，首先自然冷却，再经收缩辊道定型，进入冷却水槽，其中喷淋冷却 25m，浸泡冷却 100m。

d. 操作要点

严格按胎面的重量、长度、宽度、厚度等施工标准挤出，经常检查胎面尺寸，特别是开始阶段。

胎面断面应基本无气泡。

挤出机开车前，先预热机头、机身，停车前要通冷却水并填入机头胶。

胎面存放时间不超过 72h，不少于 2h，胎面温度不超过 45℃。摆放要整齐。

换样板时，要预热样板温度不低于 60℃，时间不超过 3min。

挤出胎面半成品表面无杂物、自硫胶。

机外复合胎面必须贴正、压实、无气泡、无水迹。胎面胶无破边。

③ 子午胎胎面挤出　子午线轮胎胎面半成品由于成型工艺要求，胎面和胎侧胶必须分开。胎面和胎侧的压出与普通斜交轮胎基本相同，但其尺寸的准确性和稳定性要求更为严格，因为重量或尺寸的误差大会影响轮胎的静平衡误差，径向力变化大。胎面的断面形状不对称，也会遭成轮胎的均匀性差，径向力偏差大的缺点，因此，必须严格掌握胎面胶、胎侧胶以及各质出部件尺寸的均一性，并要求表面保持新鲜以保证与带束层黏合牢固。

子午线轮胎胎面压出可采用热喂料或冷喂料挤出机来制备。

a. 热喂料胎面复合挤出采用两台热喂料挤出机，用机头复合或机外复合的方法制备胎面。为保证半成品胎面质量，在工艺方面要注意以下几点。

严格控制混炼胶质量。

供胶均匀，出胶量与供胶量基本平衡，防止供胶太多造成机头压力增加，产生焦烧，或供胶不足造成胎面尺寸波动，还要保证所供胶料的温度和可塑度均匀一致，防止挤出速度和挤出膨胀的变化。

挤出温度控制，挤出温度对半成品尺寸稳定性有很大的影响。一般要求供胶温度为 85～90℃，挤出机各部位的温度要分段控制，进料处为常温，机身为 35～50℃，机头为 75～85℃，口型板温度不能超过 100℃。

b. 冷喂料胎面复合挤出有很多优点，如尺寸稳定性好，工艺简化，减少能耗等，所以广泛用于子午线轮胎的胎面挤出。但采用冷喂料挤出机时，对混炼胶的质量要求也相应提高。热喂料因需胶料热炼，可使胶料得到补充混炼，配合剂得以进一步分散均匀，而冷喂料挤出机则直接使用密炼机排下的混炼胶，根据这一特点，混炼工序的设备最好做相应改变。如在密炼机排料下设置挤出机，通过挤出机压出一定宽度和厚度的胶条，并进行冷却及涂隔离剂，放到锌盘上，待下工序直接供冷喂料挤出机使用。冷喂料挤出机挤出时，机头压力高，口型板厚度大，所以挤时半成品密实、收缩小。比较新型的子午线轮胎胎面挤出机均采用电子设备来控制调节机身各区段温度、挤出速度和机头压力。胎面尺寸由光电装置控制定长，激光装置控制厚度，联动装置中自动控制冷却水的温度及流速，从而保证用冷喂料挤出机制备的半成品胎面质量均匀。

2. 胎侧胶挤出

子午线轮胎子口胶硬度高，为防止喷霜而失去黏性，胶料中使用不溶性硫黄，所以在工艺上要求采用冷喂料挤出机进行制备。为减少子午线轮胎成型时的贴合工序和保证贴合准确性，一般将胎侧与子口胶进行复合制备。

子午线轮胎的小胶条部件很多，如胎肩垫胶如上下三角胶芯等，均是硬度高，黏性大，使用不溶性硫黄的部件，故都要求使用冷喂料挤出机制备，要严格控制温度，防止焦烧。

3. 型胶部件的挤出

（1）主要设备和装置　型胶压延生产线主要有：销钉式冷喂料挤出装置、机头压延辊筒、冷却装置、运送装置、型胶胶片卷曲装置、温控装置、冷却加热装置、定中心装置、裁断装置、导开装置、卷曲装置、传动装置和控制系统等。

（2）型辊管理

① 专门的存放架。

② 更换时，避免碰撞。

③ 辊筒存放时，避免与水和汽的接触。

④ 严禁在辊筒表面放物品。

⑤ 较长时间不用的辊筒进行保护处理（擦油和塑料布遮盖）。

型胶、钢丝压延机、双复合压出机供料都有金属探测器，金属探测器用探测出胶料中是否有金属杂质，发现金属杂质能及时发出警报，由操作工将含有金属杂质的胶料取出。以保证产品质量，保护挤出机和辊筒免受损伤。

在领取胶料和使用胶料中，头脑要有这个意识，胶料中是否有杂质，要仔细检查。

（3）工艺注意事项

① 控制好机身、机头、螺杆的温度。

② 型胶或胶片压延开始时，先测定调节压延厚度，调整规格时，压延速度慢，如压延速度3～4m/min，压延部件合格后，可提速。

③ 要保证内衬层的两层贴合时，对中不偏。

④ 贴合密实，无气泡和杂质等。

4. 钢丝圈的生产工艺

（1）斜交胎钢丝圈的制备

① 钢丝圈制造

a. 钢丝圈制造工艺　钢丝→调直→浸酸处理→清洗余酸→热风吹干→挤出→冷水冷却→卷层→成圈→切断→包口。

也有采用无酸处理的钢丝圈挤出联动线，工艺流程为：钢丝→调直→擦试盘→电预热→挤出机→牵引机冷却辊筒→存储装置→卷成盘缠卷→组成钢丝圈。

钢丝圈常用19#镀铜钢丝挂胶制成。挂胶前钢丝必须进行表面处理，清除油污杂质，以保证与橡胶的黏着性能，处理过程中采用10%～15%盐酸浸洗1～3s，再用60～80℃热水清洗净，经60～70℃热风吹干后才能进入T形机头挤出机进行挂胶；其机身温度为40～50℃，机头温度为70℃。方形钢丝圈钢丝挤出后成为挂胶钢丝带，导入直径可调的卷成盘，按施工标准规定卷成一定层数的钢丝圈，然后切断，切断长度应保证钢丝带两端的搭接距离，使钢丝圈整体均匀牢固。对于其他形状的钢丝圈钢丝挤出可采用单根挤出，导入成型盘中，卷成一定形状。

钢丝挤出机又称为T形挤出机，其构造原理与普通螺杆挤出机基本相同，只是机头结构有区别，设备规格较小，螺杆直径一般为ϕ50～65mm。成圈平均速度为47m/min左右。

挤出机安装方向与钢丝进行方向垂直，钢丝从机头后侧部进入，在机头内安装有后样板，样板上有数个成直线排列的小圆孔，可使钢丝进入挤出机经后样板时能保持一定间距和整齐的排列，并保留间隙便于挂胶，圆孔直径应略大于钢丝直径。前样板位于机头前侧部，样板上有矩形长孔，使钢丝挤出后形成挂胶平带，表面不得显露钢丝。机头前端有两个排胶孔，因钢丝挤出过程中经常中途停止，为保证挤出机安全的继续运转，机筒内排胶量保持稳定，同时防止胶料在机筒内大量堵塞造成早期硫化或设备发生事故，排胶孔可以调节排胶速度和数量，其上方安有一个调节螺钉用以控制排胶量。钢丝带的挤出样板如图 4-87 所示。

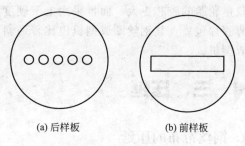

(a) 后样板　　　　(b) 前样板

图 4-87　钢丝挤出样板

b. 操作要点

钢丝在进入挤出机前需经浸酸处理清洁除锈，并经烘干预热到 50～80℃。如停车 2h 以上须将压辊抬起，使钢丝离开酸液。

挤出用的胶料也需在热板或保温箱中预热至 50～60℃，预热均匀，无杂物。

钢丝挤出包胶后根据设计要求的排数绕成钢丝圈。

钢丝挤出前不得有打弯、扭劲现象。表面要求无油污、铁锈和水渍。钢丝直径均匀一致。钢丝卷无松动乱丝现象，表面镀铜均匀。

挤出后的钢丝不得露铜，如露铜要补刷胶浆。

绕钢丝时，必须排列整齐，钢丝不变形，搭头摆正。

搭头用细胶布条扎紧，不跷头。

钢丝要排列整齐。钢丝带单层宽度公差±0.5mm，钢丝圈总宽度公差不大于±0.5mm。卷成盘周长公差：直径在 ϕ560mm 以下的±1mm，ϕ610mm 以上的±2mm。

② 三角胶条制造　三角胶条是填充胎圈空隙部位的胶条，可用螺杆挤出机挤出，挤出口型类似三角形状。此外，也可采用压延机压型方法制造，其中压型辊可刻制成数条以上三角沟槽，成排成型后再用分条机进行分条，生产效率较高。

③ 钢圈成型　钢圈成型是将钢丝圈、三角胶条和钢圈包布组成一体的工艺过程。常用钢圈包布机成型钢圈，首先将三角胶条粘贴在钢丝圈外圈上，然后用裁成 40°～50°角的钢圈包布顺钢丝圈内周向上直包，组成钢圈整体，包布两端保持一定差级，差级尺寸应符合施工标准的规定，粘贴牢固。

胎圈质量要求达到：

a. 填充胶条接头不脱开、不翘起；

b. 包布差级要均匀，宽窄相差不大于 4mm；

c. 包布接头长度为 10～30mm，包布差级为 3～6mm；

d. 三角胶要贴正；

e. 包布要压实压牢无空隙和褶子。

(2) 子午胎钢丝圈的钢丝覆胶及制造

子午线轮胎钢丝圈所受应力比普通斜交轮胎大30%～40%，为提高强度，大多采用圆形或六角形钢丝圈。子午线轮胎胎体帘布层数少，只能采用单钢圈。中国一般轻载子午线轮胎和乘用子午线轮胎多采用 U 形或圆形钢圈，载重子午线轮胎采用六角形或圆形钢丝圈，载重无内胎子午线轮胎采用斜六角形钢丝圈。

制备钢丝圈一般先使钢丝通过挤出机，并采用特殊的 T 形机头使钢丝包覆橡胶，然后用专门设计的钢丝圈卷成装置来保证得到所需的断面形状。

钢丝覆胶所用挤出机可用热喂料或冷喂料挤出机。如果采用单根钢丝挤出覆胶缠卷钢丝，可用直径30mm 的挤出机，如果 5～6 根钢丝同时覆胶，则选用直径65mm 的挤出机。胎圈成型是将钢丝圈、胶芯和胎圈包胶或包布组成一体的过程。子午线轮胎胶芯较宽较高，载重轮胎的胶芯更大，而且采用上下硬度不同的复合胶芯，为把胶芯固定在钢丝圈上，可用薄胶片包裹，其钢丝圈成型机也比普通斜交轮胎复杂得多，一般使用专用的钢丝圈三角胶芯成型机。

三、压延

1. 钢丝帘布的压延

全钢丝子午线轮胎的胎体帘布、带束层，半钢丝子午线轮胎的带束层帘布都是由多根平行的钢丝线经压延覆胶制备的。钢丝帘布的压延质量对子午线轮胎的使用性能有极大影响。

(1) 钢丝帘布压延工艺方法

制造钢丝帘布的方法有四种，即热压延法、冷压延法、挤出法和缠绕法，其中前三种方法较为常见。

① 热压延法　采用钢丝帘布压延联动装置来进行钢丝帘布两面贴胶。帘线导开架上装有数百个排列规整的锭子座，绕满钢丝帘线的锭子套入锭子座中。单根钢丝由导开架导出，经排线分线架使钢丝帘线进行初步排列，再经一次整经、二次整经使帘线在恒定张力下，按规定的设计密度整齐地通过整经辊，进入四辊压延机进行双面贴胶。压延主机带有测厚装置及刺泡装置等附属设备。钢丝帘布离开压延机被牵引进入冷却装置，通过辊筒逐步冷却帘布后，再经贮布架进入卷取装置，此时亦可把钢丝帘布的塑料薄膜垫布经导开装置同时卷入。

目前，大多数厂家均用此法来制备钢丝帘布。钢丝帘线四辊压延工艺流程如图 4-88 所示。

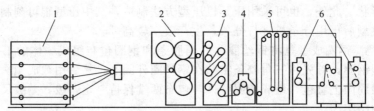

图 4-88　钢丝帘线四辊压延工艺流程
1—锭子架；2—压延机；3—冷却辊；4—牵引区；5—缓冲器；6—卷取装置

② 冷压延法　国外一些厂家也有用冷压延法来制备钢丝帘线的。可分为两种形式，一种是将胶片压好打卷，然后使钢丝及上下胶片通过两辊压延机压成钢丝帘布。这种方法设备简单，可避免因受热而使钢丝表面产生氧化。但这种方法不易控制胶片的厚度，帘布的钢丝密度也难控制均匀。另一种最新的冷压延法是采用两台三辊压延机和一台两辊压延机组合装置，两台三辊压延机分列于两辊压延机的两侧供压制胶片用。胶片经冷却辊筒冷却后导入压延机，钢丝帘线通过整经辊同时进入压延机辊隙制成钢丝帘布。这种方法的缺点是设备较多，占地面积大。

③ 挤出法　这是一种新型的制备钢丝帘布的工艺方法，用冷喂料挤出机（也可用热喂料挤出机）对钢丝帘布覆胶。为了保证密度，使用高精度的挤出口型。这种方法的特点是帘布的厚度精度高，边部整齐，密度均匀，操作简单。但由于受挤出机口型宽度的限制，最大挤出宽度仅为 150～200mm，且挤出口型加工困难，对帘线直径的要求较高，一般只用它来制备带束层。钢丝帘布的制造均采用无纬压延法，其设备除了需装备专用的钢丝帘线锭子存放架及整经装置外，四辊压延机的长径比也较小，L/D 为 2.3～2.5。整经辊的直径以压延机辊筒直径的 1.5 倍为宜，并应尽量使整径辊靠近压延机辊筒，以保证钢丝帘线排列均匀地

进入压延机挂胶。四辊钢丝帘布压延机的常用规格有（直径×辊筒长度）：400mm×1000mm，500mm×1250mm，600mm×1500mm，700mm×1800mm等。最大压延宽度分别为800mm，1000mm，1200mm，1500mm。联动线总长达50m，其中锭子房单独隔开，安装空调装置。必要时，锭子房设计宽度扩大，能放下两个锭子架，以变换钢丝密度和规格。

（2）影响钢丝帘布压延质量的因素

钢丝帘布压延工艺有非常严格的要求，尤其是必须保证胎体帘线排列密度和均匀性。胶料与钢丝帘线之间要密实，胶料要充满间隙。压延后的钢丝帘线要平整，光滑，不变形，不缺胶，无杂质和胶块等。为制备合格的钢丝帘布，必须要考虑设备、钢丝帘线的工艺性能，压延胶料性能及某些工艺因素对钢丝帘布压延质量的影响。

① 钢丝压延设备对压延帘布质量的影响　除要保证钢丝压延机精度外，钢丝压延联动设备的其他部分也必须完善，如果这些部件的精度不高或位置不对，也难以制备出高质量的钢丝帘布。如锭子架的排列角度、锭子轴的上挠角度以及排线架的距离对压延质量均有影响，一般锭子架的排列角度为3°～10°，锭子轴的上挠角为8°～12°，锭子架与排线架的距离为1.2～2.5m。排线架的材质选取不当会造成钢丝帘线表面的镀层磨损和折断材料，如铝、钢等不能用于排线架的排线孔，应采用玻璃、陶瓷等材料。整经辊是钢丝帘布压延联动设备主要部件之一，它不但影响钢丝帘布的密度，而且还影响钢丝帘线进入压延机前的张力。整经辊与压延机辊筒的距离以3～5m为好，为保证帘线排列均匀性，一般要使用两个以上整经辊。

由于钢丝帘线是无纬压延，帘线排列是否整齐很大程度取决于所有钢丝帘线是否都承受比较均匀的张力。钢丝的张力由锭子座上设置的张力调整机构进行调节。通过张力装置，使导出的钢丝保持恒定的张力。根据中国的使用经验，每根钢丝帘线的导出张力可控制在4.9～14.7N，所有钢丝帘线的锭子要保持基本一致的张力，误差在±5%以下。

另外，牵引与冷却装置与压延后帘布的张力变化、帘布的变形以及喷霜性能都有关系。压延后的牵引张力太大，造成帘线张力变化，帘布附胶不良。冷却辊与主机要绝对平行，否则会使压延后的帘布变形。冷却辊的温度由高到低，防止帘布因急冷而喷霜。

② 钢丝帘线的工艺性能对压延质量的影响　钢丝帘线的工艺性能包括平直度、残余应力、残余扭转以及切口松散性等。钢丝帘线的残余扭转大，平直度较差时，进入压延机前的帘线排列不均匀，压延后的帘布不平整、卷曲、并线和稀缝，影响裁断质量。

③ 压延用胶料的性能对钢丝帘布压延质量的影响　钢丝帘布是借助于胶料将单根钢丝帘线组成整体帘布的。压延后的钢丝帘布，胶料不仅要包住钢丝帘线，还要渗入到钢丝帘线缝隙中，才能保证黏着力。影响钢丝帘布压延质量的胶料性能较多，如胶料的可塑性、流动性、门尼黏度、自黏性、焦烧性、收缩性和生胶硬度等。对钢丝压延用胶料有如下要求：胶料中水分和挥发物含量要尽可能低，防止产生气泡，胶料要有适宜的可塑性和流动性，焦烧时间要相对长一些，胶料中配合剂要分散均匀，无杂质。

④ 某些工艺因素对钢丝帘布压延质量的影响　钢丝帘布压延时其辊筒的温度应比纤维帘布压延机辊温胶印稍低，一般为80～90℃，供胶温度也应低于90℃、如果温度超过90℃会加剧钢丝表面镀层的氧化作用，从而降低胶料与钢丝的黏合力。

压延帘布的冷却辊辊温最好能控制前高后低，胶帘布先进入温度较高的辊筒，然后转入温度较低的辊筒，这样防止骤冷引起胶料喷霜，降低黏合力。

此外，还要特别注意改进钢丝帘线锭子间的条件，因钢丝帘线进入锭子房后，很容易受温度和湿度的影响，引起钢丝表面生锈，故锭子间除了要求无灰尘和整洁外，一定要安装空调设备，使室内温度保持在30℃左右，相对湿度大约为40%。

（3）帘布裁断　子午线轮胎的裁断分纤维帘布裁断和钢丝帘布裁断。

子午线轮胎纤维帘布裁断与普通斜交轮胎相似，一般采用同一裁断设备，为提高裁断精度和工作效率，可采用高台式卧式裁断机，自动定长、自动分离和自动定头。在工艺上，要求所裁断的帘布符合施工标准，帘布的角度和宽度要准确；接头完毕的帘布卷取要采用专用的丙纶垫布，其表面经特殊处理，使帘布能保持新鲜的表面和黏合力。

钢丝帘布裁断和接头是子午线轮胎生产的特有工艺。钢丝帘布裁断的精度、接头的质量对子午线轮胎的质量和性能有举足轻重的影响。

① 钢丝帘布裁断设备　用于钢丝帘布裁断的设备主要有以下几种：剪板机、铡刀式裁断机、圆盘刀-矩形刀式裁断机、圆盘刀-圆盘刀式裁断机。各自的性能特点如下。

a. 剪板机　这是中国中小工厂生产子午线轮胎常用的裁断工具。它原为剪钢板用机器，经过改造后进行钢丝帘布裁断。其特点是操作方便，设备简单，占地面积小，但裁断精度差，效率低，劳动强度大，只能裁断较小的帘布。

b. 铡刀式裁断机　这是一种比较复杂的新型钢丝帘布裁断机。其特点是裁断精度高，裁断速度快，为 6～10 次/min，劳动强度小，被裁断的帘布宽度可达 1000mm，裁断线长达 5000mm，适用于工业化子午线轮胎生产。但价格较贵，设备占地面积较大。这种裁断机的裁断装置为两块矩形刀，呈铡刀式排列，下矩形刀平行装配在机架上，裁断时，上矩形刀向下产生冲切功将帘布裁断。它的裁断角度范围为 0°～76°。

c. 圆盘刀-矩形刀式裁断机　它与铡刀式裁断机的区别在于裁断装置为圆盘刀-矩形刀配合。裁断时，高速电机带动圆盘刀沿矩形口进行，产生很大的剪切力将钢丝帘布裁断。该设备具备铡刀式裁断机的优缺点。裁断精度较高，角度误差 $\pm0.5°$，宽度 $\pm0.1mm$。这种裁断机已为中国子午线轮胎生产厂所采用。

d. 圆盘刀-圆盘刀式裁断机　它的特点是裁断时上、下圆盘刀一起转动，靠剪切力将钢丝帘布裁断。它有铡刀式裁断机特点，但裁断的宽度误差较大，而且由于往返裁出的宽度不同，一般只作单向裁断。

② 钢丝裁断工艺操作要求　钢丝帘布裁断关键是要保证帘线的密度不变，裁断的宽度、角度符合施工标准，误差达到最小。在接头和卷取过程中，接头或卷取拉伸应力稍有不均匀，都会引起帘线的位移，造成稀密不均及帘线角度变化，这样会给轮胎的使用性能带来极不利的影响。如胎侧出现波浪形，均匀性差（即径向力相侧向力偏差大），行驶中汽车振动大，操纵性稳定性差问题，也会降低了帘线与橡胶的黏合力。

③ 钢丝裁断质量影响因素

a. 接头工艺对裁断质量的影响　钢丝帘布接头工艺是子午线轮胎生产中的关键工艺。子午线轮胎特别是全钢丝子午线轮胎的膨胀率达 170% 以上，这就要求钢丝帘布接头强度高才不致造成局部应力过大，引起接头部分帘线间的橡胶拉开，形成所谓"劈缝"现象。压延帘布宽度和密度直接影响接头质量，钢丝压延帘布宽度较大，同一胎体上帘布接头数量就小，产生接头质量问题的机会就降低。由于子午线轮胎膨胀较大，为保证胎体强度，就要有较高的压延密度，密度大时，两根钢丝之间的胶料就少，直接影响接头质量。压延帘布停放时间长会造成表面喷霜，自黏力下降，接头强度下降。改善钢丝帘线接头质量可采用不同接头方式，如对接、搭接和斜坡接头等。从保证均匀性出发，应该采用对接接头，但在帘布停放时间长自黏力下降时，采用对接会造成稀缝，宜采用搭接或斜坡接头方式来提高强度，但搭接易产生并线和撅线。由于出现接头质量问题的主要原因是接头强度低，所以可以通过加贴封口胶片的方法来提高接头强度。

帘布接头可采用机械式拼接装置进行自动拼接，也可用人工接头，但手工接头时，操作人员的接头技术如压合力、压合速度的变化都会影响接头强度；故采用先进的专用接头工具有利于接头质量提高。

b. 压延帘布质量对裁断性能的影响　压延帘布的质量也影响裁断性能，如压延帘布有缺胶，边部不整齐，厚薄不均匀，卷取时不整齐等，裁断后的帘布其角度和宽度误差就大，压延过程中变形的帘布甚至于不能进行正常裁断。因此要保证裁断的质量，必须保证压延帘布的质量。

c. 裁断机的特性与钢丝性能对裁断的影响　裁断机的精度直接影响钢丝帘布的裁断质量，剪板机仅适用于裁断压延宽度较小的帘布，适用于裁断固定角度的帘布。圆盘刀-矩形刀式钢丝帘布裁断机则可以裁断压延宽度大（如 1000mm）的帘布，裁断角度可随意调节，裁断宽度也不受限制，裁断质量明显优于剪板机。不同规格、不同结构的钢丝制成的帘布对裁断质量有明显的影响。直径小，钢丝柔性好，钢丝内应力和不带外缠绕的钢丝帘布的裁断性能好，裁断后帘布的质量也好，进口钢丝的裁断性能优国产钢丝。

2. 纤维帘布的压延

(1) 斜交胎纤维帘布压延

① 帘帆布的压延　帘、帆布是胎体的骨架材料，采用压延挂胶方法将胶料附在帘、帆布上，使帘线之间和布层之间附上一定量胶料，提高附着性能，组成具有一定弹性、一定强度的胎体。同时可降低帘线与布层之间的摩擦和生热，提高轮胎的耐动态疲劳性能。

a. 工艺方法

ⅰ. 帘布　轮胎所用人造丝或尼龙帘布通常采用压力贴胶或贴胶的挂胶方法。压力贴胶是帘布通过速度相等的两个辊筒，利用辊筒间隙余胶的挤压力使胶料渗入帘线中，这种方法渗透性好，黏合强度大。

ⅱ. 帆布　帆布由相同密度的经纬线组成，布质致密，可采用两面擦胶或压力贴胶的压延方法，也可采用单台三辊压延机分次两面擦胶，一般多采用中辊包胶擦胶法，利用两辊筒之间线速度不相等，既有挤压力也有剪切力作用，对织布渗透及黏着有利。轮胎使用帆布主要有胎圈包布（尼龙帆布 VRC-120、维纶帆布或 21S/8×8 棉帆布）、钢圈包布（21S/5×5 棉帆布或 VRC-75 维纶帆布）和钢丝圈缠绕布（2×2 或 1×1 的棉帆布或细布）。

b. 工艺过程

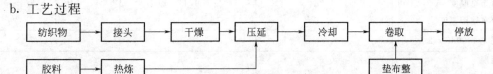

c. 纺织物干燥　纺织物在压延前，由于在运输和贮存期间吸收水分，如含水率超出规定范围，将影响压延时胶料与纺织物的黏合力和最终制品的质量，因而必须在压延前进行干燥。干燥多采用八辊立式干燥机，人造丝帘布蒸汽压力为 0.3MPa，帘布为 0.2MPa、尼龙帘布为 0.1MPa，干燥后尼龙帘布含水率不大于 1%，人造丝和棉帘布含水率不大于 2%。

尼龙帘线具有热收缩性。因此，尼龙帘线的预热必须经热伸张。以防止尼龙卷曲，压延张力要求不小于 10N/根左右。

纺织物在干燥前为了保证压延生产的连续性，两卷帘布需接头，多采用缝纫和胶片硫化接头。

d. 压延工艺影响因素　影响压延精度的因素很多，如供胶胶料可塑性及温度、压延辊筒温度、辊筒速度、帘布的含水率及张力等。供胶温度应保持均匀稳定，一般约 90℃。对于倒"L"形四辊压延机，其辊温见表 4-21。

表 4-21 压延辊筒温度 单位：℃

帘布种类	上辊	中辊	下辊	侧辊
人造丝	95～100	95～100	90～95	90～95
尼龙	90～95	90～95	85～90	85～90
棉	90～95	90～95	85～90	85～90

用 V_1、V_2、V_3、V_4 表示侧辊、上辊、中辊和下辊的速度，贴胶时，帘布通过的上辊、中辊速度必须相等，侧辊与下辊速度相等；两面贴胶时，则彼此关系为 $V_2 = V_3 \geqslant V_1 = V_4$ 即 $V_1 : V_2 : V_3 : V_4 = 1 : 1.4 : 1.4 : 1$。要求帘布温度保持在 70℃ 左右，在压延过程中，尼龙帘线受热辊筒和热胶料作用会产生热收缩变形，因此，压延过程中通过压延机辊筒与干燥辊筒、冷却辊筒的速度差，产生对帘线的拉伸张力，从覆胶至冷却过程始终保持一定的张力，一般压延张力为 4.0～9.8N/根（依据帘线规格而定），压延后帘布基本不收缩，也不会影响帘线的物理机械性能。

压延帘布挂胶厚度根据帘线品种、规格及轮胎结构设计施工标准的要求确定，帘布上下覆有薄胶层，要求厚薄均匀一致，不露线而且表面压延厚度精确度要求很高。挂胶厚度超过标准时，耗胶量增大，胎体增厚使生热量加大；挂胶量不足时，造成帘布层间附着力下降而脱层损坏。一般帘布层上下挂胶厚度分别为 0.4～0.5mm、缓冲层上下挂胶厚度为 0.65～0.70mm。压延后挂胶帘布在存放过程中，因收缩使得压延厚度增加，增厚比值一般为 1.05～1.10，因此，压延挂胶帘布总厚度＝挂胶帘布使用厚度（施工标谁要求）/增厚比值，不同帘线品种规格挂胶帘布厚度举例见表 4-22 所列。

表 4-22 挂胶帘布厚度

浸胶人造丝 1840dtex/2	内层帘布/mm	外层帘布/mm	缓冲层帘布/mm
帘线粗度	0.68	0.68	0.68
上胶片厚度	0.40	0.50	0.65
下胶片厚度	0.40	0.50	0.65
挂胶帘布总厚度	1.08	1.11	1.20
挂胶帘布使用厚度	1.15	1.20	1.35
浸胶尼龙 1400dtex/2			
帘线粗度	0.65	0.65	0.65
上胶片厚度	0.42	0.45	0.65
下胶片厚度	0.42	0.45	0.65
挂胶帘布总厚度	1.00	1.04	1.25
挂胶帘布使用厚度	1.07	1.15	1.35
浸胶尼龙 1870dtex/2			尼龙 930dtex/2
帘线粗度	0.75	0.75	0.55
上胶片厚度	0.47	0.50	0.65
下胶片厚度	0.47	0.50	0.65
挂胶帘布总厚度	1.11	1.11	0.93
挂胶帘布使用厚度	1.20	1.20	1.35

挂胶帆布钢丝包布（21S/4×4）厚度一般为 0.65～0.70mm，停放后使用厚度为 0.70～0.75mm；胎圈包布（21S/8×8）厚度为 1.15～1.25mm，1400dtex×930dtex 厚度一般为 0.90～1.00mm，停放后使用厚度为 0.95～1.05mm。压延速度 25m/min。

e. 操作要点

先开车后放蒸汽，逐步升温预热辊筒使辊筒的温度均匀一致，并达到工艺要求。

尼龙帘布和人造丝帘布压延前打开塑料包皮时间不得超过 30min。

开车后调整压延机辊距，使胶片厚度达到要求才能覆胶，中途一般不调整辊距，以保持胶布厚度均匀一致。

供胶均匀不得忽多、忽少或缺胶，积胶不得超过 30kg。

帘布覆胶中发现掉皮、露线、压坏、熟胶、杂物等，应及时排除。

压延中随时注意帘布宽度的变化，及时调整扩布器。要掌握切边刀以防割坏帘布或出现宽胶片等。

压延机带胶空转不得超过 10min，如超过时需将胶料拉下以防焦烧。

在生产过程中，因出现故障暂停生产，辊温低于工艺要求时，必须将帘布裁断，开车后将辊温升到工艺要求的温度。

更换胶种时，需将压延机上余胶全部拉下。

如覆胶重量超过规定范围或表面不正常时应注明，严重者经有关方面处理后使用。

压延后帘布通过冷却辊，应使帘布充分冷却，使布卷内温度不超过 40℃。

胶帘布卷取中要松紧一致，裁断时布应粘紧，密切配合，垫布要整齐，保持清洁。

胶帘布卷取完毕，应认真检查过磅，计算出上胶量，填写卡片并将卡片拴于帘布一端。

胶帘布应按规定地点上架平放。

垫布长度保持不少于 200m，垫布在压延使用前需整理。

垫布保持清洁，表面不得有砂土、油污、破口等问题。

卷取松紧一致，两端整齐，无打折现象。

整理时如有破口，长度不符时要修补好才能使用。

垫布整理时，布内粘胶、杂物和灰尘同时清除。

新垫布也要经过表面处理后才能使用。

整理好的垫布放置要整齐，不准歪斜或倒塌。

② 胶帘、帆布裁断和贴合

a. 裁断工艺 外胎中所用的帘布包括胎体帘布和缓冲层帘布，帆布包括钢丝圈包布和胎圈包布。在成型前需按产品的规格和结构设计的要求将整幅的帘、帆布裁成一定宽度、一定角度的半成品备用，这个过程称为裁断。

ⅰ. 裁断角度及裁断宽度 胶帘、帆布在裁断机上按施工标准规定的角度、宽度裁断成半成品备用。在裁断工艺条件中必须严格控制好胶帘、帆布的裁断角度及裁断宽度，要求尺寸准确。裁布过宽，不但浪费材料，而且使胎圈布厚度上移，引起肩空、肩裂；裁布过窄时，会使胎圈磨损。裁断角度不精确会影响轮胎轮廓曲线的变化，而且造成胎冠爆破或影响轮胎的滚动阻力和耐磨性。

裁断宽度是指胶帘、帆布裁断过程中，两条相邻裁断线之间的垂直距离，如图 4-89 所示。不同规格轮胎胶帘布裁断宽度尺寸不同，同规格轮胎不同部位胶帘布宽度亦不尽相同。

各帘布层的裁断宽度按施工标准规定而定。帘布裁断后有回缩现象，为保证达到施工规定宽度，严格执行帘布的裁断宽度及其公差见表 4-23。大头小尾不大于 4mm，以保证帘布在成型后的反包高度，并确保各布层边缘有一定的差级，使胎侧部位厚度均匀过渡，以免导致胎圈上部帘线折断。

图 4-89 裁断宽度和
裁断角度示意图

表 4-23   帘布裁断宽度及其公差

帘布裁断宽度/mm	裁断公差/mm		
	棉帘线	人造丝	尼龙
500 以下	+3	+3	+2
500～1000	+5	+4	+3
1000～1500	+7	+5	+4
1500 以上	+9	+7	+5

注：凡贴隔离胶片或贴油皮胶在本表公差基础上再增宽 3～5mm。

裁断角度是指裁断线与经线的垂直线所构成的夹角叫裁断角度。斜交轮胎胶帘布裁断角度一般为 30°～40°，胶帆布裁断角度一般为 40°～45°，胶帘布裁断角度精确度为 0.5°～1°。

ⅱ．裁断设备   常用的裁断设备可分为卧式裁断机和立式裁断机两大类。

帘布裁断目前多采用卧式裁断机。卧式裁断联动装置由供布车、导开调整装置和裁断机等组成，见图 4-90。先进卧式裁断机已用光电自动控制，能自动定宽，自动裁断，可保证质量稳定，提高劳动生产率，还能降低劳动强度。

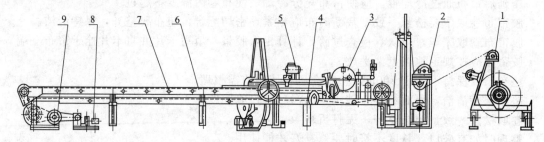

图 4-90   卧式裁断联动装置

1—供布车；2—导开装置；3—定长器；4—机架；5—裁断装置；
6—帆布运输带；7—托辊；8—快速电动机；9—慢速电动机

卧式裁断机工作面大，精确度较高，适宜裁断胶帘布，只是生产效率较低，需进一步改进完善。此外，还有采用高台式卧式裁断机，把工作台提高到 1830mm 左右，工作台尾端成 30°斜角，与斜交轮胎裁断角度相接近，安装一块弧形滑板，将工作台与较低的接头工作台连接，便于操作。接头工作台与刀架平行安装，台上安装挡板，用以挡住从滑板滑落的裁断胶布条，经接头后通过卷取机卷取。

帆布（如钢圈包布，胎圈包布等）及较窄的缓冲层帘布采用立式裁断机。立式裁断联动装置同样由供布、导开调整装置和立式裁断机组成，见图 4-91。立式裁断机的生产能力较高，占地面积小，但裁断布条时最大宽度受限制，且裁断的精度较差。

ⅲ．裁断操作工艺要点

压延后帘布停放时间不少于 2h，不多于 72h。

帘帆布裁断必须在裁断前调整好角度和宽度标尺，并核对所裁帘布与施工标准是否相符。

为确保质量，每种规格开始裁的头三张布必须检查测量。

不得有严重的纬线倾斜影响裁断角度。

裁断布边要整齐，不允许有锯齿或波浪形布边。

胶布无掉胶、打褶、出兜、压偏、压坏、跳线和稀缝等现象，如发现胶帘布有褶，可用汽油拆开。对小面积露白者可贴补同种胶片或涂胶浆处理、大面积缺胶的露白布要撕掉，有杂质要清除，稀缝要撕掉。

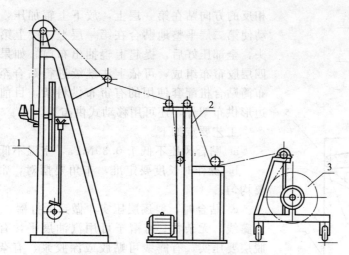

图 4-91 立式裁断联动装置
1—立式裁断机；2—导开调整装置；3—供布车

胶布的表面无油污、泥沙、自硫胶、喷霜等。

帘布裁断后接头时要拉平对齐，每块胶帘布接头时规定缓冲帘布接头压线不多于 2 根，帘布层帘布为 1～3 根。帆布接头宽为 2～5mm，如大头小尾宽度超过规定者可以修剪。卷取时要摆平、卷正、松紧一致，布尾用垫布包严。

垫布要保持清洁、整齐。

b. 缓冲层制造　斜交轮胎缓冲层有两种结构形式。载重轮胎的缓冲层由缓冲胶片和挂胶帘布组成，按施工标准规定的长度，在工作台上或贴合机上贴合，将缓冲胶片覆盖于帘布上下，再贴成环形布筒，供成型外胎使用，这与帘布筒制备相同。轿车轮胎或小型轮胎的缓冲层由纯胶层组成，纯胶片厚度和宽度根据施工标准用压延机压成，可直接贴到裁断后的外层帘布上使用，或待充分冷却，收缩后裁成一定长度的胶层，成型外胎时，贴在胎体外层帘布上。也可在胎面挤出装置上贴于胎面下。

工艺要点如下。

有两层挂胶帘布的缓冲层在贴合时，帘线应相互交叉，且接近胎身帘布的一层，必须与胎身外层帘线相互交叉。

两布层差级错边要求对称，贴合时接头压线不多于 2 根，7.50-20 以下接头数不超过 3 个，9.00-20 以上接头数不超过 4 个。

贴合不应有气泡、打折或其他问题，以避免轮胎在行驶时缓冲层早期损坏，降低轮胎使用寿命。

缓冲胶片停放时间不少于 2h，不多于 48h。

缓冲胶片出片后胶卷内部温度不高于 45℃，以免在存放过程中焦烧。

要求胶片表面平整、不断边、无窟窿、无气泡、无杂质、不卷边。

c. 帘布筒制造　对于套筒法成型，在成型前须将已裁断好的帘布按不同层数的组合，贴合成帘布筒。贴合的设备有万能贴合机和鼓式贴合机两种，目前多采用万能贴合机，见图 4-92。

万能贴合机的工作台前面装有前辊，工作台的后面装有后辊并通过电动机带动转动，调节辊可作上下移动，以便调节第一层帘布筒的周长和便于布筒的抽出，在后辊的上面装有可上下移动的弹性压辊。操作时，先把裁断后的第一层帘布围绕倾斜的工作台，按施工标准长度标记扯断，然后把帘布两头在工作台上对正接牢，再把第二层胶帘布按第一层胶帘布角度

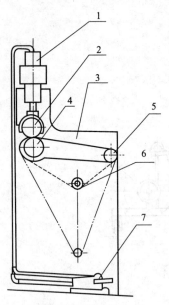

图 4-92　万能贴合机

1—汽缸；2—压辊；3—工作台；
4—后辊；5—前辊；6—调节辊；
7—气动脚踏开关

相反的方向贴在第一层上，放下上辊加压，并随着后辊的转动使第二层平整地贴合在第一层上，接上第二层胶帘布的搭头，全部压好后，提起上辊抽出布筒。如果帘布筒由三层或四层胶帘布组成，可依上法继续进行贴合至完成为止。与帘布筒贴合机配套使用的有帘布供料架，目前除使用四边或六边形供布架外，还可用移动式供布架。

工艺要点如下。

a. 贴合风压不低于 0.39MPa，室温不低于 18℃。

b. 操作时长度要定准，布角要摆对，帘布要走下、送布要均匀。

c. 贴合时，要逐层压实，做到无打褶、无气泡、无脱层、无露线、无杂物。有褶子可用汽油展平，有气泡要扎净，有脱层要压实，有露线可贴胶或涂胶浆，有杂物要除净，胶布黏性较差须刷汽油并注意汽油挥发。

d. 两相邻布层的帘线角度相互交错。

e. 贴合方式帘布差级可为等宽错边或均匀差级贴合两种。

f. 帘线密度不均者，需撕掉后再用，撕时先抽一根线以防脱皮，撕头跳出的帘线不得在布筒内。

g. 按规定，帘布贴合单层偏歪值，差级 5mm 以下的不大于 3mm，30mm 以下的不大于 6mm，超过 30mm 的不大于 10mm。

h. 贴合布筒长度公差，按成型机头直径 ϕ600mm 以下的 ±10mm，ϕ600～700mm 的 ±15mm，ϕ700mm 以上的 ±20mm。

i. 帘布接头压线标准为 1～3 根，每层帘布接头数量不多于 3 个，接头间最小距离不小于 100mm，相邻层帘布接头应错开以提高轮胎的均匀性。

j. 贴合布筒的两边差级要均匀，如接头处出现大小头应修剪平整，以免影响外胎成品差级不均。

k. 帘布筒的贴合周长必须在公差范围内，过长会引起帘布打褶，给成型操作带来困难，过短则会造成帘布角度因伸张大而变小，同时引起帘线密度的变化。

l. 帘布筒、布卷不得落地。

(2) 子午胎纤维帘布压延　半钢丝子午线轮胎的胎体帘布要求使用高精度的四辊压延机来制备。为保证纤维帘布在整个长度和宽度上厚度一致，质量均一，在工艺上要注意以下几点。

① 供胶　首先要严格控制供压延用的混炼胶质量，如可塑度、硬度等必须符合工艺标准，同时要控制供胶温度及压延辊筒温度。这三者中任何一种因素变化，都会引起辊筒所受横压力的变化，从而影响压延厚度。如供胶温度太高，造成胶料焦烧，帘布表面起胶疙瘩。供胶温度过低，胶料流动性不好，帘布表面不平，起疤，供胶量应均衡，在辊筒的横向不能出现局部堆积胶过多的现象，以免出现该部位压延胶片过厚等质量问题。

② 压延帘布热伸张和干燥　用于半钢丝子午线轮胎的胎体帘布一般为尼龙和人造丝。在进入压延机贴胶前，一定要经过热伸张和干燥处理，才能保证压延质量。尼龙帘布热收缩比较大，为保证成品轮胎尺寸的稳定性能，压延时要对帘布加张力，张力根据帘布的根数而定，一般为 5.88～6.86N/根。为获得良好的压延效果，压延用帘布应严格控制含水率。采用人造丝帘布时，由于其吸湿性很大，而湿态下强度下降又特别显著，为保证挂胶帘布性

能，防止因水分过大而在压延帘布中产生气泡，甚至引起成品脱层，对人造丝的干燥问题就更为重要。一般要求进入压延辊筒时人造丝帘布的水分应在2%以下。尼龙帘线吸湿性小，帘布压延前的水分应控制在1%以下，干燥辊筒温度保持在110～120℃。帘布温度应保持70℃左右，使压延时获得较好的黏合性。

③ 压延速度和温度 为保证供胶温度，供胶量均匀一致，保证辊筒对帘布的横压力相同，保证帘布的含水率达到规定的要求，一定要控制压延速度，一般以稳定的中速压延为好。天然胶配方胶料两面贴胶时，辊筒温度以100～105℃较好，中辊的温度应高于旁辊和下辊5～10℃，但对于丁苯胶料来说，因胶料易于黏附在冷辊上，故上、中辊温度反而应低5～10℃，供胶温度则应保持90℃为宜。

3. 内衬层的压延

(1) 斜交胎布层隔离胶及油皮胶的出片贴合 为了提高外胎胎身布层间的附着力和弹性，提高帘布层在轮胎使用中变形时的缓冲性能和耐屈挠性能，防止布层间产生剥离现象，在胎身帘布层间通常都加贴隔离胶。

隔离胶及油皮胶的出片，通常先将胶料热炼，再经三辊压延机出片，出片厚度宽度按施工标准要求而定。

隔离胶及油皮胶的贴合有热贴法、半热贴法和冷贴法三种。

热贴法是将已裁断的外层帘布通过三辊压延机，在帘布层上面贴上一层胶片，见图4-93(a)。这种方法因帘布过压延机辊距时受到挤压，易使帘线错开，故目前生产较少应用。半热贴法是将压延机压延的隔离胶片，趁热在运输带上与帘布进行贴合，见图4-93(b)。这种方法避免因帘布通过压延机辊距而造成帘线错位的毛病，而且因胶片温度较高，可改善胶片与胶帘布的黏合性，同时生产效率较高并省垫布，目前在生产中较为广泛采用。冷贴法是将压延机压延出来的胶片经卷取，再按规格冷贴在胶帘布上。此法因胶片温度较低，与帘布黏着不牢，而且增加了半成品的运输、贮存，故目前在生产中也较少应用。这种方法多用于较窄的缓冲胶片的贴合。

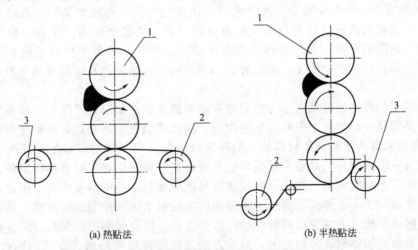

图4-93 贴隔离胶示意图

1—压延机辊筒；2—未贴胶的胶帘布卷；3—贴隔离胶的胶帘布卷

隔离胶片的公差为：厚度±0.05mm，宽度±5mm，贴合偏歪值不大于20mm。

胶片贴合不得含有气泡、杂质、自硫胶、打褶。贴合必须平整和对正，否则会导致轮胎在使用过程脱层。返回胶的掺用比例不大于30%。

（2）子午胎内衬层制备　子午线轮胎内衬层相当于普通斜交轮胎的油皮胶。

载重子午线轮胎成型时，两胎肩部位的膨胀能达$160\%\sim200\%$，而两胎圈部位基本不膨胀。如果使用压延法制备等厚度内衬层，就会出现胎冠部位内衬层太薄，而两胎圈部内衬层又太厚的问题。为此，一般使用挤出法来制备具有一定断面形状的内衬层，使得膨胀后各部分内衬层厚度基本相同。但由于内衬层断面积缩小，宽度又较大，用普通挤出机挤出时易发生机内胶料焦烧，同时机头压力太大容易造成设备损坏，所以一般要选用大规格的挤出机。辊筒机头挤出机是解决这一问题的最好办法。一台带辊筒机头的冷喂料挤出机，通过更换辊头，可以加工不同规格的载重子午线轮胎内衬层。

无内胎子午线轮胎内衬层具有双重作用，它既是轮胎的内腔，又是密封气压的内胎。对于载重无内胎子午线轮胎的内衬层，要使用带辊筒机头的双复合挤出机制备，而乘用无内胎子午线轮胎的内衬层要求采用四辊压延机来制备，采取两次贴合的方法将两种胶料的胶片贴合到一起。

轻型载重子午线轮胎和乘用子午线轮胎的定型膨胀相对较小，为$140\%\sim160\%$，且内衬层又较薄，一般使用三辊压延机按照压延胶片的制备方法来制造符合规定尺寸的内衬层。

四、轮胎成型

1. 子午线轮胎的成型方法

子午线轮胎的加工精度要求很高，其带束层又是不能伸张的刚性带，因此不能用普通斜交轮胎的成型方法进行成型。为了保证成型操作中各部件贴合位置的准确，又能使带束层在基本达到轮胎成品尺寸的情况下进行层贴，发展了子午线轮胎的专用成型设备。

子午线轮胎的成型基本上分为两类，即一次法成型和二次法成型。

① 二次法成型　子午线轮胎二次法的第一段成型与斜交胎成型类似，可以利用斜交轮胎的成型机，通常采用机械折叠机头。但在供料过程中要避免帘布、布条和胶条被拉伸变形，各部件必须准确定位，胎体帘布层的帘线密度要均匀，可采用指形正包和胶囊反包机械，以保证帘布包边不产生褶子，质量好。如用布筒正包装置容易引起帘线变形歪斜，不宜使用。

第二段成型的设计原理就在于考虑到带束层不能伸张的情况，把第一段成型好的胎坯膨胀至接近成品的尺寸，然后上带束层和胎面胶。因此成型机头可采用金属膨胀鼓（无胶囊成型鼓）、胶囊膨胀鼓或带有骨架材料加强的胶囊膨胀鼓。对于乘用车轮胎，甚至可以根本不用膨胀鼓，第一段成型好的胎坯在胎圈两边卡紧，直接膨胀后即上带束层等部件。无胶囊成型鼓适用于小轿车胎的成型。带骨架的胶囊效果比较理想，它不容易歪斜。因此，胎体的定型尺寸比较准确，也不必像纯胶囊或无胶囊那样需配置卡盘来控制定型直径，而且使用寿命长。在第二段成型机上上带束层和胎面也有两种方法。用金属膨胀机头时，需直接把带束层和胎面在定型后的胎体冠部分别贴上；另一方法是将带束层和胎面在专用的贴合鼓上贴合，由传递环将胎面-带束层组合件传送到已定型的胎体上进行贴合，并将胎冠和胎侧滚压。

子午线轮胎的带束层由过渡带束层和带束层组成，过渡带束层裁断角度为$30°\sim35°$，带束层帘布的裁断角度为$75°$左右。因为带束层的刚性大，其角度和形状都不易变化。因此在专用的贴合鼓上贴合带束层和胎面有利于提高生产率，所以目前骨架胶囊鼓成型机配以贴合鼓的二段成型机应用最为广泛。

　　二次法成型要把胎体从第一段成型机上卸下，经搬运装到第二段成型机上，在搬运和装卸过程中胎体（胎坯）容易变形和歪扭，对成型质量和生产率有很大影响。要求对胎体定型尺寸必须严格控制，否则将会影响到硫化前必须控制的尺寸。此外，胎体定型后要求帘线分布均匀，胎面、带束层、胎侧等贴合时必须对称，不然就会导致轮胎的平衡性和均匀性下降。

　　二次法成型对胎坯质量的影响因素很多，因此在提高成型加工精度和改进工艺操作方面作出了很多改进。但二次法成型有其根本的缺点，即是胎体在第一段成型机的半鼓式折叠机头上进行帘布正包时，胎圈部位的帘布容易出现皱褶，密度增加，使钢丝圈很难与帘布压实。特别是钢丝胎体帘布层刚性大，正包更为困难。胎体胎坯在第二段成型机的胶囊鼓进行定型时，又使原来在半鼓式机头鼓肩部位弯曲的钢丝帘布再度发生弯曲，这样就容易出现脱空、胎圈变位等问题。近10年来，随着钢丝子午线轮胎的迅速发展，特别是无内胎子午线轮胎的出现，要求成型精度更高。各厂家致力于提高成型的质量、简化工序以及提高效率，因而有转为采用一次法成型的趋势。尽管一次法成型机构复杂，设备价格昂贵，但采用此法的轮胎厂仍在增加。

　　子午线轮胎的胎体层帘线角度呈0°，帘线容易被拉伸变形，因此不能采用套筒法。而且胎体帘布层帘线之间仅靠橡胶结合，帘布一经拉伸就会引起密度的变化。子午线轮胎胎体帘线密度分布不均，会影响其径向和侧向均匀性。此时汽车在高速下行驶会产生震动，导致胎面周向磨耗不均，驾驶容易产生疲劳等问题。纤维帘线作胎体层的子午线轮胎需要多层帘布贴合而成，应该采用层贴法。其供布架装置要使帘布能够很容易滑动，不必拉伸便送到成型机头上。钢丝胎体子午线轮胎只用一层帘布，可采用贴合鼓贴合，然后用真空吸附罩吸附送至成型鼓，并进行准确地机械定位，胎体帘布层定位后，用正包装置进行正包，然后上钢丝圈和胶芯组合件，再用机械式或压辊反包器进行反包操作。但无论正包或反包操作，都必须注意尽量避免出现褶子，因为褶子严重会引起胎圈部位早期脱空。二次法成型一般容易出现褶子，其中半芯式成型鼓因为肩鼓曲线深而褶子较多。半鼓式成型鼓褶子较少。反包压实后，即可上钢丝加强层及子口护胶，并压实。但要注意胎体反包及钢丝加强层和子口护胶端部必须按工艺标准错开，不能重叠在一起，以免形成突然过渡点，影响轮胎的使用寿命。

　　在第一段成型鼓上，把中间胶和肩垫贴好。贴合时必须按指示灯标线贴正。不能拉伸，以免引起厚薄不均，也不能贴歪贴斜。任何不符合施工标准的要求都会影响轮胎的质量。

　　帘布要放正，使反包的帘布两边高低一致。子午线轮胎的胎侧变形很敏感，因此上钢丝圈要摆正，胶芯高度要一致，上胎侧时不能拉伸，并且两侧的接头错开180°，贴下垫胶时按照施工标准放好，亦不能拉伸。胶片的接头应有一斜度（约45°）进行对接。所有这些要求都是为了防止由于厚薄不均或歪斜而使胎侧两边变形不一致，引起胎肩偏磨或胎面磨耗不均以及使轮胎的平衡性和均匀性变差等弊病。

　　上述部件贴好后即完成了第一段成型操作。然后把机头折叠，卸下胎坯，小心地运送到第二段成型鼓上。运送胎坯时不能拉伸、扭曲，防止因轮胎变形而影响帘线的密度。

　　第二段成型操作开始时，先把胎坯套于膨胀机头，将胎圈卡盘卡紧，收缩机头并充入78kPa以下压缩空气使其膨胀定型。与此同时，另一操作人员在带束层贴合鼓上将带束层贴合成套。载重汽车轮胎一般有3～4层带束层。若第一层为过渡层，裁断角度为30°～35°。由于帘线角度大，极易受拉伸产生变形，使帘线密度变稀、宽度变窄，从而影响轮胎的径向均匀度，并且引起磨胎肩及径向变形大。其他带束层裁断角度一般为70°～75°，贴合时要保证差级的位置和对中心，防止偏歪。各层接头必须错开1/3圆周分布，尽量使轮胎材料分布比较均匀。带束层贴合完成后，利用传递环把带束层套筒送到第二段成型鼓上已定型好的胎坯中，采用机械装置定位，使其固定在准确的位置上。这时把胶囊气压加大78.4～98kPa，使带束层在胎体上固定下来。用侧压辊把带束层压实，再上胎面，压实后把胎侧翻上包到胎肩部，用侧压辊压实，即完成整个成型过程。

胎面也有在带束层贴合鼓上贴合的，这样第二段成型操作更为简单，效率更高。但无论采用任何一种方法上胎面胶，都应严格控制其规格及重量。因为胎面胶所占的重量份大、过长或过短、接头不匀称都会使轮胎重量不符合标准，使用性能上产生径向均匀性差、行驶振动大、胎面磨耗呈波浪形以及操纵性不良等缺点。

胎坯在第二段成型完成后，卸胎时，要在放出胶囊鼓气压的同时把两边子口拉开，此时要在胶囊与胎里之间补入空气，避免出现真空，使胎冠变形。卸胎后，应把胎坯放在专用存放架上，送往硫化车间准备硫化。

② 一次法成型　子午线轮胎一次法成型的特点是在成型鼓上一次完成轮胎的成型，取消了帘布正包工序。目前国际上以采用一次法成型比较多，因为一次法在成型质量方面比二次法好，特别用于全钢丝子午线轮胎更为合适。

目前国际上的一次法成型机有两种类型。一是采用胶囊膨胀机头，如意大利皮列里公司的 TRG/A 型钢丝子午线载重胎一次法成型机，先在鼓上把油皮胶、胎体层帘布、子口胶、钢丝圈及胎侧贴合成型，然后膨胀。同时在另一个贴合鼓上把带束层、带束层垫胶及胎面贴好后移至已膨胀的胶囊鼓上贴合、压实。另一种是金属鼓膨胀机头，代表性的产品为法国泽朗加齐公司的 PLM 型钢丝子午线载重胎一次法成型机，先在贴合鼓上把油皮胶、胎体帘、胎侧、子口胶等部件贴合好，然后移至金属鼓上钢丝圈，经膨胀后再贴带束层、带束层垫胶和胎面。这两种成型机实现一次成型的原理虽然相同，但操作步骤不同。主要特点是胶囊膨胀机头比较软，上带束层采用套筒法。而金属膨胀机头比较硬，不易变形，上带束层采用层贴法。这两种方法具体操作要点如下。

a. 意大利 TRG/A 成型机（见图 4-14）的操作　该法胎体在胶囊成型鼓上成型并定型，带束层和胎面在贴合鼓上贴合，然后由传递环送至成型鼓上。胶囊成型鼓由五个胶囊组成。主胶囊为带骨架材料的胶囊，两侧为反包胶囊。在主胶囊与反包胶囊之间有两个锁紧钢丝圈的环形胶囊。当环形胶囊充气时，使肩形块径向扩张直至锁紧钢丝圈。

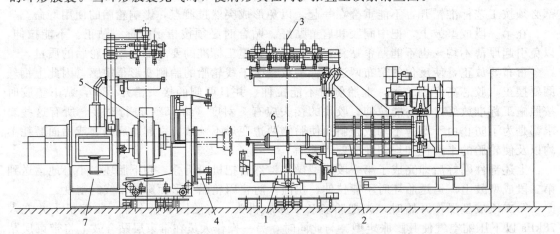

图 4-94　TRG/A 子午胎一次法成型机
1—后压辊装置；2—胎侧及垫肩胶供料架；3—光线指示灯；4—传递环；
5—带束层贴合鼓；6—成型鼓（图中未示）；7—贴合鼓机架

在胶囊成型鼓上贴部件的次序是，先在成型鼓上贴上两边子口护胶，然后在子口护胶外侧贴胎侧胶，按照施工标准与子口胶搭接小部分，再贴子口钢丝加强层和过渡胶条。在两子口护胶间按次序上油皮胶、胎体帘布层、中间胶以及下肩垫胶条。各部件经压实后，利用扣圈装置动作使钢丝圈就位，环形胶囊充气使钢丝圈定位锁紧，主胶囊充气使胎体定型。

在成型鼓的一侧，安装有带束层贴合鼓和传递环装置。先把带束层按照施工标准一层层贴好，然后把胎面贴上，利用传递环把带束层和胎面组合件送至胎体。贴合鼓可以收缩，布套被吸附在传递环上，通过导轨送入胎体中。由于传递环的移动采用机械定位装置，能保证准确对正中心。退出传递环后，用侧压辊把胎面与带束层压实。这时利用胶囊反包器进行反包操作，把胎体帘布反包部分包上钢丝圈，胎侧胶同时翻上包于胎肩部，再用侧压辊从胎圈压至胎冠。滚压过程中，压力能自动调节，胎圈到胎肩部滚压压力较低，而在胎冠部压力增加。滚压完毕后轮胎成型过程即结束，便可放气，同时拉开胶囊取出胎坯，存放在专用胎坯存放架上。

此外，由于TRG/A成型机制造带束层采用能收缩的金属鼓，为了保证带束层的准确尺寸，要经常检查金属鼓的直径以及传递环是否使送入的带束层对准胎体中心线，否则将影响轮胎的质量及均匀性。

b. 法国PLM一次法成型机成型操作　PLM成型机采用弹簧片反包机构的金属成型鼓。胎体部件在贴合鼓上贴合，然后由传递环将帘布筒送至金属成型鼓上，由钢丝圈送入机构，把胎圈推入胎体定位后，胎体进行定型，在胎冠部贴带束层及胎面。

金属成型鼓的结构是，其鼓面是由40块波纹状铸铝肩形块组成，肩形块由连杆支承。当带有左右螺纹的中心螺杆转动时使金属鼓撑开或闭合。金属鼓表面套有一胶套加以保护。金属鼓两侧各有一组环形汽缸（用作推动胎圈定位器）和一组弹簧钢片，从而使钢丝圈定位、锁紧，并进行金属成型鼓伸张和反包。由于金属成型鼓伸展后的形状准确，并且冠部平坦，直接贴带束层和胎面仍能保持尺寸的准确度，这点对于胶囊成型鼓来说是难以达到的。

成型的操作步骤是，先在贴合鼓上子口护胶、胎侧胶、胎圈钢丝加强层、油皮胶（隔离胶、衬胶等）、钢丝胎体帘布胶、中间胶片及下肩垫胶条。在贴合鼓上贴好带有胎侧胶的帘布筒后，把传递环移至贴合鼓上，使传递环上小胶囊充气，这时四块针板夹持帘布筒，并有小胶囊起真空吸附作用。贴合鼓径向收缩离开帘布筒，由传递环夹持把帘布筒移至金属鼓上定位。传递环退出成型鼓复位，同时使成型机后尾座前移，顶住成型鼓轴端。金属成型鼓作第一次少许膨胀，胎圈定位器把胎圈套入帘布筒定位锁紧，此时要注意钢线圈是否上正。随后成型鼓继续撑开，使两侧胎圈间距缩小而胎体直径增大，钢丝圈锁紧力进一步增加，胎圈部位的帘布不能移动，最后完成胎体的定型过程。

胎体定型尺寸准确，冠部比较平坦，因此可直接从机后供布架和导向装置把带束层一层层自动错开位置，并进行贴合。经过定长的胎面放在机鼓前面胎面装置中，由它送入成型鼓进行贴合，并用侧压辊把胎面压合，最后利用弹簧钢片反包机构的动作使胎体帘布层及胎侧反包到定型的胎体上。

PLM一次法成型机可成型多种规格的钢丝子午线轮胎，也可以成型无内胎钢丝子午线轮胎。整机配备有微型电子计算机，可输入动作程序以控制各操作步骤自动进行。

③ 子午线轮胎成型工艺要点　子午线轮胎是一种使用性能良好的轮胎，但由于它在结构上的特点，对质量的要求更高。要制作好子午胎，除了工艺设备配套、轮胎结构设计合理、胶料性能优良外，工艺因素也很重要，或者可以说，它是决定轮胎质量好坏的主要因素。因此要求子午胎的每一个工序都必须严格按照技术标准施工。成型工艺是最至关紧要的。为了保证轮胎的质量，成型中除了要做到斜交胎的一般要求外，还必须注意以下几方面的操作。

a. 任何部件都不能拉伸。胎体帘布层帘线呈90°排列，带束层过渡层一般为30°～35°。拉伸时，很容易产生稀密不均现象。其他胶料的拉伸也会使部件尺寸产生波动，导致轮胎径向和侧向均匀性差。

b. 所有部件的贴合必须对中心，两边对称。贴合操作中如果把部件贴偏或歪斜，特别是胎体帘布不对称时会造成反包高度不一致，影响轮胎的操纵性及使用寿命。带束层或胎面贴不正会引起偏磨及操纵性不良。

c. 为了使轮胎平衡性和均匀性好，各部件的接头处要错开位置，均匀分布。此外，胎面胶、胎侧胶和其他部位的接头应呈45°对接，保证接头的强度及匀称。

d. 成型操作过程中应尽量不刷汽油。对于裁断角度大的帘布胎体层的帘布和带束层的过渡层，刷汽油后容易使帘线间开裂，影响轮胎质量。为了能在成型中不刷汽油，帘布或其他半成品部件应采用塑料薄膜或塑料垫布隔离，以保持胶料表面的新鲜程度。

④ 轮胎成型工艺要求和常见质量问题

a. 成型工艺要求

成型工艺中出现的质量缺陷主要是操作不当造成的，推行五正、五无、一牢操作法，目的是严格按成型工艺条件要求，保证成型质量。

五正是指帘布筒、缓冲层、胎面胶、钢圈和胎圈包布五大部分要摆正。不对称不但会影响轮胎的均匀性，而且造成局部应力增大而损坏。

ⅰ. 帘布筒要上正　不然会出现反包一边超高、一边超低，从而使屈挠点一边上移，增加肩部变形生热，产生胎肩脱空；另一边下移，使胎圈上部过渡部位增大，生热增加，造成该部位帘布脱层、帘布折断。帘布筒上歪还会造成帘布差级集中，影响帘布层的应力分布，加速轮胎的损坏。

ⅱ. 缓冲层要上正　缓冲层处于胎面与帘布层之间，它在轮胎受力最大与生热最高的部位，若缓冲层歪斜，将导致轮胎在行驶中应力集中，产生肩部脱空爆破损坏。

ⅲ. 胎面胶要上正　不然会造成材料分布不均匀（肩部厚度不均匀），在使用中局部生热大，易出现肩空肩裂，同时由于受力不均匀导致磨耗不一致，造成轮胎早期损坏。

ⅳ. 钢圈要上正　不然会造成成品钢圈上抽，从而影响轮胎在轮辋上的固着，影响胎圈的受力分布，造成轮胎的早期损坏。

ⅴ. 胎圈包布要上正　胎圈包布直接与轮辋接触，若不上正，影响外胎与轮辋的紧密固定，行驶时容易造成外胎脱出。

五无是指无气泡、无褶子、无杂质、无断线和无掉胶。

ⅰ. 胎坯内部要求无气泡　如果某部位有气泡，该处就产生隔离，在轮胎行驶中气泡内空气受热膨胀，使胎体帘布间脱层导致早期损坏。

ⅱ. 帘布筒要求无褶子　不然会使帘布局部增厚、帘线密度增大，同时会使胎圈包固不紧造成胎圈宽度大，影响胎圈压缩系数，硫化时容易产生子口出边等问题。

ⅲ. 杂质的存在会产生脱层，影响黏合力和胎体强度。

ⅳ. 断线使胎体的强度下降。

ⅴ. 掉胶影响布层间的黏合力及均匀性。

一牢是指各部件贴合要层层牢固。不然会降低部位间的结合，出现脱空等现象，导致轮胎早期损坏。

b. 成型风压　成型使用风压要求不低于0.392MPa，不高于0.588MPa。成型风压过小，会使帘布层压不实，各层间空气赶不出去；但风压过高，则会将帘线压扁、压坏，降低胎体帘布层强度。

c. 胎面接头工艺　胎面接头时要注意，胎面胶过短过长均不能使用。如过短，尽管经拉扯后接头搭上了，但接头处胶料存在拉应力，是造成轮胎胎侧裂口的主要原因之一；过长，则接头处由于胶料过多，容易造成成品内鼓。

d. 成型工艺质量缺陷及改进措施　成型时半成品部件有下列缺陷，必须予以修理。

各部件之间有气泡，必须刺破压实。

胎圈隆起，必须刺透，放尽气泡。

胎圈包布偏歪超过公差范围者，必须起开重上；包布破损者，也必须起开，局部另换包布。

胎圈包布翘起，必须按平压实，打褶都必须起开按平。

胎圈包布掉胶，必须涂刷胶浆。

胎面边处没有压实翘起，必须粘牢压实。

胎面接头张嘴，必须粘牢压实，缺胶处应补贴胶片。

上胎面前，缓冲层布筒上歪，必须起开调正。胎面上歪必须起开重上。

钢圈上歪必须起开重上。

胎里油皮胶掉胶必须补贴同种胶片。

⑤ 成型工艺的半成品的检验　具体要求可参照原化工部橡胶司及中国轮胎协会印发的"轮胎工艺"技术若干规定（检验办法），即工艺 56 项要求执行。兹将"外胎成型工艺"全文摘录于表 4-24。

表 4-24　外胎成型工艺技术检验方法

项	款	工艺技术规定	测量工具	检测数	检测方法
24	49	帘布裁断公差： 宽度 500mm 以下±3mm； 501～1500mm±5mm； 1501mm 以上±8mm	卷尺	任意抽取 2 卷，每卷检测 10 张，共 20 张	将布平放在检测台上，按图所示在 b 范围内任意测量宽度，每张布测量 1 次
	50	大头小尾 4mm 接头出角 3mm	卷尺	任意抽取 2 卷，每卷检测 10 张，共 20 张	大头小尾，将布平放在检测台上，按上条图所示，在两边 100mm 范围内附近点各测量宽度 1 次，以 2 点宽度差计接头出角；测量的 c 长度
	51	裁断角度±0.5°	量角器	5 张	在帘布中间部位用量角器测量角一次，按上条图所示
	52	缓冲层压线 1～2 根，内外层压线 1～3 根		任取 20 个接头	目测，手摸，必要时撕开压线处实测
25	53	贴胶公差： 胶片厚度±0.05mm	千分表	两种规格各 1 卷共 10 个点	随机抽取测量（胶片厚度＝总厚度－帘布厚度）
	54	胶片宽度±5 mm	卷尺	两种规格各 1 卷共 10 个点	随机抽取测量（每卷 2 头各除去 1 张胶布，连续测 5 张，每张测 1 点）
	55	贴胶偏歪值＜20mm	卷尺	两种规格各 1 卷共 10 个点	随机抽取，对称两边测量
26	56	缓冲胶片压延： 厚度公差±0.05mm 宽度公差±5mm	卷尺	5 卷	随机抽取测量（每卷各测 1 个点）
	57	停放时间 2～48h	记录		实测、查记录或标记
	58	胶卷内温度 45℃	针状点温计	5 小卷	随机抽取测量胶卷内温度（针头平插胶上）

续表

项	款	工艺技术规定	测量工具	检测数	检测方法
27	59	钢丝圈成型： 钢丝进入挤出机前，表面基本无油污、铁锈、水迹	白纸	1 次	随机抽查，用白纸轻轻接触 15s 后目测
	60	卷成盘周长公差： ϕ21in 以下±1mm ϕ24in 以上±2mm	卷尺	5 个盘	随机抽取测量(以卷尺绕 1 周)
	61	钢丝带单层宽度公差： 6 股以上±0.5mm 5 股以下±0.4mm	卡尺	5 个钢丝圈	随机抽取测量(避开接头)
	62	钢丝带单层宽度公差： 6 股以上±0.5mm 5 股以下±0.4mm	卡尺	5 个钢丝圈	随机抽取测量(避开接头)
28	63	钢圈质量要求 钢丝圈总宽度公差： 6 排及其以上的±0.7mm 5 排及其以下的±0.5mm	卡尺	5 个钢丝圈	机抽取测量
	64	填充胶条接头不脱开、不缺空、不翘起，包布压实、压牢，差级均匀、宽窄相差不大于 4mm	卷尺 目测	10 个钢丝圈	随机抽取测量包布宽窄差值，同时抽查其他项
	65	钢丝圈不得产生钢丝硬弯、露铜、掉胶(露铜丝者允许涂胶浆修整)	目测	5 个钢丝圈	钢丝圈包布前随机抽查
29	66	贴合、成型温度 必须保持在 18℃ 以上，并且空气流畅(包括胶帘布和胎面存放)	玻璃温度计	1 次	实测
30	67	胎面接头质量要求 接头必须压实，无脱开张口现象，必须均匀刷毛或涂胶浆或贴塑料薄膜，接头平整，冠部凸出高度及中心线偏歪值不大于 3mm	卡尺 卷尺	10 条	机抽取测量
31	68	胎面接头后存放条件： 接头后的胎面筒存放时间不超过 4h	目测	1 次	机抽取测量
	69	胎面筒 7.50-20 以下的垛高不超过 8 条，7.50-20 及其以上的垛高不超过 6 条，10.00-20 及其以上的垛高不超过 4 条	目测	5 台车	机抽取测量
32	70	帘布筒贴合偏歪值： 单层偏歪差级 5mm 以下的不大于 3mm；5mm 至 30mm 的不大于 6mm，超过 30mm 的不大于 10mm	卷尺	10 个布筒 20 个点	随机抽取测量(每个布筒对称测量二点)；偏歪＝宽－窄
33	71	贴合布筒长度公差： 其长度按机头直径 ϕ600mm 以下的±$\frac{5}{10}$mm ϕ600～700mm 的±$\frac{10}{15}$mm ϕ700～1000mm 的±$\frac{15}{20}$mm ϕ1000mm 以上的±$\frac{20}{30}$mm	卷尺	10 个布筒 10 个点 (至少 3 种布筒)	随机抽取测量布筒(沿布筒向中心线位置分三段连续测量周长)

项	款	工艺技术规定	测量工具	检测数	检测方法
34	72	帘布筒表面质量要求 　　达到七无:无气泡、无脱层、无掉胶、无褶子、无杂物、无劈缝、无弯曲	目测	10个布筒	随机抽查,其中弯曲不超过三根帘线
35	73	帘布贴合压线和出角要求: 　　缓冲层压线1~2根,内、外层压线1~3根,贴油皮胶的帘布接头压线允许1~5根,均不得缺线	目测	20个接头	随机抽查(每个布筒查两个接头)
	74	接头出角不大于3mm	卷尺	10个布筒20个点	随机抽查(每个布筒查两个接头)
36	75	成型机风压: 　　成型机台使用风压不低于0.392MPa	目测: 风压表	5台车	随机抽查
37	76	成型机头质量要求 　　断面9.00及其以下规格,宽度公差±1mm,周长公差−3~+7mm;9.00以上至18.00规格,宽度公差±2mm,周长公差−4~+10mm,18.00以上规格,宽度公差±3mm,周长公差−5~+12mm	卷尺、卡尺	5台成型机(至少3种规格成型机)	随机抽查、测量
	77	鼓面和鼓肩张口不大于5mm,鼓肩上、下、左、右错位不大于3mm,盖板翘起不大于3mm 　　成型鼓椭圆度:机头直径800mm以下的不大于2mm,800mm及其以上的不大于3mm,鼓面鼓肩不松动	卷尺、卡尺	5台成型机(至少3种规格成型机)	随机测量
38	78	扣圈盘质量要求: 　　扣圈盘和主轴间隙不大于0.25mm(一边测量不大于0.5mm)周长公差1.5mm	卡尺、卷尺、塞尺	5台机(包括里外扣圈盘)	随机测量
39	79	成型质量要求: 　　10.00-20及其以下规格,帘布层偏歪不大于10mm,10.00-20以上规格不大于15mm,14.00-24以上规格不大于20mm	卷尺	至少3种以上规格,10个布筒共30个点	随机抽取布筒等距离3点,在布筒上对称测量反包高度,算其差
	80	两钢圈间错位不大于2mm	T形尺	5条胎(至少3个机台)	在帘布正包前测量
	81	工艺技术规定: 　　胎面与缓冲层偏歪值一律不大于8mm	卷尺	各5条(至少3个机台),每条3点	以宽缓冲层为准,在机台上量,胎面偏歪值量胎坯
40	82	钢圈离鼓肩时间: 　　钢圈在成型中必须在上完正包层以后,才允许脱离鼓肩	目测	5条(5个机台)	随机抽查
41	83	成型中要求: 　　必须做到五无:无断线、无气泡、无褶子、无掉胶、无杂物	目测	5条(5个机台)	随机抽查

项	款	工艺技术规定	测量工具	检测数	检测方法
42	84	缓冲层表面要求: 缓冲层胶片与帘布保持表面新鲜清洁,无喷霜	目测	至少3种以上规格每个规格为5条	随机抽查
43	85	剖边高度: 9.00-20及其以下规格25mm以下,9.00-20以上规格30mm以下	卷尺	5条	随机抽取 成型后的胎坯每个胎两侧边各测一点(测量胎面里到胎面边缘的距离),卷尺零端卡住胎圈
44	86	断面分析: 按国家标准规定取例查,逐条进行断面分析,其标准公差按化工部"汽车轮胎断面分析考核办法通知"要求执行			抽查断面分析原始记录

2. 子午线轮胎的成型设备

全钢子午线轮胎一次法成型机有:两鼓成型机、三鼓成型机、四鼓成型机。目前国际上的一次法成型机有两种类型。一是采用胶囊膨胀机头,如意大利皮列里公司的 TRG/A 型钢丝子午线载重胎一次法成型机,胶囊式的成型鼓则在鼓上把油皮胶、胎体层帘布、子口胶、钢丝圈及胎侧贴合成型,然后膨胀。同时在另一个贴合鼓上把带束层、带束层垫胶及胎面贴好后移至已膨胀的胶囊鼓上贴合、压实。另一种是金属鼓膨胀机头,代表性的产品为法国泽朗加齐公司的 PLM 型钢丝子午线载重胎一次法成型机,金属鼓膨胀机头是先在贴合鼓上把油皮胶、胎体帘、胎侧、子口胶等部件贴合好,然后移至金属鼓上钢丝圈,经膨胀后再贴带束层、带束层垫胶和胎面。这两种成型机实现一次成型的原理虽然相同,但操作步骤不同。主要特点是胶囊膨胀机头比较软,上带束层采用套筒法。而金属膨胀机头比较硬,不易变形,上带束层采用层贴法。

五、硫化

1. 子午线轮胎的硫化工艺

子午线轮胎由于其结构上的特点,在硫化工艺上与普通斜交轮胎也有很大不同。

(1) 子午线轮胎的硫化特点

① 胎面胶长度变化小。由于子午线轮胎贴合胎面时的直径已接近成品直径,所以硫化过程中伸长很小,一般仅为百分之几。

② 角度变化小。普通斜交轮胎成品角度与半成品角度相差较大,而子午线轮胎角度变化很小,胎体帘布几乎不变,带束层角度变化为 $1°\sim2°$。

③ 胎面内周长变化小。由于子午线轮胎的胎体帘布牢牢地固定着两钢丝圈,所以硫化时胎体内周长变化甚小,胎冠总厚度变化也很小。

④ 胎圈厚度变化较大,一般达 10% 以上,各部件胶料流动小。

(2) 子午线轮胎硫化工艺特点

① 子午线轮胎硫化设备不能选择硫化罐,而必须采用硫化机硫化。对于胎圈 16in 以下的子午线轮胎,多采用 A 型胶囊硫化机,大于 16in 规格的子午线轮胎多采用 B 型胶囊硫化机硫化。

② 硫化模型与普通斜交轮胎不同。子午线轮胎成型后已完成定型过程，钢丝带束层把胎体箍紧。由于钢丝帘线的伸长率仅为 2%～3%，周向难以伸张，为了适应子午线轮胎这一特点，采用活络模硫化模型来进行子午线轮胎的硫化。

活络模由上侧模，下侧模和冠部模三部分组成，如图 4-95 所示。可根据不同的花纹形状等分为 8～9 块活动的扇形模块。硫化机打开时，滑块可以径向分开，关闭时可以缩拢。使用活络模可以减少外胎硫化时的伸张，生胎装入模型和胎面花纹压形时，可减少胎面的移动，并可降低外胎的脱模应力，以避免胎圈和胎体的脱层。

活络模硫化子午线轮胎，宜采用恒温硫化，能加快胶料快速定型，减少部件位置的变动，有利于各部件排列正常而准确。

一般来说，全钢丝子午线轮胎或纤维胎体、钢丝帘布带束层的子午线轮胎采用活络模硫化才能保证硫化轮胎高质量要求。但全纤维帘线的子午线轮胎（如轿车轮胎、拖拉机轮胎等），因带束层的帘线伸长较大，亦可用普通半模硫化。

要注意定型压力控制，由于子午线轮胎成型后的胎坯已接近成品尺寸，所以定型压力太高会造成胎侧部件膨胀太大，产生外观质量和内部帘线密度不均匀的问题。一般一次定型压力为 30～50kPa，二次定型压力为 60～80kPa，此外还要精确计算定型高度。

为保证子午线轮胎硫化质量，要求内压较大，特别是使用活络模硫化时，压力要求更高。一般半钢丝子午线轮胎的硫化内压不得低于 2156kPa，全钢丝子午线轮胎硫化时的内压要达到 2646kPa 以上。

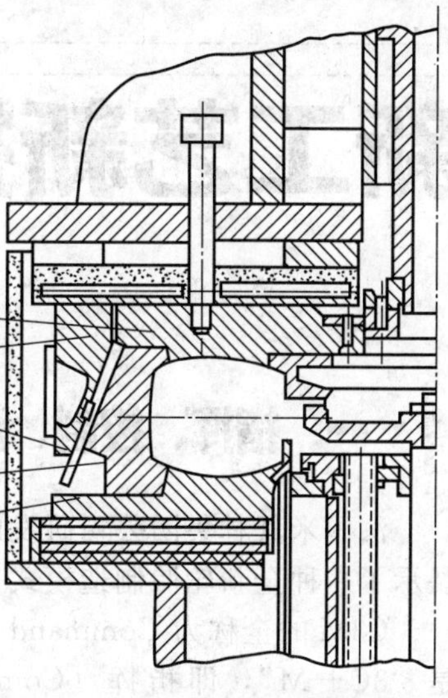

图 4-95 活络模模型示意图
1—下模板；2—上模板；3—圆环状胎冠模；
4—驱动环；5—锥形表面 T 字形滑块

硫化前要注意胎坯修整。因子午线轮胎硫化过程中各部件胶料流动很少，如果硫化前的胎坯表面不整，接头太高等，都会造成硫化后的轮胎外观有重皮、裂口、明疤等质量毛病。为此，要对硫化前的胎坯进行检查和修整，才能保证成品的外观质量。

2. 子午线轮胎的硫化设备

全钢子午线轮胎硫化使用的设备通常是 B 型双模定型硫化机。

(1) 外胎硫化介质 蒸汽、内热水（内热水压力 $26kgf/cm^2$，温度 171℃）。外温使用的蒸汽，蒸汽压力越大，温度越高。内热水压力越大，温度不一定越高。

(2) B 型双模定型硫化机结构特征

① B 型双模定型硫化机主要有：a. 机座并按有蒸汽室、左右机械手抓胎机构、装有胶囊的中心机构；b. 活络模操纵装置、墙板、卸胎机构；c. 机械传动装置、上横梁；d. 管路系统和操作系统。

② 蒸汽室由上蒸汽室、下蒸汽室、调整机构组成。

下蒸汽室固定在机座上，上蒸汽室可上、下移动，调整机构可调整模型高度和预紧力。模型是活络模：a. 花纹活络模；b. 上侧板模；c. 下侧板模。上蒸汽室装有 a. 和 b.。下蒸汽室装有 c.。

③ 中心机构：主要有动力水缸、活塞、定型套、调整套、胶囊、上下卡盘、进出水管口等。

项目九 ◀◀◀

新工艺新技术

▶ 一、指挥、控制、通信及制造一体化系统(米其林C3M技术)

法国米其林集团公司研发的 C3M 技术以独特的方式，颠覆了传统的工艺方法，给业界展示了一种全新轮胎制造模式。

C3M 的全称为 Command＋Control＋Communication＆Manufacture，C3M 技术的内涵是 "3C＋M"，即指挥（Command）＋控制（Control）＋通信（Communication）＋制造（Manufacture）一体化系统。

C3M 的关键设备是特种编织机和挤出机。C3M 技术通过以成型鼓为核心，合理配置特种编织机组和挤出机组而得以实现。特种编织机环绕成型鼓编织无接头环形胎体帘布层和带束层，并环绕成型鼓缠绕钢丝得到钢丝圈。挤出机组连续低温（90℃以下）混炼胶料，压出胎侧、三角胶条以及其他橡胶件。C3M 技术通过以成型鼓为核心配置特种编织机组和挤出机组，实现节能、高效、高精度的生产模式。

米其林于 1982 年开始研究 C3M 技术，1992 年宣布研究成功，次年在总部所在地——克莱蒙费朗（Clermont-Ferrand）建立第一间 C3M 厂，1998 年底已发展到 7 间厂。

C3M 技术有五大创新点：①连续低温混炼（90℃以下）；②直接挤出各种型胶；③成型鼓上编织/缠绕骨架层；④预硫化环状胎面；⑤轮胎电热硫化。

C3M 工艺特点是：①型胶不经过冷却/停放，也不需要再加工或预装配，直接送到成型鼓上一次性完成轮胎成型；②在成型过程中，成型鼓一直处于加热状态，胎坯在成型的同时被预硫化，从而达到定型。

C3M 技术问世以来，米其林已经建成 9 条生产线。通过应用该项技术，米其林取得了非常好的经济效益。主要体现在如下三个方面：①基建投资省 50％，占地减少 50％～90％；②操作人员减少 50％～90％；③生产过程中原材料消耗减少 9％。

▶ 二、积木式成型法(大陆MMP技术)

MMP 的全称为 Modular Manufacturing Process，建议译为积木式成型法。

MMP 的最初构想由大陆公司采购与战略资源部经理 Bernadatte Hausmanr 提出，1993

年底获立项，1996 年 6 月首间全规格 MMP 示范厂在德国投产，1997 年初 MMP 技术通过大陆公司董事会评审，至此拉开了全球范围应用的帷幕。

众所周知，传统的轮胎生产工艺由四大工序组成：①塑/混炼；②压延和压出；③成型；④硫化。现有的轮胎厂，除部分通过购入成品混炼胶而省缺第一道工序外，大多数是上述四道工序全部齐备。

德国大陆公司推出的 MMP（积木式成型法）技术的最大特点是，把传统生产工艺的四大工序整合成两大块（图 4-96），因此具有降低生产成本 60％ 的优势。

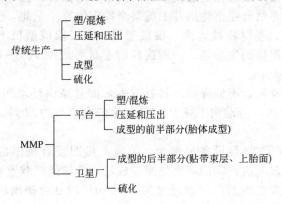

图 4-96 传统生产工艺与 MMP 工艺技术比较

MMP 技术的应用打破了原有的轮胎生产方式，建立起一种"基本构件生产厂＋总装厂"的新运作模式。如果说基本构件生产厂相当于一个零部件生产平台，那总装厂就是卫星厂。平台产品实行标准化生产，不同系列的轮胎，除胎面、带束层不同外，其余基本构件全部相同。从平台下线的胎体已经过预硫化。这样企业可以按照全球市场战略，把基本构件生产厂设在劳动力成本低的地区，而将总装厂设在处于市场战略位置的地区，轻松达到既降低生产成本，保障产品质量，又能就近供货、贴近市场的目的。

三、集成加工精密成型单元技术(固特异的IMPACT技术)

IMPACT 的全称为 Integrated Manufacturing Precision Assembly Cellular Technology，建议译为集成加工精密成型单元技术。若将缩写 IMPACT 看作是单词 Impact，其英文意思为"碰撞、冲击、影响"。因此，海外业内传媒有将 IMPACT 谑称为 Impact 的，意喻对传统制造技术产生冲击的新技术。

美国固特异轮胎橡胶公司近年推出的 IMPACT（集成加工精密成型单元）技术由四大技术要素构成：①热成型生产线（Hot Former）；②改进控制技术，提高生产效率；③自动化材料输送；④单元式制造。

IMPACT 不会像其他新一代轮胎制造系统那样与现用系统不兼容。四大要素既可单独使用，也可组合使用。无论是某个要素还是整个系统与现有的轮胎工艺流程都能够紧密结合成一体。

IMPACT 技术具有如下优势：①加工精度提高 43％，产品一致性 100％；②生产效率提高 70％，员工减少 42％；③成本降低 20％，原材料节约 15％。

固特异 IMPACT 技术的关键设备是热成型生产线。它由微型异形压延机＋冷喂料挤出机＋钢质运输带（轨床）构成。其工艺特点是：①连续生产；②热贴合/不用胶浆。

目前固特异已经研制出两种热成型生产线：一种七工位，适用于卡车轮胎生产；一种四工位，适用于轿车轮胎生产。七工位热成型生产线由 7 台微型型胶压延机组成，七工位热成型机的工作流程如下：第一工位的微型型材压延机压出气密层胶片，胶片落在移动轨床，移动轨床将其输送到第二工位；第二工位的压延机压出隔离胶片，敷设在气密层胶片之上，型辊同时将其压实，完成两层胶片的热贴合；第三工位的压延机压出胎侧胶，敷设并贴合在上述组件两侧；第四工位的压延机压出胎圈包胶，敷设并贴合在上述组件上的某个特定位置；第五工位的压延机压出三角胶条，敷设并贴合在上述组件上的某个特定位置；第六工位的压延机压出隔离胶条，敷设并贴合在上述组件上的某个特定位置；位于第七工位的压延机压出另一条三角胶条，敷设并贴合在上述组件上的某个特定位置。至此，组件也运行到了热成型机的末端，在此被卷取。卷材将被送往二段成型机，在二段成型机上裁断，贴上胎体帘布层、带束层和胎面胶，即得到生胎坯。一卷这样的卷材可成型 100～120 条轮胎。七工位热成型机的总长度为 45～50m。

热成型机贴合不用胶浆，不但降低原材料成本，而且减少环境污染。与传统工艺相比，热成型工艺耗材下降 10%，劳动用工减少 42%，生产成本节约 20%。热成型机适用于各种类型和规格轮胎的生产。

现有的 6 种 IMPACT212 装设备分别为：①高产量四复合挤出机；②精密带束层裁断机；③精密胎体帘布层裁断机；④四束钢丝圈卷成机；⑤增强型载重轮胎成型机；⑥乘用轮胎成型机。固特异在卢森堡轮胎厂用改进过的 Berstorff 四复合挤出机压出胎面组件，挤出速度大约为 10m/min，据此可推算其产量将超过 200kg/min。用该法生产的胎面组件比传统工艺生产的轻 19%，这意味着成品轮胎重量减轻 5%。在用热成型机压出胶片代替外护圈包布取得成功的基础上，固特异大力发展注压成型钢丝圈/三角胶条组件。

2001 年 4 月，钢丝圈/三角胶条组件注压成型机在卢森堡轮胎厂进入最后阶段中试。该机已成功地为 5000 条载重轮胎提供钢丝圈/三角胶条组件。目前正对工艺进行调整，为更大批量生产作准备。钢丝圈/三角胶条组件注压成型机由 4 部分构成：①经过改进的带 DRC2000 控制器的 DesmaD710.800/4-T/R 注压机；②平板硫化机；③三工位压紧机；④带专用夹具的 ABB 机械手。已按特定尺寸绕成特定形状的钢丝圈挂在专用挂架上。ABB 机械手借专用夹具夹持钢丝圈，放入三工位压紧机。经压紧后的钢丝圈，由机械手送入平板硫化机。注压机通过模型上的 16 个注胶孔往模腔内注胶，多余的胶料由 8 个排胶孔排出。平板硫化机的热板不像平常那样加热到标准温度，而是采用感应加热方式对钢丝圈进行加热，确保钢丝圈从里向外硫化，目的是既要使钢丝圈/三角胶条组件表面保持黏性，能够有效地与其他轮胎组件黏合，同时又达到减少生胎在硫化工序时的硫化时间。硫化程度达到 90% 时，机械手将钢丝圈取出。钢丝圈经修边后送成型工序备用。

与普通钢丝圈相比，注压成型的钢丝圈对称性更好、成品容易修整，而且无接头，省时省工，成品质量与操作工的熟练程度无关。自 1997 年以来，固特异已投入 5.16 亿美元开发 IMPACT 项目。其中大部分（约 3.52 亿美元）用在改进现有生产工艺和设备上。构成 IMPACT 的其他三个要素，平均消耗了 4000 万～8000 万美元的费用。2004 年，用 IMPACT 制造轮胎的比例已提高到卡车轮胎 33% 和轿车轮胎 10%。

◄ 四、积木式集成自动化系统(倍耐力MIRS技术)

意大利倍耐力推出的 MIRS（积木式集成自动化系统）技术是以成型鼓为中心，组织生产，同时配备多组挤出机配合遥控机械手，实现胶料挤出到成型鼓直接成型，并用胎坯气密层代替胶囊进行硫化。

MIRS技术将传统工艺压缩成三大工序：预制→成型→硫化。该项技术具有如下优势：①工厂占地面积缩小80%，基本建设投资下降15%；②成本节约25%，生产效率提高80%；盈亏平衡点由有传统技术的3200条轮胎下降到375条；③更换轮胎生产规格不超过3min，从投料到产出成品轮胎平均为1h。MIRS只有3道工序：①预制；②成型；③硫化。

① 预制：多台挤出机，每台挤出机配备卷取轴架（1m×1.5m），上挂钢丝或浸渍帘线辊筒；架上的多股钢丝或帘线进入挤出机的直角机头，与胶料一同挤出，得到补强胶条，供下游工序使用。

② 成型：3组共8台挤出机和3对遥控机械手，分成三工位操作。成型鼓为可折叠式，中空，鼓身由8块厚20mm铝板制成，上有小孔使鼓面与鼓腔连通。

成型鼓经预热进入第一工位，并绕轴旋转；挤出机将胶料挤出到成型鼓上，机械手反复辊压胶料，挤出空气，使胶料紧贴鼓面，得到气密层；由于鼓面是热的，胶料被预硫化。接着成型鼓进入第二工位，第二对机械手将预制工序生产的各种补强胶条缠绕在成型鼓上，同时第二组挤出机将胶料挤出到成型鼓上，机械手和挤出机交叉操作，逐步形成胎体帘布层、胎圈等。然后成型鼓进入第三工位，第三对机械手贴预制带束层，挤出机组将隔离胶、胎侧胶、胎面胶直接挤出到成型鼓上，经压实、整形得到完整胎坯。

③ 硫化：胎坯连同成型鼓一起进入硫化工序，硫化机装在六工位圆盘运输带的立柱上。第一对机械手将未取下成型鼓的胎坯装入硫化机，合模，往成型鼓腔内通入高压氮气，氮气通过鼓壁的通气孔逸出到鼓面，使胎坯胀大，从而脱离鼓面并紧贴硫化模内壁，这样已经预硫化的胎坯气密层实际上起到胶囊的作用。和普通硫化一样，模腔内通入蒸汽。经15min硫化后，圆盘运输带到达第六工位，第二对机械手开模，将轮胎连同成型鼓一起取出，折叠成型鼓，得到成品轮胎。成型鼓经拼装后送回第二道工序循环使用。至此完成一个生产周期。

目前倍耐力已将MIRS技术应用于意大利、英国、美国、德国、泰国等地的轮胎厂，MIRS轮胎年产量超过5000万条，品种主要是高性能/超高性能轮胎、轻卡轮胎、全天候轮胎、跑气保用轮胎。

五、数码轮胎模拟技术(邓禄普的数码轮胎技术)

所谓数码轮胎，就是在超级计算机中，建立仿真的轮胎模型进行无限接近真实情形的走行试验，以彻底模拟其动态的邓禄普所独有的技术总称。"数码轮胎"在干、湿路面均有强劲的转弯性能和刹车性能，静音性及舒适性也毫不逊色。磨损以后，数码轮胎仍然能保持优秀的防水面打滑性能和抓地性，而且使用寿命长。

DUNLOP邓禄普以数码轮胎技术、全数码模拟测试手段，针对不同路面状况进行测试而研发的各种车型轮胎，无论是安全性、舒适性与环保性，都给消费者带来顺畅无比的驾驭体验，是世界上首先推出的环保轮胎新技术产品。

1998年，DUNLOP邓禄普发表了在超级计算机内对轮胎模型进行运转模拟，分析其在行使状态下的接地面状态的数码旋转模拟，即"数码轮胎"技术。2002年DUNLOP邓禄普进一步开发出了模拟安装在一辆车上的4条轮胎的状态的"数码旋转模拟2"技术，实现了更为彻底的模拟。2006年，又发表了对轮胎内部空间震动进行彻底分析，从而使得轮胎行使噪声降低成为可能的"数码旋转模拟3"技术。

特殊吸音海绵：2006年，DUNLOP邓禄普发展出了对行驶时的轮胎内部空气震动情况进行彻底模拟的 DRSIII 技术，而且基于该项技术在世界上率先研制出了可以使传入车厢内部的轮胎噪声大幅降低的"特殊吸音海绵"并实现了商品代。

　　在一个多世纪的时间里，DUNLOP 邓禄普不断以创新科技超越自我，从未停止开发更安全、更高性能的轮胎产品，以回报长期以来支持 DUNLOP 邓禄普轮胎的消费者们，并因此为世人所信赖，而被载入史册。

参 考 文 献

[1] 龚新立，李汉堂. 轮胎制造技术的发展. 现代橡胶技术. 2008, 34：1-5.

[2] 蔡习舟，吴美丹. 半钢子午线轮胎均匀性影响因素分析. 橡胶科技市场-生产技术·装备, 2012, (2)：35-36.

[3] 虞心尚，杨顺根. MIRS轮胎生产技术. 中国橡胶-科技资讯, 2001, 17 (14)：22.

[4] 倍耐力的 MIRS 电子轮胎生产技术, The Pirelli Group, 轮胎工业, 2001, 21：302-304.

[5] 赵延林，车伟，李振刚. 骨架材料对轮胎均匀性的影响. 轮胎工业, 2011, 31：454.

[6] 王晓明，杨梅胜. 轮胎均匀性的在线测试方法和系统. 橡胶工业, 2005, 52：432.

[7] 黄元昌编译. 轮胎均匀性工艺. 技术与装备, 2008, 11：20：17.

[8] 余双玉. 轮胎均匀性及其影响因素, 轮胎工业, 2008, 28：463-469.

[9] 董青松. 全钢工程机械子午线轮胎胎面缠绕仿形版系统故障、成品轮胎缺陷及解决措施. 轮胎工业, 2009, 29：315-317.

[10] 赵顺利，史延标，韩书娟，郭冬梅. 全钢巨型工程机械子午线轮胎 X 光检验质量缺陷的原因分析, 轮胎工业, 2012, 32：250-251.

[11] 陈国栋，刘建民，梁明帅. 全钢载重子午线轮胎带束层质量缺陷浅析. 广东橡胶, 2010, (2)：18, 19.

[12] 缪一鸣. 全钢载重子午线轮胎均匀性测试及其影响因素. 轮胎工业, 2005, 25：571-573.

[13] 刘茂东. 全钢载重子午线轮胎胎圈质量缺陷的原因分析及解决措施. 轮胎工业, 2006, 26：561-563.

[14] 郑竹洲. 全钢载重子午线轮胎胎圈质量问题分析. 轮胎工业, 2007, 27：692-695.

[15] 岳耀平. 全钢载重子午线轮胎体帘线变形原因分析及解决措施. 轮胎工业, 2012, 32：52、53.

[16] 陈国栋. 子午线轮胎胎体帘线质量缺陷的浅析. 现代橡胶技术, 2009, 35：33-35.

[17] 张岩梅，邹一明. 橡胶制品工艺. 北京：化学工业出版社, 2005.

[18] 徐云慧，邹一明. 橡胶制品工艺. 北京：化学工业出版社, 2009.

[19] 全国轮胎轮辋标准化技术委员会. 化学工业标准汇编轮胎 轮辋 气门嘴. 第二版. 北京：中国标准出版社, 2001.

[20] 王梦蛟. 橡胶工业手册（2）. 第二版：北京：化学工业出版社, 2000.

[21] 梁星宇. 橡胶工业手册（3）. 第二版：北京：化学工业出版社, 2002.

[22] 李延林. 橡胶工业手册（5）. 第二版：北京：化学工业出版社, 2000.

[23] 林孔勇. 橡胶工业手册（6）. 第二版：北京：化学工业出版社, 2002.